Andreas Patyk
Guido A. Reinhardt

Düngemittel –
Energie- und Stoffstrombilanzen

Aus dem Programm **Chemie / Umweltwissenschaften**

Guido A. Reinhardt, Andreas Heintz
Chemie und Umwelt

Martin Kaltschmitt, Guido A. Reinhardt
Nachwachsende Energieträger: Grundlagen, Verfahren, ökologische Bilanzierung

Frithjof Staiß
Photovoltaik
Technik, Potentiale und Perspektiven
der solaren Stromerzeugung

Dieter Meissner
Solarzellen
Physikalische Grundlagen und Anwendung

Karl Tiltmann, Holger Schlizio, Martina Flöth
Abfallentsorgung im Ausland
Die EG-Abfallverbringungsverordnung

Christa Knorr, Thomas v. Schell (Hrsg.)
Mikrobieller Schadstoffabbau

Vieweg

Andreas Patyk
Guido A. Reinhardt

Düngemittel – Energie- und Stoffstrombilanzen

Springer Fachmedien Wiesbaden GmbH

Dr. Andreas Patyk
Dr. Guido A. Reinhardt
ifeu – Institut für Energie- und Umweltforschung
Heidelberg GmbH
Wilckensstr. 3, D-69120 Heidelberg
Tel.: 06221-4767-0; FAX: 06221-4767-19
e-Mail: IFEU @ IFEU.COM

Gedruckt auf säurefreiem Papier

ISBN 978-3-663-08015-2   ISBN 978-3-663-08014-5 (eBook)
DOI 10.1007/978-3-663-08014-5

Vorwort

Seit einer Reihe von Jahren erstellen wir Ökobilanzen, und immer wieder sehen wir uns mit dem unerfreulichen Umstand konfrontiert, daß es meist sehr mühselig und oft unmöglich ist, für einen bestimmten Prozeß Basisdaten wie Energieeinsatz oder Emissionsfaktoren aus vorhandenen Publikationen, etwa anderen Ökobilanzen, zu erhalten. Der Grund dafür ist die häufig unzureichende Dokumentation, die nicht nur die Verwendbarkeit publizierter ökologischer Bilanzen für weitere Arbeiten, sondern auch die Validierbarkeit der Bilanzergebnisse selbst stark einschränkt. Natürlich soll nicht der Eindruck entstehen, daß keine umfassend dokumentierten Arbeiten vorliegen; gerade für den Bereich der Energiebereitstellung existiert eine ganze Reihe. Insgesamt sind es trotz des beginnenden Aufbaus verschiedener Basisdatenbanken für Ökobilanzen seit Anfang der 90er Jahre jedoch noch viel zu wenige.

So entstand die Idee dieses Buches, Basisdaten abzuleiten für eine in Ökobilanzen in der Landwirtschaft wichtige Prozeßkette: die Produktion, Bereitstellung und Verwendung von Düngemitteln. Diese Prozeßschritte sind in landwirtschaftlichen Ökobilanzen ergebnisbestimmend, so daß sich eine detaillierte Beschäftigung mit ihnen und eine lückenlose Dokumentation aller Daten lohnt.

Maßgabe dabei war,

- jeden einzelnen Bilanzierungsschritt zu begründen und zu dokumentieren,

- alle Basisdaten, Zwischenrechnungen und Endergebnisse einzeln auszuweisen,

- die Dokumentation so anzulegen, daß ein Anwender unter Einbindung eigener prozeß- oder auch landesspezifischer Datensätze oder anderer bzw. veränderter Bedingungen (z. B. andere Transportmittel, -entfernung) ohne endlose Mühe die entsprechenden Ergebnisdaten selbst ableiten kann.

Dies ist sicher ein hoher Anspruch. Vielleicht stellt dieses Buch auch nur einen Versuch dar, diesem Anspruch gerecht zu werden. Zumindest hoffen wir jedoch, daß es – abgesehen natürlich von der reinen Verwendbarkeit der vielen Basisdaten – eine Diskussionsgrundlage, vielleicht sogar mit Vorbildcharakter, für eine bis ins Detail lückenlose Ableitung und Dokumentation für Energie- und Stoffstrombilanzen von Prozessen bzw. Produkten darstellt.

In diesem Sinne möchten wir auch unsere Leser ermutigen, nach fehlenden oder nicht nachvollziehbaren Ableitungen, Berechnungen oder Literaturstellen Ausschau zu halten. Sollten sich dazu oder selbstverständlich auch zu inhaltlichen Aspekten Diskussionsbedarf oder Anmerkungen ergeben, so bitten wir den fündigen Leser um entsprechende Mitteilung. Wir drohen in solchen Fällen mit einem Rezensionsexemplar einer dadurch möglicherweise notwendig werdenden überarbeiteten Auflage.

Abschließend wollen wir noch darauf hinweisen, daß ein Großteil des Zahlenmaterials von uns im Rahmen des von der Deutschen Bundesstiftung Umwelt geförderten Projekts „Ganzheitliche Bilanzierung von nachwachsenden Energieträgern unter verschiedenen ökologischen Aspekten" erarbeitet wurde. Darauf aufbauend wurden die weiterführenden Arbeiten gefördert durch den ifeu – Verein für Energie- und Umweltfragen e.V. Heidelberg.

Die Erstellung dieses Buches war – wieder einmal – deutlich aufwendiger, als wir ursprünglich angenommen hatten, und wäre ohne fremde Unterstützung direkter wie indirekter Art wohl kaum in dieser Form und Ausführung gelungen. Ad personam bedanken wollen wir uns bei Theis Terwey für die Anfertigung der Grafiken, Sabine Eden für das Erstellen des Endlayouts, Christine Bier für redaktionelle Arbeiten sowie das sorgfältige Korrekturlesen, bei Ellen Frings, Jürgen Giegrich, Udo Meyer und Mario Schmidt (alle ifeu) für die vielen inhaltlichen Anmerkungen und die Übernahme einiger Textpassagen sowie Dr. Angelika Schulz vom Verlag Vieweg, die wegen der verzögerten Manuskripterstellung umdisponieren mußte. Von ganzem Herzen danken wir auch unseren Kollegen und Kolleginnen am ifeu und insbesondere auch unseren Freunden und Familien, die – leider viel zu oft – nicht nur zeitliche Engpässe unsererseits, sondern als Folge gelegentlicher Überarbeitung auch Defizite an Ausgeglichenheit zu ertragen hatten.

Heidelberg, im Dezember 1996

Andreas Patyk

Guido Reinhardt

Inhaltsverzeichnis (Übersicht)

Inhaltsverzeichnis

Teil II Energie- und Stoffstrombilanzen von Düngemitteln

Teil III Anhang

Teil I

Allgemeine Grundlagen

Dimidum facti, qui coepit, habet.

HORAZ

1 Einleitung

In der Umweltdiskussion hat die Landwirtschaft in den vergangenen Jahren einen stetigen Bedeutungszuwachs erfahren. Der Themenbereich „Landwirtschaft und Umwelt" hat dabei zahlreiche verschiedenen Aspekte. In der Öffentlichkeit bisher am meisten beachtet sind die Folgen, die mit dem modernen Intensivlandbau verbunden sind. Dazu gehören z. B. die Bodenerosion, Gewässerbelastung oder der Rückgang der Artenvielfalt. Über diese „direkten" Folgen hinaus steht die Landwirtschaft jedoch noch in ähnlicher Weise wie andere Produktionsbereiche in Wechselwirkung mit der Umwelt. Vergleichbar der „typischen" Industrieproduktion werden in großem Umfang Hilfs- und Betriebsmittel eingesetzt; dazu gehören vor allem Düngemittel und Pflanzenschutzmittel. Deren Bereitstellung wiederum ist mit Energieeinsatz, Emissionen, dem Verbrauch von Ressourcen usw. verbunden. Zu den damit verbundenen Auswirkungen auf die Umwelt gab es bis vor einigen Jahren nur relativ wenige Arbeiten.

Mit der inzwischen sehr intensiven Diskussion um Für und Wider des Anbaus nachwachsender Rohstoffe vor allem zur Substitution fossiler Rohstoffe hat die Betrachtung des gesamten „Lebensweges" von Agrarprodukten großen Raum eingenommen. Während zunächst vor allem Energiepflanzen bzw. die daraus erzeugten „Bioenergieträger" den Mittelpunkt des Interesses bildeten, werden inzwischen auch verstärkt Industrierohstoffe auf pflanzlicher Basis diskutiert. Als Lebensweg bezeichnet man die Gesamtheit aller Prozesse, die mit der Produktion und Nutzung des betrachteten Produktes im Zusammenhang stehen. Dies sind hier die landwirtschaftliche Produktion, die Weiterverarbeitungsschritte, die Nutzung selbst und die Entsorgung sowie die Bereitstellung von Hilfs- und Betriebstoffen einschließlich aller Transporte und Energiebereitstellung.

Der Bedeutungszuwachs des gesamten Lebensweges gerade im Zusammenhang mit nachwachsenden Rohstoffen ist leicht einsehbar. Neben wirtschaftlichen Aspekten spielen hier die Auswirkungen auf die Umwelt eine besondere Rolle. Der zentrale Gedanke besteht darin, daß die Nutzung von Rohstoffen auf pflanzlicher Basis zur Schonung fossiler und mineralischer Ressourcen beiträgt und zumindest näherungsweise CO_2-neutral sein sollte. Eine sinnvolle Nutzung nachwachsender Rohstoffe setzt jedoch voraus, daß die intendierte Ressourcenschonung beim Vergleich nachwachsender und fossiler Rohstoffe tatsächlich über den gesamten Lebensweg als Netto-Effekt stattfindet. Dies bedarf jedoch der Prüfung im Einzelfall. Darüber hinaus ist auch im Falle einer tatsächlichen Minderung des Ressourcenverbrauchs und der CO_2-Emissionen noch keine Aussage über andere Umweltauswirkungen getroffen.

Es ist offensichtlich, daß die auch bei relativ einfachen Produkten schon komplizierten Lebenswege und die Vielzahl möglicher Umweltauswirkungen ein angemessenes Instrument zur Erfassung und Analyse erfordern. In der am weitesten fortgeschrittenen Form ist die Ökobilanz dieses Instrument; eine detaillierte Diskussion findet sich in Kapitel 3. Wegen des immensen Aufwandes, der mit einer umfassenden Ökobilanz verbunden ist, liegen bislang im wesentlichen Arbeiten vor, die lediglich Teilaspekte beleuchten. Insbesondere zu Energie- und einigen Emissionsbilanzen der Lebenswege von Agrarprodukten gibt es zahlreiche Arbeiten. Dabei ist zu betonen, daß zwar der Bedeutungszuwachs von Betrachtungen des gesamten Lebensweges in der Landwirtschaft und die Anwendung des Ökobilanz-Instrumentariums wesentlich mit der Diskussion um nachwachsende Rohstoffe zusammenhängt. Darüber hinaus ist dieses Analyseverfahren aber auch in der Nahrungsmittelproduktion mit großem Nutzen anwendbar.

Insgesamt bildet die Düngemittelproduktion in vielen Fällen – wenngleich nicht in allen – einen wichtigen Lebenswegabschnitt des gesamten Lebensweges landwirtschaftlicher Produkte. Dies wollen wir anhand einiger Beispiele zum Energieverbrauch der Lebenswege recht verschiedener Produkte illustrieren.

Beispiel Schweinefleisch: Schweinefleisch stellt ein „Veredelungsprodukt" von Agrarprodukten dar. Für den gesamten Lebensweg einschließlich der Abfallentsorgung (im wesentlichen Verpackung) ergibt sich nach /MOLLER 1996/ ein Anteil der Futtermittelproduktion am Energieeinsatz von etwa 36 %; Mit etwa 12 % entfällt allein ein Drittel auf die Düngemittelproduktion (Abb. 1-1).

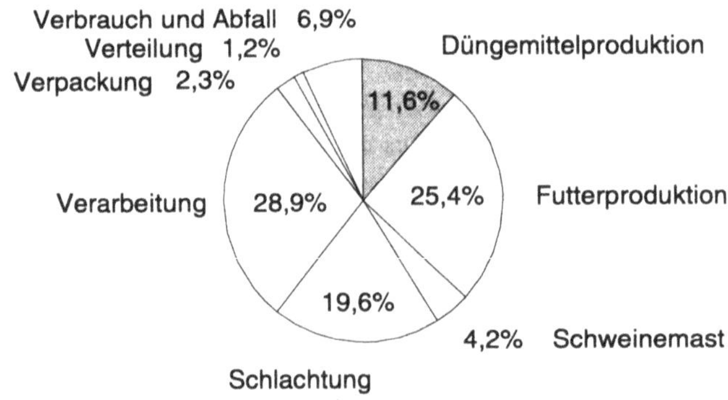

Abb. 1-1 Anteile der einzelnen Lebenswegabschnitte am gesamten Energieeinsatz des Lebensweges von Schweinefleisch nach /MOLLER 1996/

Beispiel Ketchup: Einen deutlich geringeren Anteil hat die Düngemittelproduktion am Lebensweg von Tomaten-Ketchup; er liegt bei etwa 2,4 % /ANDERSSON 1996/. Die Gesamtbilanz wird in extremem Maß durch die Verpackung bzw. deren Entsorgung dominiert, auf die in den beiden untersuchten Szenarien etwa 40 (Szenario 2) bis 45 % (1) des Energieverbrauchs entfallen. In beiden Szenarien besteht die Verpackung der Tomatenpaste aus Stahlfässern, die des Ketchups aus Plastikflaschen. Die Unterschiede ergeben sich aus der Entsorgung (Szenario 1: Deponierung, 2: Stahl-Recycling und Verbrennung der Flaschen). Allein auf die Produktion der Tomaten bezogen beträgt der Anteil der Düngemittelproduktion auch hier etwa ein Drittel (Abb. 1-2).

Beispiel Sojaöl: Einen Anteil von 4 % an der Energiebilanz des gesamten Lebensweges hat die Düngemittelproduktion bei der Bereitstellung von Sojaöl /MAILEFER 1996/. Hier wird die Bilanz durch den Transport von Sojabohnen mit einem Anteil von 46 % dominiert. Der Anteil der gesamten Landwirtschaft liegt bei etwa einem Drittel, der Anteil der Düngemittelproduktion daran allerdings nur bei etwa 12 % (Abb. 1-3). Daß bei Sojaöl der Düngemittelanteil gegenüber den beiden vorstehenden Beispielen so niedrig ist, läßt sich dadurch erklären, daß die Sojabohne, die zur Familie der Leguminosen gehört, mithilfe bestimmter Bakterien direkt aus der Luft Stickstoff binden kann. Sie benötigt daher praktisch keinen Stickstoffdünger. Stickstoffdünger wiederum erfordert, wie später gezeigt wird, relativ zu anderen Düngemitteln zu seiner Produktion den weitaus höchsten Energieeinsatz.

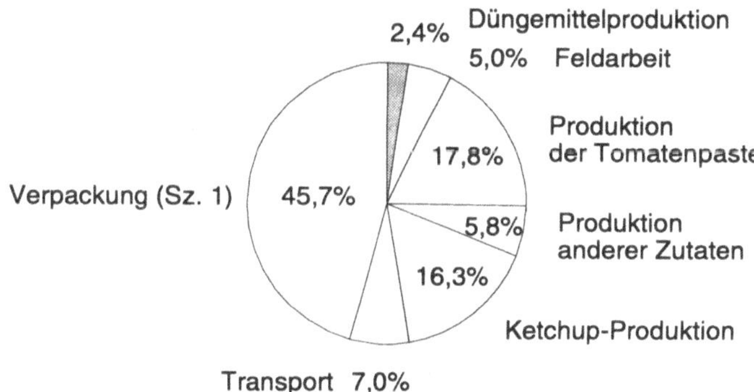

Abb. 1-2 Anteile der einzelnen Lebenswegabschnitte am gesamten Energieeinsatz des Lebensweges von Tomaten-Ketchup nach /ANDERSSON 1996/

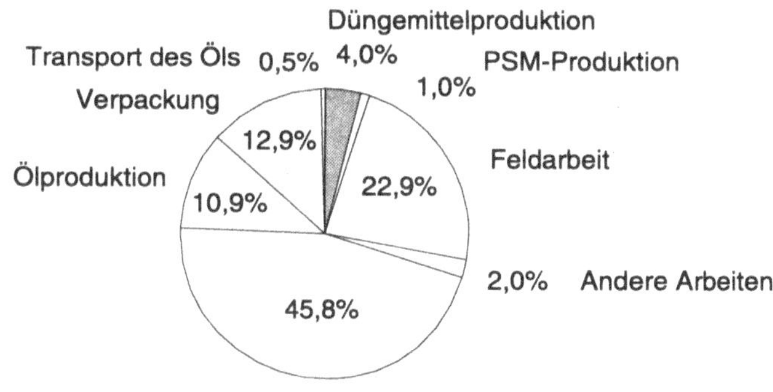

Abb. 1-3 Anteile der einzelnen Lebenswegabschnitte am gesamten Energieeinsatz der Bereitstellung von Sojaöl nach /MAILEFER 1996/ (PSM: Pflanzenschutzmittel)

Beispiel Weizenmehl: Für die Produktion von Weizenmehl ergibt sich dagegen ein völlig anderes Bild /MAILEFER 1996/. Hier beträgt der Anteil der Düngemittelproduktion am gesamten Energieeinsatz 39 %. Nur auf die Landwirtschaft bezogen, schlagen die Düngemittel mit etwa 67 % zu Buche, d. h., bei diesem Beispiel dominieren die Düngemittel sowohl den Bilanzteil „Landwirtschaft" als auch die Gesamtbilanz (Abb. 1-4).

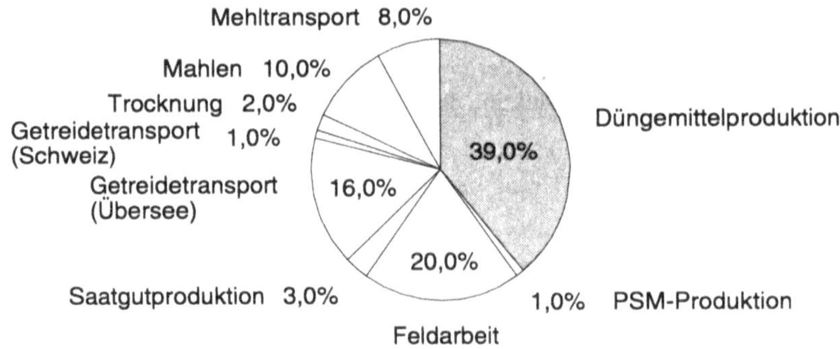

Abb. 1-4 Anteile der einzelnen Lebenswegabschnitte am gesamten Energieeinsatz der Bereitstellung von Weizenmehl nach /MAILEFER 1996/ (PSM: Pflanzenschutzmittel)

Abschließend wollen wir noch ein Beispiel aus der Gruppe der nachwachsenden Energieträger anführen; dabei handelt es sich um die Bereitstellung von Rapsöl zur Nutzung als Motorenkraftstoff /KALTSCHMITT & REINHARDT 1997/. Über zwei Drittel des Energieeinsatzes entfallen auf die Düngemittelproduktion. Für dieses Beispiel liegen außer der Energie- auch verschiedene Emissionsbilanzen vor. Zwei hiervon sind ebenfalls in Abb. 1-5 wiedergegeben. Die CO_2-Bilanz zeigt praktisch die gleiche Aufteilung wie die Energiebilanz; dies resuliert daraus, daß entlang des Rapsöl-Lebensweges fast ausschließlich fossile Energieträger eingesetzt werden. Für die Stickoxidbilanz stellen sich die Verhältnisse dagegen völlig anders dar: Hier überwiegt der Lebenswegabschnitt „Nutzung" bei weitem, d. h., 90 % aller NO_X-Emissionen des Lebensweges von Rapsöl werden bei dessen Verbrennung freigesetzt; die Düngemittel sind nur für etwa 8 % der Emissionen verantwortlich.

Die Beispiele zeigen dreierlei. Zum einen muß die Energiebilanz eines im weitesten Sinne landwirtschaftlichen Produktes nicht unbedingt durch die Düngemittelproduktion dominiert werden. Gerade bei komplexeren Produkten können ganz andere Lebenswegabschnitte die größere Bedeutung haben wie etwa beim Tomaten-Ketchup die Verpackung. Im Rahmen der landwirtschaftlichen Produktion und der Bereitstellung ihrer Hilfs- und Betriebsstoffe spielt die Düngemittelproduktion jedoch fast immer eine wichtige und meist die dominierende Rolle. Schließlich besteht eine enge Korrelation zwischen dem Energieeinsatz und den CO_2-Emissionen, nicht aber zwischen dem Energieeinsatz und den Emissionen anderer Luftschadstoffe.

Bemerkenswerterweise entsprachen schon die vorhandenen Energiebilanzen zur Produktion von Düngemitteln hinsichtlich des Umfangs und der Qualität ihrer Datenbasen der mit den Beispielen illustrierten Bedeutung bisher nur näherungsweise. Emissions- oder Stoffstrombilanzen lagen bisher praktisch überhaupt nicht vor; lediglich für die CO_2-Emissionen wurde 1991 eine detaillierte Bilanz erstellt /REINHARDT 1993/.

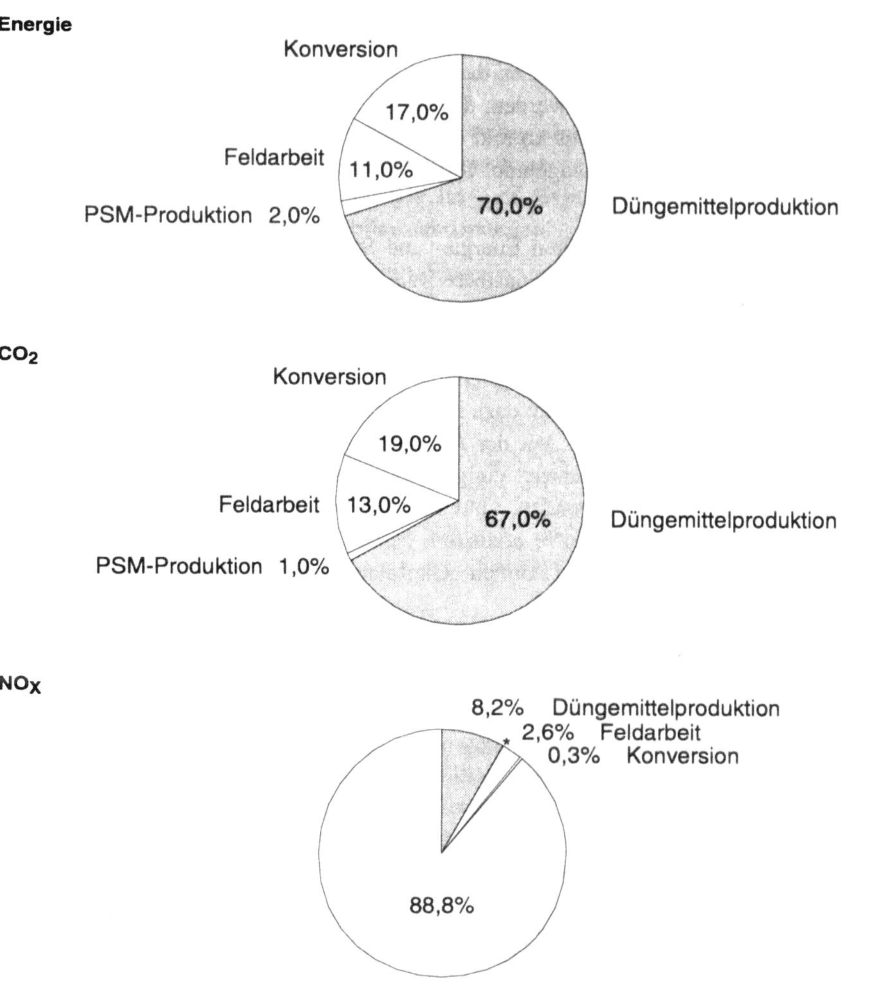

Abb. 1-5 Anteile der einzelnen Lebenswegabschnitte am gesamten Energieeinsatz, den CO_2- (fossil) und NO_X-Emissionen des Lebensweges von Rapsöl nach /KALTSCHMITT & REINHARDT 1997/ (PSM: Pflanzenschutzmittel)

Im Falle der Energiebilanzen, die auf die grundlegenden Arbeiten in /LEACH 1976/ zurückgehen, wurde zwar in einer Reihe von Folgearbeiten im Rahmen von „Aktualisierungen" dem technologischen Fortschritt Rechnung getragen. Länderspezifische Anpassungen unter differenzierter Berücksichtigung der im Inland produzierten wie auch der importierten Düngemittel wurden bisher jedoch nicht durchgeführt. Daher liegt bislang auch keine an bundesdeutsche Verhältnisse angepaßte Energiebilanz vor.

Zudem war bisher in vielen Fällen die Wahl der Abgrenzungen sowie die Herleitung der Daten mit erheblichen Unklarheiten verbunden. Im Licht dieser ungenauen bzw. unsicheren Daten zur Düngemittelproduktion müssen dann natürlich auch die Ergebnisse der Bilanzierung von Agrarprodukten gesehen werden, die darauf aufbauen. D. h., selbst wenn der Lebensweg des betrachteten Produktes korrekt definiert ist, kann die Verwertbarkeit von Untersuchungsergebnissen durch mangelnde Qualität und/oder Transparenz der Basisdaten deutlich eingeschränkt werden.

Mit den in diesem Buch dargestellten Energie- und Stoffstrombilanzen von Düngemitteln wird für *ausgewählte* Parameter eine belastbare Datenbasis zur Beschreibung der Düngemittelbereitstellung abgeleitet, und zwar so, daß sie in Ökobilanzen von Agrarprodukten verwendet werden können. Bilanzierungsobjekte sind hierbei die tatsächlich in der Bundesrepublik eingesetzten Düngemittel.

In diesen erstmals für Düngemittel abgeleiteten Stoffstrombilanzen konnten naturgemäß nicht alle Stoffe berücksichtigt werden; dazu müßten Hunderte, eventuell auch Tausende von Einzelsubstanzen bilanziert werde. Mit der Auswahl wurde jedoch versucht, der aktuellen Diskussion zum Thema „Ökobilanzen" einigermaßen gerecht zu werden. So werden z. B. alle klimawirksamen, ozonzerstörenden, sauren Regen bildenden und viele weitere human- und/oder ökotoxische Luftschadstoffe bilanziert. Mit diesen Energie- und Stoffstrombilanzen wird somit ein Kernstück der gesamten „Ökobilanz" der Düngemittelbereitstellung erstellt.

Neben der hier dargestellten Einbindung der Düngemittel in die Lebenswege einzelner landwirtschaftlicher Erzeugnisse können die Ergebnisse natürlich noch in anderen Kontexten verwendet werden. So können aufbauend auf den Daten Schwachstellenanalysen der Düngemittelproduktion und -bereitstellung vorgenommen werden; d. h., Prozeßstufen, für die einzelne Bilanzierungsparameter besonders hohe Anteile an der gesamten Bereitstellung aufweisen, können identifiziert werden. Schließlich können die Daten als Grundlage dienen, die Anteile der Düngemittelbereitstellung an den industriell bedingten oder auch an allen durch den Menschen verursachten Umweltauswirkungen für die betrachteten Parameter in einem bestimmten Bezugsraum zu bestimmen.

Diese quasi makroskopische Anwendung soll hier am Beispiel des Weltabsatzes an Stickstoff, Phosphat- und Kaliumdünger als Bilanzgegenstand (siehe Kapitel 2.3) kurz dargestellt werden. Wir beschränken uns dabei auf den Primärenergieeinsatz und die klimawirksamen Schadstoffe CO_2, Methan und N_2O. Für die Bilanzierung setzen wir – in grober Näherung – die spezifischen Daten nach Kapitel 9 an. Vergleichsdaten für den gesamten Weltenergieverbrauch und die Emissionen entnehmen wir /UN 1995/ und /IPCC 1995/. In dieser Näherungsbetrachtung ergibt sich ein Anteil von 1,2 % am Weltenergieverbrauch (N-Dünger allein: 0,94 %). Die Anteile der CO_2- und Methanemissionen liegen bei 0,87 bzw. 0,24 %. Der Anteil der N_2O-Emissionen der Düngemittelbereitstellung an den gesamten weltweiten N_2O-Emissionen ist mit beachtlichen 8,5 % um etwa eine Größenordnung höher und stammt fast vollständig aus der N-Düngerproduktion.

2 Düngemittel: Ein Überblick

In den folgenden Unterkapiteln finden sich kurze einführende Darstellungen zur Klassifikation und Funktionsweise von Düngemitteln, aber auch zu den technischen Produktionsverfahren und wirtschaftlichen Aspekten wie Im- und Exportanteile, die wichtige Eingangsgrößen von Energie- und Stoffstrombilanzen darstellen.

Terminologie: Im folgenden wird unter anderem der aus der Pflanzenphysiologie stammende Begriff der Hauptnährelemente (Stickstoff, Phosphor usw.) verwendet. Darunter sind tatsächlich zunächst die chemischen Elemente zu verstehen. Im Zusammenhang mit der Produktion von Düngemitteln und in der Landwirtschaft wird jedoch üblicherweise nicht von Phosphor-, sondern von Phosphatdünger gesprochen; Mengenangaben wiederum beziehen sich nicht auf Phosphat (PO_4^{3-}), sondern den daraus berechneten P_2O_5-Gehalt. Ähnliches gilt für Kaliumdünger, die meist als Kalidünger bezeichnet werden; Mengenangaben beziehen sich hier auf K_2O. Düngekalk und Calcium schließlich werden meist als CaO angegeben. Die Verwendung der einzelnen Begriffe ergibt sich hier aus den jeweiligen Zusammenhängen. Üblich sind auch die Abkürzungen N-, P- und K-Dünger.

2.1 Hauptnährelemente: Klassifikation und Funktion

Düngemittel werden in der Landwirtschaft eingesetzt, um die dem Boden durch die angebauten Pflanzen entzogenen Nährstoffe wieder zuzuführen, letzlich also zum langfristigen Erhalt der Bodenfruchtbarkeit. Diese an sich triviale Aussage faßt eine Vielzahl komplizierter Prozesse zusammen. Im folgenden wird eine kurze Einführung in diese Zusammenhänge gegeben.

Elementarzusammensetzung von Pflanzen

Daß ein Zusammenhang zwischen Bodenbeschaffenheit und Pflanzenwachstum bestehen muß, läßt dabei schon die Zusammensetzung von Pflanzenmaterial erkennen. Tabelle 2-1 faßt Angaben zur relativen Zusammensetzung trockener Pflanzenmasse zusammen.

Die Hauptbestandteile bilden Wasserstoff (H), Kohlenstoff (C) und Sauerstoff (O), die aus der CO_2-Assimilation und der Wasseraufnahme stammen. Mit ein bis zwei Größenordnungen kleineren Anteilen sind die sogenannten Hauptnährelemente Stickstoff (N), Phosphor (P), Kalium (K), Calcium (Ca) und Magnesium (Mg) beteiligt. Diese Stoffe sind von elementarer Bedeutung für Aufbau und Stoffwechsel von Pflanzen und können ausschließlich aus dem Boden bezogen werden. Daraus ergibt sich die Abhängigkeit des Pflanzenwachstums vom Gehalt des Bodens an diesen Nährstoffen. Ähnliches, allerdings in völlig anderen Größenordnungen, gilt natürlich auch für die sogenannten Spurenelemente.

Funktion der Hauptnährstoffe

Die Funktionen der Hauptnährstoffe lassen sich dabei wie folgt zusammenfassen: Stickstoff dient als Baustein für den Aufbau von Eiweißen, Nukleinsäuren, Aminen, verschiedenen organischen Basen und des grünen Blattfarbstoffs Chlorophyll. Phosphor wird benötigt zum Aufbau von Phospholipiden (Membranen), Nukleotiden und Adenosintriphosphat (ATP), dem Energieüberträger in Zellen. Kaliumionen regulieren den Wasserhaushalt von Zellen, beeinflussen zahlreiche enzymatische Reaktionen und sind am Aufbau von Makromolekülen beteiligt. Calcium ist ein wichtiger Baustein des Grundgerüstes von Pflanzen. Magnesium schließlich ist in erster Linie Baustein des Chlorophylls, ist aber auch an der Regulation des Wasserhaushaltes, des pH-Wertes und der Aufnahme und Abgabe von Ionen beteiligt.

Tabelle 2-1 Relative Elementzusammensetzung trockener Pflanzenmasse bezogen auf Phosphor (Mittelwerte)

Hauptbestandteile		Spurenelemente	
H	470	Cl	0,66
C	250	S	0,53
O	170	Si	0,31
N*	9,1	Na	0,20
K*	3,5	Fe	0,12
Ca*	1,6	B	0,003
Mg*	1,5	Mn	0,001
P*	1,0	Zn	0,0002
		Cu	0,0001
		Mo	0,000005
		Co	0,000001

*: Hauptnährelemente
Quelle: /SAUERBECK 1985/

Bodenkunde: Elementare Grundlagen

Als Boden wird die oberste, belebte Schicht der Erdoberfläche bezeichnet. Sie entsteht durch Gesteinsverwitterung und enthält als mineralische Bestandteile vor allem Silikate und durch weitere Verwitterungsprozesse entstandene Tonmineralien. Gekennzeichnet sind Böden dadurch, daß sie mit Wasser, Luft und Lebewesen durchsetzt sind und abgestorbene Biomasse und deren Abbauprodukte enthalten.

Die Verwitterungsprozesse, durch die der Boden entsteht, lassen sich grob in physikalische und chemische Prozesse unterteilen. Zu den pysikalischen Prozessen gehört die Zerstörung des Gesteinsgefüges in der Folge des Gefrierens von Wasser (Frostsprengung). Ein chemischer Verwitterungsprozeß ist das Auslaugen einzelner Gesteinsbestandteile durch Wasser. Schließlich finden auch Oxidationsprozesse statt. Die Eigenschaften eines Bodens werden in großem Maße durch die Korngröße der im Boden vorhandenen Teilchen bestimmt. Diese wiederum hängt von der Art der Verwitterungsprozesse und des Ausgangsgesteins ab. Diese Parameter haben auch unmittelbaren Einfluß auf z. B. den Nährstoffgehalt bzw. die Fähigkeit, Nährstoffe zu speichern, und den pH-Wert des Bodens. Aus diesen beiden – natürlich ursächlich vielfach zusammenhängenden – Aspekten wurden zwei Einteilungen für Bodenarten abgeleitet.

Ein Schema richtet sich nach der Korngröße. Bei einer Korngröße von < 0,002 mm spricht man von Ton, bei Größen zwischen 0,002 und 0,06 mm von Schluff, bei Größen von 0,06 bis 2 mm von Sand. Tatsächlich enthalten die meisten Böden Teilchen aus mindesten zwei dieser Fraktionen; man spricht dann z. B. von sandigem Schluff. In den sogenannten schweren Böden überwiegen tonartige Teilchen. Das zweite Schema orientiert sich an den Ausgangsgesteinen der Verwitterung; dabei kann es sich um magmatisches Gestein, Sedimentgestein oder metamorphes Gestein handeln. Die mittlere chemische Zusammensetzung bodenbildender Gesteine ist in Tabelle 2-2 zusammengefaßt; Hauptbestandteile sind Silizium- und Aluminiumoxid.

Tabelle 2-2 Mittlere chemische Zusammensetzung bodenbildender Gesteine

Stoff	Anteil
SiO_2	58,0 %
Al_2O_3	16,0 %
Eisenoxide	7,0 %
CaO	5,2 %
MgO	3,8 %
Na_2O	3,9 %
K_2O	3,1 %
Spurenelemente	3,0 %
Summe	**100,0 %**
Quelle: /MOLL 1982/	

Ein Kriterium, das in der Landwirtschaft eine große Rolle spielt, ist der Karbonatgehalt von Böden und damit die Bodenacidität. Die Bodenacidität beeinflußt stark die Verfügbarkeit von Pflanzennährstoffen in der Bodenlösung (siehe unten). Abgesehen von stark kalkhaltigen Böden mit pH-Werten von bis zu 9 sind die Böden von Natur aus mehr oder weniger sauer. Landwirtschaftlich genutzte Böden haben in unseren Breiten meist pH-Werte zwischen 6 und 7, Grünlandböden zwischen 5 und 6. Böden mit niedrigem Karbonatgehalt entstehen vor allem aus den naturgemäß karbonatfreien magmatischen Gesteinen. Karbonathaltige Böden, die z. B. aus Sedimentgestein entstehen, weisen vor allem sehr hohe CaO- und MgO-Anteile auf.

Wie eingangs erwähnt, bestehen Böden nicht nur aus mineralischen Komponenten. Ein gerade für die Landwirtschaft besonders wichtiger Bestandteil des Bodens ist der Humus. Er entsteht durch den Abbau abgestorbener Biomasse (Humifizierung). Die Kulturböden Westeuropas bestehen zu etwa 1,5 bis 2,0 % aus organischem Material. Bei der Humifizierung werden hochpolymere, schwerlösliche Verbindungen gebildet, die Wasser, Ionen und organische Verbindungen binden. Der von Natur aus saure Rohhumus bildet mit Tonmineralien kolloidale Komplexe, deren Menge, Größe und Struktur entscheidend für die Qualität eines Kulturbodens sind. Die Bedeutung dieser Komplexe besteht in ihrer Fähigkeit, die angelagerten Stoffe, die für die Pflanzenernährung direkt oder für das gesamte Ökosystem des Bodens notwendig sind, zu speichern und dosiert abzugeben. Diese Komplexe reagieren sehr stark auf Änderungen des pH-Wertes. Dies erklärt die extreme Säureempfindlichkeit kalkarmer bzw. -freier Böden, die einen Säureeintrag, z. B. durch Sauren Regen, nicht abpuffern können. In solchen Böden setzen die Ton-Humus-Komplexe schlagartig große Mengen zuvor gebundener Stoffe frei. Dabei handelt es sich nicht nur um wertvolle Verbindungen wie die Pflanzennährstoffe, sondern auch um gegebenenfalls vorhandene Schadstoffe wie etwa Schwermetalle. Die Nährstoffe können in tiefere Schichten ausgeschwemmt werden und gehen damit für die Pflanzenernährung verloren; Schadstoffe können zuvor phytotoxisch wirken.

Unter natürlichen Bedingungen werden die organischen Bestandteile des Humus langsam mineralisiert, d. h., sie werden oxidativ zu Wasser, Kohlendioxid und anorganischen Salzen abgebaut. Dabei stellt sich – ohne äußere Störungen – ein Fließgleichgewicht zwischen Humusbildung und Mineralisierung ein. Für landwirtschaftlich genutzte Flächen ergibt sich daraus, daß zum langfristigen Erhalt des Humusanteils des Bodens organisches Material zugeführt werden muß. Dies gilt inbesondere dann, wenn auch Ernterückstände nicht auf dem Boden zurückgelassen werden, sondern einer anderen Verwendung zugeführt werden.

Pflanzenverfügbarkeit von Nährstoffen

Hinsichtlich der Pflanzenverfügbarkeit von Nährstoffen unterscheiden sich die Böden sehr stark, da sie nicht nur von der absolut vorhandenen Menge, sondern auch vom pH-Wert abhängt. Zu niedrige pH-Werte können im Extremfall zu einer Ausschwemmung der Nährstoffe führen, während bei hohen pH-Werten die Nährstoffmenge in der Bodenlösung durch die dann weitgehende Adsorption an die Ton-Humus-Komplexe sehr niedrig werden kann. In der Praxis stellen zu niedrige pH-Werte das Hauptproblem dar. Zur Anhebung des pH-Wertes wird Düngekalk eingesetzt. Entscheidend ist dabei die Zuführung der relativ stark basischen Karbonationen. Die damit notwendig verbundene Zufuhr von Calcium und je nach Düngekalksorte auch Magnesium ist unter dem Aspekt der Pflanzenernährung meist nicht erforderlich, da diese Hauptnährelemente im Boden ausreichend verfügbar sind. Kalk ist damit kein Düngemittel im eigentlichen Sinne, sondern ein Bodenverbesserer.

Für die landwirtschaftliche Nutzung am wertvollsten sind für die Mehrzahl der Kulturen die milden, d. h. leicht sauren, sandigen Lehmböden. Der Wert der Böden nimmt zu den Sand- und Kiesböden hin wegen ihres sehr geringen Humus- und Nährstoffgehaltes und zu den schweren, also stark tonhaltigen Böden ab.

Nährstoffgehalt von Böden

Die Hauptnährstoffe Stickstoff, Phosphat und Kalium stehen den Pflanzen im Boden in der Regel nur in beschränktem Maße zur Verfügung. Der Gesamtstickstoffgehalt landwirtschaftlich genutzter Böden beträgt 0,04 bis 0,2 % (2 bis 10 t/ha); nur etwa 5 bis 10 % davon sind pflanzenverfügbar. Der Phosphatgehalt, angegeben als P_2O_5, liegt bei 0,02 bis 0,08 % (1 bis 4 t/ha) mit einem gelösten und damit pflanzenverfügbaren Anteil von 0,001 bis 0,03 % (0,05 bis 1,5 t/ha). Für Kalium kann der Anteil in stark tonhaltigen Böden bis zu 4 % (200 t/ha) betragen bei einem pflanzenverfügbaren Anteil von 0,04 % (2 t/ha).

Nährstoffhaushalt in Böden

Bodenökologisch und in Hinblick auf die Pflanzenernährung spielt der Stickstoff eine besondere Rolle. Erstens stellt er in den meisten Böden noch vor Phosphor und Kalium den wachstumsbegrenzenden Faktor dar. Zweitens ist der Stickstoffhaushalt des Bodens deutlich komplexer als der der anderen Nährstoffe. Die wesentlichen Prozesse sollen im folgenden erläutert werden; sie sind in Abb. 2-1 zusammengefaßt.

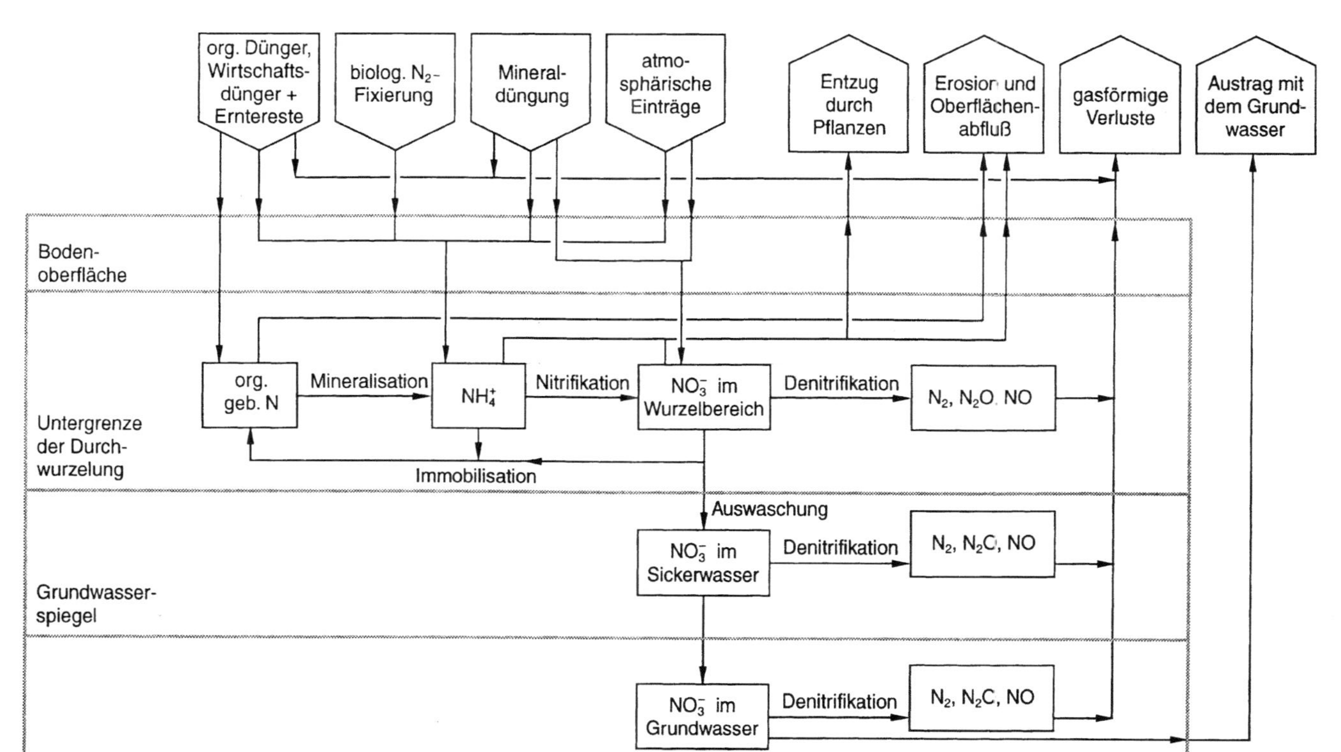

Abb. 2-1 Schema des Stickstoffkreislaufs im Boden nach /KALTSCHMITT & REINHARDT 1997/

Stickstoff ist im Boden mit 90 bis 95 % weit überwiegend in den organischen Humusinhaltsstoffen gebunden und damit nicht unmittelbar pflanzenverfügbar (in Aminosäuren: bis 60 %, in Amiden: bis 15 %, in Aminozuckern: bis 15 %, in anderen nicht mit Salzsäure hydrolysierbare Verbindungen: bis 30 %). Nur 5 bis 10 % des im Boden vorhandenen Stickstoffs liegt in Form anorganischer Verbindungen, vor allem als Ammonium und Nitrat, vor. Das Gesamtinventar bleibt bei ständigem Ein- und Austrag konstant. Aufgefüllt wird der Stickstoffbestand zum einen durch die Aktivität von Bodenbakterien, die Stickstoff direkt aus der Luft aufnehmen und in organische Verbindungen einbauen können. Bei diesen Bakterien handelt es sich um die sogenannten Azobakter, die in unseren Breiten pro Hektar und Jahr etwa 50 kg Stickstoff binden können. Die in Symbiose mit bestimmten Pflanzen (Leguminosen) lebenden Knöllchenbakterien setzen 100 bis 300 kg Stickstoff pro Hektar und Jahr um. Zu den Leguminosen gehören z. B. der Klee und auch die Sojabohne (zum Einfluß der Stickstoffbindung von Leguminosen auf den Düngeaufwand siehe das Beispiel „Sojaöl" in Kapitel 0). Ein weiterer Pfad verläuft über die Stickstoffbindung von Pflanzen und die sich anschließende Humifizierung.

Im Laufe der oben erwähnten Mineralisierung wird der Stickstoff der Humusinhaltsstoffe, der den Hauptanteil des Gesamtinventars ausmacht, aus seinem organischen Bindungsgefüge in Form von Ammoniumionen gelöst und dadurch mobilisiert, d. h. pflanzenverfügbar gemacht:

$$R\text{-}NH_2 + 2\,H_2O \longrightarrow NH_4^+ + R\text{-}OH + OH^-$$

Die hierbei entstehenden Ammoniumionen werden in Kulturböden meist sehr schnell durch Bakterien oxidativ über Nitrit in Nitrat umgewandelt. Dieser Vorgang heißt Nitrifikation:

$$NH_4^+ + 2\,O_2 + H_2O \longrightarrow NO_3^- + 2\,H_3O^+$$

Das ebenfalls pflanzenverfügbare Nitrat wird zusammen mit Teilen des unumgesetzten Ammoniums in Mengen von 100 bis 300 kg Stickstoff pro Hektar und Jahr von den Pflanzen aufgenommen. Das in dem Mobilisierungsprozeß entstehende Ammonium bleibt nur zum Teil in der Bodenlösung; im Gleichgewicht damit wird das übrige Ammonium an Tonteilchen adsorbiert, d. h., es ist nicht mehr unmittelbar pflanzenverfügbar. Je nach ökologischer Situation des Bodens und der Bewirtschaftungsweise entweicht auch ein Teil des Ammoniums als Ammoniak und wird in der Atmosphäre zu molekularem Stickstoff (Luftstickstoff) abgebaut.

Das aus der Nitrifikation stammende Nitrat wird nicht nur von Pflanzen aufgenommen, sondern größtenteils wieder biologisch immobilisiert, chemisch im Humus fixiert oder denitrifiziert, d. h. zu Luftstickstoff reduziert. Die Denitrifikation läßt sich wie folgt beschreiben:

$$NO_3^- + 2\,[H] \longrightarrow NO_2^- + H_2O$$

$$NO_2^- + [H] + H_3O^+ \longrightarrow NO + 2\,H_2O$$

$$2\,NO + 2\,[H] \longrightarrow N_2O + H_2O$$

$$N_2O + 2\,[H] \longrightarrow N_2 + H_2O$$

Mit [H] werden hier H-Donoren bezeichnet, organische Verbindungen des Bodenmaterials, die Wasserstoffatome abgeben und dabei oxidiert werden. In einem Agrarökosystem wird allerdings das Nitrat nicht immer vollständig denitrifiziert. Ein Teil wird nur bis zum Distickstoffoxid (N_2O) reduziert und in die Atmosphäre abgegeben. Je mehr gelöstes Nitrat im Boden vorhanden ist, desto mehr N_2O gelangt aus dem Boden in die Atmosphäre. Hohe Nitrat-Konzentrationen finden sich vor allem auf landwirtschaftlich intensiv genutzten Flächen. Es handelt sich hier um eine anthropogene N_2O-Quelle, die wesentlich zum Anstieg der N_2O-Konzentration in der Atmosphäre beiträgt. Dies ist in ökologischer Hinsicht von zweifacher Bedeutung: Erstens ist N_2O extrem stark klimawirksam, d. h., es trägt deutlich zum Treibhauseffekt bei; zweitens zerstört es, nachdem es durch die Tropopause diffundiert ist, in der Stratosphäre Ozon. Ferner kann Nitrat auch in tiefere Bodenschichten ausgewaschen werden und in der Folge zu Grundwasserbelastungen führen. Wichtig ist festzuhalten, daß der Stickstoffkreislauf nur solange in der hier beschriebenen Form abläuft, so lange die Temperatur des Bodens über 5 bis 8 °C liegt. Vor allem für die Nitratauswaschung ist dies relevant; sie wird besonders dann begünstigt, wenn die Denitrifikation nur in geringem Umfang stattfindet und zugleich nur wenig Stickstoff von Pflanzen nachgefragt wird.

Ein durch den Menschen verursachter, wenngleich nicht beabsichtigter Eingriff in den Stickstoffhaushalt des Bodens besteht in atmosphärischen Eintragungen wie dem Sauren Regen. Die dabei eingebrachten Stickstoffmengen sind zum Teil erheblich. Durch atmosphärische Eintragungen, die auf anthropogene Emissionen zurückgehen, werden dem Boden bundesweit zwischen 10 und 70 kg N/ha zugeführt (Mittelwert: etwa 30 kg N/ha). In der Nähe von Tiermastbetrieben werden durch die dort freigesetzten Ammoniakemissionen sogar Werte von über 100 kg N/ha erreicht.

Durch den Einsatz von Düngemitteln wird den Böden ebenfalls Stickstoff in einer Größenordnung von 50 bis 200 kg N/ha je nach angebauter Kultur zugeführt. Bemerkenswert ist dabei, daß sich die Umsätze auf den einzelnen Ein- und Austragspfaden und der chemischen Reaktionen alle in der gleichen Größenordnung bewegen (Stickstoff-Fixierung durch Bakterien, atmosphärische Eintragungen, Düngung, Entzug durch die Ernte) und mindestens eine Größenordnung kleiner sind als das gesamte Stickstoffinventar. Gleichwohl kann übermäßige Düngung zu erheblichen ökologischen Problemen führen. Den Maßstab für die Belastbarkeit des Stickstoffhaushaltes des Bodens liefert eben nicht die Masse des gesamten Inventars, sondern die auf den einzelnen Pfaden umsetzbaren Mengen.

Phosphor ist ähnlich Stickstoff zu einem großen Teil im Boden organisch gebunden; der Anteil liegt bei mehr als 50 %. Anorganisch gebundene Phosphate liegen in neutralen bis alkalischen Böden als Calciumphosphat und in sauren Böden als schwer lösliches Aluminium- und Eisenphosphat vor. Für die anorganischen Phosphaten bestehen Gleichgewichte zwischen festem Phosphat und der Bodenlösung, deren Lage von der Bodenacidität und der Art der Gegenionen abhängt. Organisch gebundenes Phosphat wird durch Mikroorganismen in anorganisches Phosphat umgewandelt.

Kalium ist im Boden überwiegend auf verschiedene Arten an oder in mineralischen Teilchen gebunden. Ein Teil ist oberflächlich adsorbiert, steht im Gleichgewicht mit der Bodenlösung und ist damit mittelbar pflanzenverfügbar. Kalium, das zwischen den Schichten von Tonmineralien eingelagert ist, ist bereits schwerer verfügbar. Kalium, das Teil des Kristallgitters von Mineralien ist, wird nur langsam durch Verwitterungsprozesse freigesetzt.

Durch die Gleichgewichte zwischen festem **Phosphat** bzw. adsorbiertem **Kalium** und der Bodenlösung bestehen für diese beiden Nährstoffe Puffersysteme. Bei Entzug durch Pflanzen stellen sich die Gleichwichte durch Lösung von festem Phosphat bzw. Desorption von

Kalium neu ein. Umgekehrt wird ein Teil der mit der Düngung zugeführten Nährstoffe aus-
gefällt bzw. adsorbiert und ist damit nur mittelbar verfügbar. Zumindest einmalige Überdüngung führt daher noch nicht zu Auswaschungen ins Grundwasser. Die Abb. 2-2 und Abb. 2-
3 fassen die Prozesse zusammen.

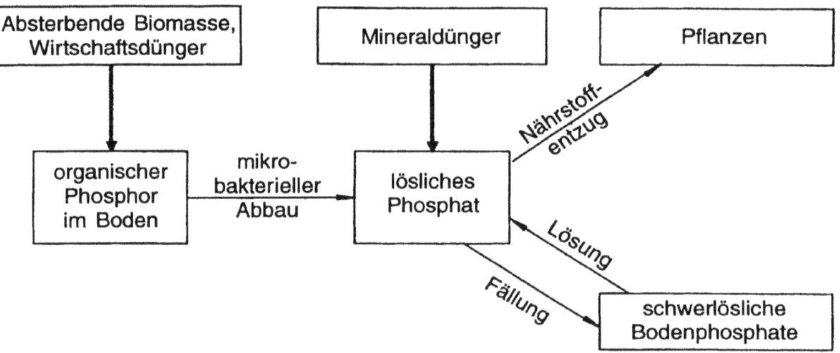

Abb. 2-2 Schema des Phosphathaushalts im Boden nach /HEINTZ & REINHARDT 1996/

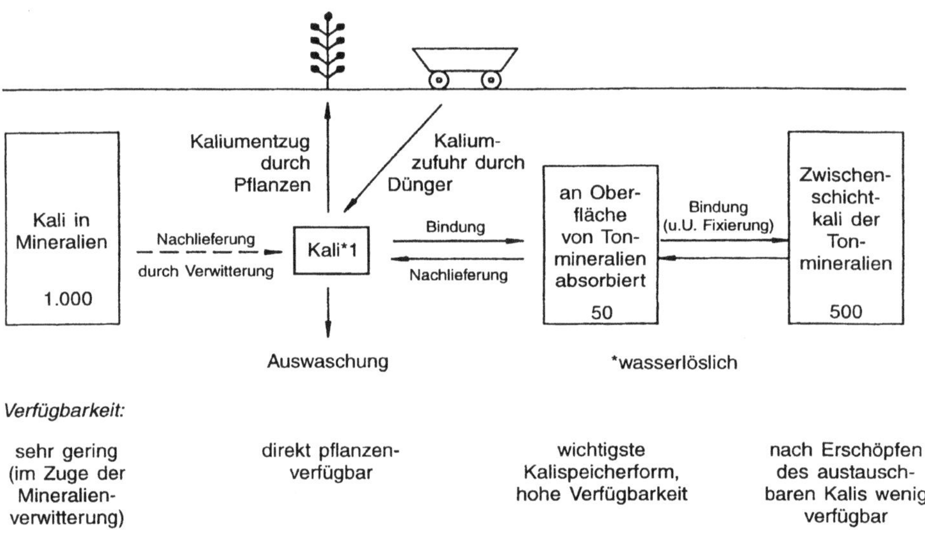

Abb. 2-3 Schema des Kaliumhaushalts im Boden nach /HEINTZ & REINHARDT 1996/

Düngung

Die Notwendigkeit der bislang nur am Rande erwähnten Düngung ergibt sich bei dauerhaft bewirtschafteten Flächen aus dem erheblichen Nährstoffverlust, der für den Boden mit der Ernte verbunden ist. Wenn die Ernterückstände nicht auf dem Feld zurückgelassen werden, ist der natürliche Kreislauf zwischen Pflanzenwachstum und Humifizierung praktisch völlig durchbrochen. Der resultierende Nährstoffmangel im Boden betrifft vor allem Stickstoff und Phosphat. Allein durch die Getreideernte in der Bundesrepublik im Jahre 1993 (etwa 35,5 Mio. t) wurden dem Boden etwa 887.000 t Stickstoff und 394.000 t Phosphat (angegeben als P_2O_5) entzogen. Um diesem Nährstoffverlust entgegenzuwirken, werden sowohl organische Dünger wie Kompost als auch sogenannte Mineraldünger, gelegentlich auch als Kunstdünger bezeichnet, eingesetzt.

Optimales Pflanzenwachstum ist nur dann gewährleistet, wenn alle notwendigen Pflanzennährstoffe nicht nur in ausreichender Menge im Boden vorhanden sind, sondern auch in pflanzenverfügbarer Form vorliegen. Wie oben gezeigt wurde, fallen für die wichtigsten Nährstoffe vorhandene und verfügbare Menge deutlich auseinander. Dabei wird das Pflanzenwachstum durch das von dem Chemiker und Begründer der Agrikulturchemie Justus von Liebig (1803-1873) entdeckte „Gesetz des Wachstumsminimums" beschrieben: Das Wachstum einer Pflanze wird durch denjenigen Nährstoff bestimmt, der – relativ zur idealen Menge – in der geringsten Menge verfügbar ist.

Dieses Gesetz ist in Abb. 2-4 illustriert. Im linken Teil dieser Abbildung decken sich Nährstoffbedarf und -angebot vollständig, so daß das Wachstum der Pflanze optimal verlaufen kann. Auf der rechten Seite ist zwar ausreichend Stickstoff und sogar ein Überangebot an Kalium vorhanden, das Angebot an Phosphor ist jedoch unzureichend. Die Folge ist ein beschränktes Wachstum, das durch das Phosphorangebot bestimmt wird. Das Überangebot an Kalium kann diesen Mangel nicht ausgleichen. Man spricht in diesem Fall vom Phosphor als limitierendem Faktor oder Minimumfaktor, da dessen Menge das Pflanzenwachstum begrenzt.

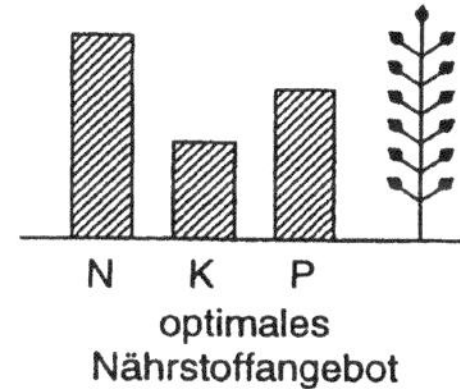

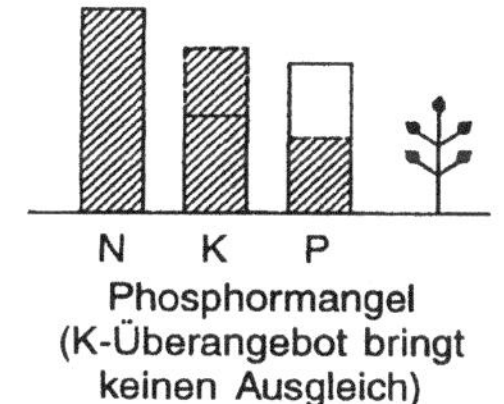

Abb. 2-4 „Gesetz des Wachstumsminimums" nach Liebig: Das Pflanzenwachstum richtet sich nach dem Minimumfaktor im Nährstoffangebot nach /HEINTZ & REINHARDT 1996/

In einigermaßen fruchtbaren, natürlichen Böden ist Stickstoff der Minimumfaktor, so daß die Ernteerträge meist vom verfügbaren Stickstoffangebot abhängen. Wird dem durch Stickstoffdüngung Rechnung getragen, so werden die Nährstoffe Kalium und Phosphor zu Minimumfaktoren (zu den Hauptnährstoffen Calcium und Magnesium: siehe oben). Natürlich läßt sich das Pflanzenwachstum durch Düngemittelanwendung nicht beliebig steigern. Tatsächlich nähert sich das Pflanzenwachstum ausgehend von einer Unterversorgung mit Nährstoffen asymptotisch an ein maximales Wachstum bei idealer Nährstoffmenge an (Mitscherlich-Kurve /MITSCHERLICH 1954/).

Zu den Spurenelementen ist in diesem Zusammenhang anzumerken, daß sie natürlich nicht weniger notwendig für das Pflanzenwachstum sind als die Hauptnährstoffe; sie sind lediglich in um Größenordnungen kleineren Mengen notwendig. Tatsächlich werden auch einige dieser Elemente, z. B. Bor, gezielt in Form von Düngemitteln Böden zugeführt. Sie sind jedoch oft in ausreichender Menge verfügbar. Darüber hinaus sind sie im Kontext dieses Buches aufgrund ihres massenmässig geringen Einsatzes von geringer Bedeutung.

Neben dem absoluten Wachstum von Pflanzen wird durch das Nährstoffangebot des Bodens auch die Zusammensetzung der Pflanzen beeinflußt. Dies macht man sich zur Erzielung bestimmter Produkteigenschaften zunutze; dabei werden notwendigerweise einzelne Nährstoffe in – unter dem Aspekt des Größenwachstums – suboptimalen Mengen als Düngemittel dem Boden zugeführt. Durch relativ zu Phosphor und Kalium hohe Stickstoffgaben läßt sich z. B. der Eiweißgehalt von Getreide erhöhen. Bei Gerste, die zu Malz verarbeitet werden soll, sind jedoch ein niedriger Eiweiß- und ein hoher Stärkegehalt erwünscht. In diesem Fall werden Phosphor und Kalium in optimaler Menge und geringere Stickstoffmengen zur Düngung eingesetzt.

Wie oben erwähnt, kann die Zufuhr von Nährstoffen über organische wie über Mineraldünger erfolgen. Über die Vor- und Nachteile beider Arten der Düngung gehen die Meinungen stark auseinander. Gegen den Einsatz einzelner organischer Dünger wie z. B. Klärschlamm wird ihre unter Umständen relativ hohe Schadstoffbelastung angeführt. Weitere Probleme sind der schwankende Nährstoffgehalt des Düngesubstrats oder auch unausgewogene Nährstoffkombinationen, die die Dosierbarkeit erschweren und den zusätzlichen Einsatz von Mineraldüngern erfordern bzw. zur Überdüngung mit dem Überschußnährstoff führen /ULLMANN 1987/, /IVA 1995/. Für organische Düngemittel spricht, daß durch ihren Einsatz Nährstoffkreisläufe geschlossen werden. Sie wirken damit ressourcenschonend und tragen zur Lösung abfallwirtschaftlicher Probleme bei. Die Vorzüge der Mineraldünger bestehen in der reproduzierbaren Qualität der Düngemittel und ihrer guten Dosierbarkeit.

2.2 Düngemittelarten und ihre Herstellung

Bis gegen Mitte des letzten Jahrhunderts wurden praktisch ausschließlich organische Dünger – Mist, Jauche und Gülle, Ernterückstände, Asche und Knochenmehl – zur Ertragserhöhung ausgebracht. Diese Art der Düngung fand bei vielen Völkern in ähnlicher und über lange Zeiträume kaum veränderter Weise statt.

Der systematische Einsatz von Düngemitteln begann erst etwa in der Mitte des letzten Jahrhunderts und wurde im wesentlichen durch die oben erwähnten Arbeiten von Liebig ausgelöst. Mit dem Wissen um die Bedeutung einzelner Nährstoffe wurden bald auch die entsprechenden Mineralienvorkommen gefunden. Zu den ersten für Europa wichtigen Mineraldüngern zählte Chilesalpeter. Daneben wurde der aus Südamerika stammende Guano (phosphor- und stickstoffreiche Exkremente von Seevögeln), der zu den organischen Düngern zählt, im letzten Jahrhundert ein international gehandeltes Produkt. Die ersten Superphosphatfabriken wurden ebenfalls bereits um 1850 eröffnet. Im Unterschied zum Prinzip der Phosphatdüngerproduktion blieb der Abbau von Chilesalpeter und Guano ein Zwischenspiel bei der Versorgung mit Stickstoffdünger. Seit den zwanziger Jahren dieses Jahrhunderts wurde die Stickstoffdüngerproduktion auf der Basis der Ammoniaksynthese nach Haber und Bosch zum dominierenden Verfahren.

Nährstoffproduktion

In Tabelle 2-3 sind für die heute wichtigsten Mineraldünger die chemischen Formeln der nährstoffhaltigen Verbindungen und Nährstoffgehalte zusammengefaßt. Im Falle der sogenannten Mehrnährstoffdünger lassen sich typische bzw. mittlere Nährstoffgehalte nur für die Düngemittel angeben, in denen die Nährstoffe in *einer* chemischen Verbindung vorliegen wie etwa in Monoammoniumphosphat. Generell sind jedoch für alle Arten von Mehrnährstoffdünger Mindestgehalte der einzelnen Nährstoffe vorgeschrieben. In der Praxis hat sich eine Reihe fester Relationen und Anteile der einzelnen Nährstoffe etabliert. Für NPK-Dünger z. B. sind bei einem Verhältnis von 1:1:1 der drei Nährstoffe Nährstoffgehalte von je 15 bis 17 % gebräuchlich /ULLMANN 1987/.

Abb. 2-5 gibt einen Überblick über die Rohstoffe, Zwischenprodukte und Produktionsprozesse wichtiger Düngemittel. Einige dieser Düngemittel und einzelne Prozeßschritte werden im folgenden kurz besprochen; technische Details zu den einzelnen Verfahren finden sich in Kapitel 6.

Tabelle 2-3 Chemische Formeln der nährstoffhaltigen Verbindungen und Nährstoffgehalte wichtiger Mineraldünger

Nährstoff/Düngemittel	Formel	N	P_2O_5	K_2O	CaO
Stickstoff					
Calciumammoniumnitrat (CAN)	NH_4NO_3	26,8 %			
Harnstoff	$CO(NH_2)_2$	46,7 %			
Ammoniumnitrat/Harnstoff-Lösung	$NH_4NO_3 + CO(NH_2)_2$	32,0 %			
Phosphat					
Singlesuperphosphat (SSP)	$Ca(H_2PO_4)_2$		20,0 %		
Triplesuperphosphat (TSP)	$Ca(H_2PO_4)_2$		48,5 %		
Stickstoff und Phosphat					
Monoammoniumphosphat (MAP)	$NH_4H_2PO_4$	11,0 %	54,0 %		
Diammoniumphosphat (DAP)	$(NH_4)_2HPO_4$	18,0 %	46,0 %		
Ammoniumnitratphosphat (ANP)	$NH_4NO_3 * Ca(H_2PO_4)_2$	22,0 %	22,0 %		
Kalium					
Kaliumchlorid	KCl			60,0 %	
Stickstoff, Phosphat und Kalium					
Verschiedene Mischungen	*		*	*	*
Calcium					
Kalkstein	$CaCO_3$				54,3 %
Branntkalk	CaO				97,0 %

Formel: nur nährstoffhaltige Verbindungen
Nährstoffgehalte: diese Studie
*: abhängig von der Zusammensetzung

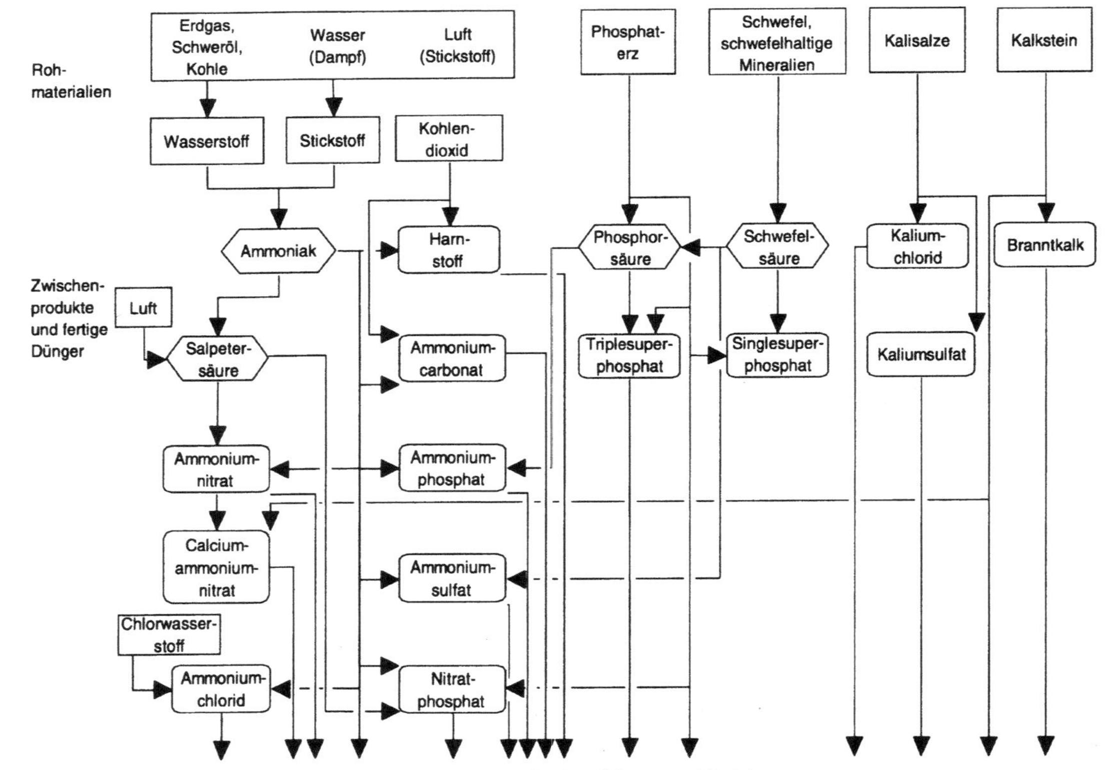

Abb. 2-5 Übersicht über Rohstoffe, Zwischenprodukte und Produktionsprozesse gebräuchlicher Mineraldünger mit den Hauptnährstoffen Stickstoff, Phosphat, Kalium und Calcium nach /MUDAHAR 1987/

Das Haber-Bosch-Verfahren zur Ammoniaksynthese kann unter zwei Aspekten als der wichtigste Prozeß der gesamten Düngemittelindustrie bezeichnet werden. Der erste wurde bereits angesprochen: Das Haber-Bosch-Verfahren ist der *grundlegende* Prozeß der Massenproduktion von Düngemitteln mit dem *wichtigsten* Nährstoff, Stickstoff. Der zweite Aspekt besteht darin, daß die Ammoniaksynthese der energieaufwendigste Prozeßschritt in der Massenproduktion von Düngemitteln ist (sie wird daher in Kapitel 6 besonders eingehend behandelt). Die Ammoniaksynthese besteht im wesentlichen aus zwei Schritten: Im ersten Schritt werden fossile Energieträger – überwiegend Erdgas, aber auch Mineralölfraktionen oder Kohle – mit Wasserdampf und/oder Luft zum sogenannten Synthesegas umgesetzt. Im zweiten Schritt reagiert der Wasserstoff des Synthesegases mit Stickstoff zu Ammoniak. Der dazu notwendige hohe Energieeinsatz ist eine Folge der extremen thermodynamischen Stabilität von Stickstoff. Ausgehend von Erdgas und mit einigen Vereinfachungen für die Synthesegasherstellung läßt sich die Ammoniaksynthese durch die folgenden beiden Reaktionsgleichungen beschreiben:

$$CH_4 + 2\,H_2O \longrightarrow CO_2 + 4\,H_2$$

$$N_2 + 3\,H_2 \longrightarrow 2\,NH_3$$

Der in Europa wichtigste Stickstoffdünger ist heute Ammoniumnitrat bzw. in der Bundesrepublik Calciumammoniumnitrat (CAN; dem explosiven Ammoniumnitrat muß in der Bundesrepublik aus Sicherheitsgründen Kalk zugesetzt werden). Ammoniumnitrat wird aus Ammoniak und Salpetersäure, letztere durch katalytische Verbrennung von Ammoniak hergestellt. Ammoniumnitrat ist leicht wasserlöslich, die Ammonium- und Nitrationen sind direkt pflanzenverfügbar.

$$NH_3 + 2\,O_2 \longrightarrow HNO_3 + H_2O$$

$$NH_3 + HNO_3 \longrightarrow NH_4NO_3$$

Der zweite wichtige N-Dünger ist Harnstoff, der aus Ammoniak und CO_2 unter Druck synthetisiert wird. Harnstoff wird im Boden zu Ammoniumcarbonat hydrolysiert und der Stickstoff damit pflanzenverfügbar.

$$2\,NH_3 + CO_2 \longrightarrow (NH_2)_2CO + H_2O$$

$$(NH_2)_2CO + 2\,H_2O \longrightarrow (NH_4)_2CO_3$$

Neben Ammonium- und Nitrationen und Harnstoff spielen in der Bundesrepublik keine weiteren Stickstoffverbindungen eine größere Rolle als nährstoffhaltige Verbindung in Düngemitteln. Ammonium- und Nitrationen können jedoch mit anderen Gegenionen eingesetzt werden. Darüber hinaus hat in den letzten Jahren eine hochkonzentrierte wäßrige Lösung aus Ammoniumnitrat und Harnstoff relativ weite Verbreitung gefunden. In einzelnen Ländern wie den USA wird in großem Umfang unter Druck verflüssigtes Ammoniak eingesetzt. Guano, Chilesalpeter und Kalkstickstoff haben nur noch sehr geringe Bedeutung.

Phosphatdünger werden überwiegend aus apatithaltigen Rohphosphaten durch Aufschluß mit Säuren hergestellt. Die Umsetzung mit Säuren ist notwendig, um die Löslichkeit zu erhöhen. In allen P-Düngern liegt der Nährstoff als Phosphat vor. Lange Zeit der wichtigste P-Dünger war Superphosphat, das durch Umsetzung von Rohphosphat mit Schwefelsäure erzeugt wird:

$$Ca_{10}F_2(PO_4)_6 + 4\,H_2SO_4 \longrightarrow 6\,CaHPO_4 + 2\,HF + 4\,CaSO_4$$

Wegen seiner höheren Löslichkeit und des größeren P-Gehalts ist heute Triplesuperphosphat, das aus Rohphosphat und Phosphorsäure dargestellt wird, von größerer Bedeutung:

$$Ca_{10}F_2(PO_4)_6 + 4\,H_3PO_4 \longrightarrow 10\,CaHPO_4 + 2\,HF$$

Weitere wichtige Düngemittel sind Ammoniumphosphate aus Ammoniak und Phosphorsäure sowie Ammoniumnitratphosphate aus Ammoniak, Salpetersäure und Rohphosphat, die zu den Mehrnährstoffdüngern gehören. Nur noch geringe Bedeutung haben Thomasmehl, ein Nebenprodukt der Stahlerzeugung, und sogenannte weicherdige Rohphosphate, die leichter löslich sind als übliche Rohphosphatqualitäten. Bedingt durch die gegenüber anderen P-Düngern geringere Löslichkeit werden Thomasmehl und Rohphosphat langsamer, dafür jedoch über eine längere Zeit pflanzenverfügbar.

Kalidünger wird aus Rohkali (Kaliumchlorid und weitere Salze) durch Anreicherung nach verschiedenen Verfahren hergestellt. Kalium liegt auch in Mehrnährstoffdüngern meist als KCl vor. Kaliumsulfat bzw. -nitrat werden nur in geringem Umfang eingesetzt.

Kalk wird heute überwiegend in Form von Calciumcarbonat ausgebracht. Branntkalk, gelöschter Kalk, Hüttenkalk und Mischungen dieser Kalkformen haben demgegenüber relativ geringe Bedeutung.

Granulation und Konditionierung

Mit den dargestellten Prozessen ist die Düngemittelproduktion heutzutage in der Regel noch nicht abgeschlossen. Aus den chemischen Herstellungs- bzw. den Anreicherungsprozessen gehen die Düngemittel in sehr breiten Korngrößenverteilungen hervor. Ferner ist die mechanische Belastbarkeit, d. h. die Härte, der Teilchen oft sehr gering, was zu ihrem Zerfallen bei Lagerung, Umschlag und Ausbringung führen kann. Beides wirkt sich ungünstig auf die Gleichmäßigkeit der Ausbringung aus. Außerdem sind zahlreiche Düngemittel hygroskopisch, d. h., sie nehmen Wasser aus der Luft auf. Die Wasseraufnahme kann entweder auch zum Zerfallen oder zum Zusammenbacken der Teilchen führen; ebenfalls mit ungünstigen Folgen für die Ausbringung.

Die Korngrößenverteilung kann durch verschiedene Verfahren, die unter dem Begriff Granulation zusammengefaßt werden, auf eine definierte Bandbreite reduziert werden; je nach Düngemittel liegen die optimalen Größen zwischen 1 und 5 mm. Die Härte der Teilchen wird dabei ebenfalls erhöht. Die Granulationsverfahren lassen sich in drei Gruppen unterteilen: die eigentliche Granulation, das Prilling und die Kompaktierung.

Im engeren Sinne bezeichnet man mit Granulation Verfahren, bei denen die Düngemittelteilchen im Kontakt mit einer flüssigen Phase aufgebaut werden. Dabei ist im wesentlichen zwischen zwei Hauptvarianten zu unterscheiden, die beide in einer Reihe verschiedener Anlagentypen realisiert werden:

1. Die Düngemittelteilchen werden in der Gegenwart von Dampf oder Lösungen des Düngemittels zu größeren Teilchen agglomeriert.

2. Düngemittellösungen oder -suspensionen werden auf kleine Düngemittelteilchen aufgesprüht, das Granulat wird dabei schichtweise aufgebaut.

Grundsätzlich anders verläuft das Prilling. Hier wird eine Schmelze an der Spitze etwa 50 m hoher Türme versprüht; beim Herabfallen erstarren die Tropfen. Das Verfahren kann auch für hochkonzentrierte Lösungen angewendet werden.

Im dritten Verfahren, der Kompaktierung mit Walzenpressen, wird das feinteilige Düngemittel zwischen zwei gegenläufigen Walzen durch Druck zu einem Granulat definierter Größe agglomeriert.

Die meisten Verfahren sind für eine große Palette von Düngemitteln anwendbar. In der Praxis wird das Prilling vor allem für N-haltige Düngemittel und die Kompaktierung für K-Dünger eingesetzt. Über alle Düngemittel dürften die *eigentlichen* Granulationsverfahren die größte Bedeutung haben. Die Granulation und die meist folgende Trocknung sind zwar auch mit einer Minderung der Tendenz zur Wasseraufnahme verbunden, können jedoch das Zusammenbacken allein nicht verhindern. Zu einer weitgehenden Unterbindung werden Düngemittel konditioniert. Die Konditionierung kann auf zwei verschiedene Arten erfolgen: durch Zugabe von Additiven vor bzw. während der Granulation oder durch Coating. Als Coating werden Verfahren bezeichnet, bei denen das Granulat mit einer dünnen Schicht eines Pulvers oder einer Flüssigkeit überzogen wird. Über lange Zeit wurden vor allem feinteilige Pulver, z. B. Kalk oder Kieselgur, eingesetzt, häufig in Verbindung mit Ölen und Wachsen. Heute werden in großem Umfang nichtionische organische Verbindungen (Polyethylenwachse, Paraffine) und oberflächenaktive Stoffe eingesetzt (Amine und Sulfonate von Fettsäuren). Die Verwendung von Kombinationen dieser Stoffe ist ebenfalls üblich. Das gleiche gilt für den Zusatz von Additiven und anschließendes Coating.

Bei den bereits erwähnten Mehrnährstoffdüngern wird zwischen zwei Kategorien unterschieden: Düngemittel, in denen eine Verbindung mehrere Nährstoffe enthält, z. B. die Ammoniumphosphate, und solche in denen verschiedene Einfachdünger z. B. durch gemeinsames Granulieren (siehe oben) physikalisch verbunden werden. Nach dem zweiten Verfahren wird vor allem kaliumhaltiger Mehrnährstoffdünger hergestellt.

2.3 Düngemittelverbrauch

Im Laufe der letzten 30 Jahre hat der weltweite Verbrauch von Mineraldüngemitteln drastisch zugenommen; der Absatz an N-Dünger stieg auf das Siebenfache, der von P-Dünger auf das Dreifache und der von K-Dünger auf mehr als das Doppelte gegenüber den 60er Jahren. Die Maxima dieser Entwicklungen wurden bereits in den 80er Jahren erreicht; seitdem ist für P- und K-Dünger eine Rückentwicklung zu verzeichnen /ULLMANN 1987/, /IFA 1996/.

Über die drei Hauptnährstoffe summiert, war Westeuropa in den 60er Jahren der größte Düngemittelverbraucher, gefolgt von Nordamerika und den Ländern des damaligen Ostblocks (im weiteren: Osteuropa). In den 80er Jahren sind die Länder der Dritten Welt zu den Hauptverbrauchern geworden. Die Entwicklung des Verbrauchs verlief dabei für die einzelnen Nährstoffe unterschiedlich (Abb. 2-6). Der Düngemittelverbrauch einzelner Länder innerhalb der hier betrachteten Gruppen kann natürlich durchaus gegenläufig zu den dargestellten Trends sein.

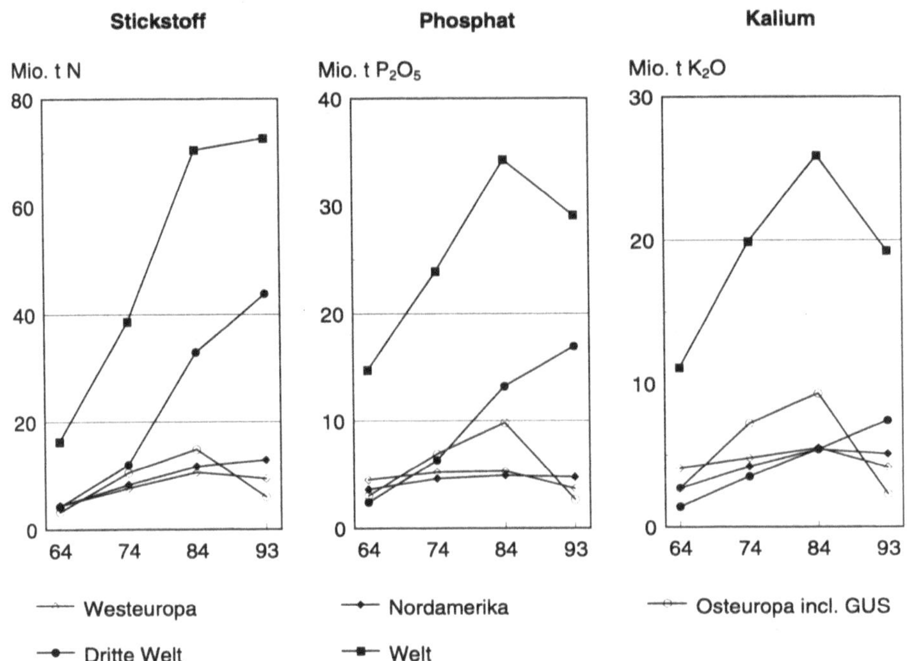

Abb. 2-6 Weltdüngemittelverbrauch in Mio. t zwischen 1964/65 und 1993/94 differenziert nach Nährstoffen und Regionen

In den 60er Jahren waren Westeuropa und Nordamerika die größten N-Düngerverbraucher, gefolgt von den Ländern der Dritten Welt und Osteuropa. Bereits in den 70er Jahre nahmen die Länder der Dritten Welt die Spitzenstellung ein, gefolgt von Osteuropa, Nordamerika und Westeuropa. Bei weiter zunehmendem Verbrauch blieb die Spitzenstellung der Länder der Dritten Welt, gefolgt von Nordamerika und Westeuropa, in noch ausgeprägterer Form bis heute erhalten. In Nordamerika nahm der Verbrauch dabei leicht zu, während er in Westeuropa sank. In Osteuropa setzte mit dem Umbruch Ende der 80er Jahre eine drastische Abnahme des Verbrauchs ein. Der stärkste Zuwachs innerhalb der Gruppe der Länder der Dritten Welt fand in Asien statt, während der Verbrauch in Afrika und Lateinamerika sich von niedrigem Niveau aus teilweise noch verringerte.

Den größten Anteil am weltweiten P-Düngerverbrauch hatten in den 60er Jahren Westeuropa und Nordamerika, gefolgt von Osteuropa. In den 70er Jahren waren Osteuropa und die Länder der Dritten Welt die Hauptverbraucher. In den 80er Jahren schließlich nahmen die Länder der Dritten Welt vor Osteuropa die Spitzenstellung ein. Auch hier spielen die asiatischen Länder die dominierende Rolle; der Zuwachs in Lateinamerika und vor allem Afrika war demgegenüber relativ gering. Die Entwicklung bis in die 90er Jahre verlief wie für N-Dünger dargestellt.

Der größte K-Düngerverbraucher in den 60er Jahren war ebenfalls Westeuropa mit deutlichem Abstand vor Nordamerika und Osteuropa. In den 70er Jahren nahm Osteuropa die

Spitzenstellung ein, gefolgt von Westeuropa. Die Anteile Westeuropas, Nordamerikas und den Ländern der Dritten Welt nahmen in den 80er Jahren eine ähnliche Größe ein. Heute besetzen die Länder der Dritten Welt auch beim K-Düngerverbrauch die Spitzenstellung, gefolgt von Nordamerika und Westeuropa.

Die Entwicklung des flächenbezogenen Verbrauchs in Deutschland bzw. der Bundesrepublik ist für die Hauptnährstoffe Stickstoff, Phosphat und Kalium sowie Kalk in Abb. 2-7 dargestellt.

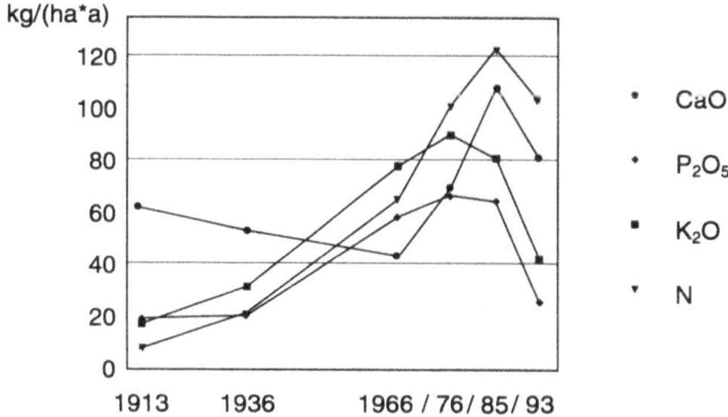

Abb. 2-7 Mittlerer Mineraldüngerverbrauch in Deutschland bzw. der Bundesrepublik in kg/ha landwirtschaftlich genutzter Fläche

Der Kalkeinsatz zeigte die geringsten Änderungen; Verbrauchsminimum und -maximum lagen in den 60er bzw. 80er Jahren. Für Kali und Phosphat stieg der Verbrauch von 1913/14 bis 1976/77 drastisch an (Faktor 5 bzw. 3,5) und sank bis 1993/94 wieder um etwa 60 %. Die spektakulärste Entwicklung zeigte der Stickstoffeinsatz: Von 1913/14 bis 1985/86 verzwanzigfachte sich der Verbrauch; seitdem trat eine Minderung um etwa ein Sechstel ein. Die extreme Zunahme des Stickstoffverbrauchs erklärt sich daraus, daß einerseits Stickstoff meist der Minimumfaktor ist (siehe Kapitel 2.1) und andererseits der damit verbundene Bedarf an N-Dünger mit der Etablierung des Haber-Bosch-Verfahrens gedeckt werden konnte. Die Abnahme seit Mitte der 80er Jahre hingegen resultiert daraus, daß die Landwirte immer mehr dazu übergehen, Stickstoff nur noch bedarfsgerecht und nicht mehr im Überschuß, wie es jahrzehntelang der Fall war, zu düngen.

Die Entwicklung der Düngemittelproduktion zeigte ähnliche Trends wie der Verbrauch, allerdings in einer absolut gesehen deutlich anderen Situation. West- und Osteuropa sowie Nordamerika produzieren sehr viel mehr als ihrem Eigenverbrauch entspricht, während die Länder der Dritten Welt in hohem Maße auf Importe angewiesen sind. Zwischen 1974/75 und 1984/85 traten folgende Veränderungen ein: Der Anteil der westlichen Länder an der Weltproduktion sank. Der Anteil Osteuropas blieb ungefähr konstant (N- und P-Dünger) bzw. stieg (K-Dünger). Der Anteil der Länder der Dritten Welt stieg für N- und P-Dünger drastisch an (von 19 % auf 36 % bzw. von 15 % auf 25 %). In Osteuropa und den Ländern der Dritten Welt waren diese Entwicklungen mit einem erheblichen Ausbau der Produktionskapazitäten verbunden. Eine Steigerung der K-Düngerproduktion in Ländern der Dritten Welt fand nicht statt, da in diesen Ländern kaum Kalilagerstätten zu finden sind.

Der Welthandel mit Düngemitteln hat in der Vergangenheit stärker zugenommen als der Verbrauch. Dabei spielt auch der Handel zwischen Ländern, die zur Selbstversorgung in der Lage sind, eine Rolle. Das Verhältnis von international gehandelter zu verbrauchter Nährstoffmenge ist für K-Dünger am größten; Ursache ist die bereits erwähnte Verteilung der Kalilagerstätten.

Deutliche Unterschiede bestehen bei den in einzelnen Ländern überwiegend eingesetzten Düngemitteln eines bestimmten Nährstoffes. Der wichtigste N-Dünger in Westeuropa ist Ammoniumnitrat bzw. in der Bundesrepublik Calciumammoniumnitrat. Weltweit und vor allem in Entwicklungsländern hat Harnstoff eine vergleichbare Bedeutung. Die Anteile von Düngemitteln mit niedrigem Nährstoffgehalt wie z. B. Ammoniumsulfat oder Singlesuperphosphat sind generell deutlich zurückgegangen.

Die Ursache der dargestellten Entwicklungen ist in erster Linie im Bevölkerungswachstum in den Ländern der Dritten Welt zu sehen. Zur Lösung der damit verbundenen Ernährungsprobleme wurde in vielen Ländern die intensive Wirtschaftsweise westlicher Länder für mehr oder weniger große Teile der gesamten Landwirtschaft übernommen. Mit einer Übernahme dieser Anbauweise für Teile der Landwirtschaft ist auch zu erklären, daß der flächenbezogene Verbrauch in diesen Ländern deutlich niedriger ist als in Westeuropa; die Annahme einer ungefähren Gleichverteilung der Düngemittel auf die gesamte Ackerfläche dürfte im wesentlichen unzutreffend sein. Andererseits bestehen auch zwischen Westeuropa und Nordamerika erhebliche Unterschiede. Zum Zusammenhang zwischen Bevölkerungswachstum und Intensivierung der Landwirtschaft in Ländern der Dritten Welt ist auch anzumerken, daß auf den so bewirtschafteten Flächen keineswegs ausschließlich Nahrungsmittel für die eigene Bevölkerung produziert werden. Vielmehr werden in großem Umfang Produkte für den Export in westliche Länder erzeugt.

Die zukünftige Entwicklung des weltweiten Düngemittelverbrauchs ist relativ schwer abzuschätzen. Offensichtlich ist das Wachstum der Weltbevölkerung nicht das einzige Kriterium. Änderungen politischer und wirtschaftlicher Strukturen spielen ebenfalls eine Rolle, wie der drastische Verbrauchsrückgang in den ehemaligen Ostblockstaaten seit Anfang der 90er Jahre zeigt.

3 Energie- und Stoffstrombilanzen: Theorie und Praxis

Der Begriff „Energie- und Stoffstromanalyse" bzw. „Energie- und Stoffstrombilanz" ist bisher keineswegs eindeutig bestimmt; vielmehr existieren hierzu mehrere Definitionen. Auch ist zu fragen, zu welchem Zweck Energie- und Stoffstrombilanzen überhaupt erstellt werden, denn es gibt eine Vielzahl verschiedener ökologischer Bewertungsinstrumente, wie z. B. die Ökobilanzen, bei denen Energie- und Stoffströme eine wichtige Rolle spielen. Es könnte durchaus der Fall sein, daß Energie- und Stoffströme für ein Bewertungsinstrument nach anderen Regeln zu erfassen sind als für ein zweites.

Um die Abgrenzung, aber auch die Vorgehensweise bei der Erstellung und den Erkenntnisgewinn der in diesem Buch dargestellten Energie- und Stoffstrombilanzen von Düngemitteln eindeutig zu charakterisieren, werden zunächst verschiedene ökologische Bewertungsinstrumente vorgestellt (Kapitel 3.1). Anschließend werden die Energie- und Stoffstrombilanzen von Düngemitteln im Kontext dieser Bewertungsinstrumente diskutiert und definiert (Kapitel 3.2).

3.1 Ökologische Bewertungsinstrumente

Bereits in den sechziger Jahren wurden die ersten ökologischen Bewertungskonzepte entwickelt und ihre Anwendung zum Teil bereits seit den siebziger Jahren auch gesetzlich vorgeschrieben. Dazu gehört etwa die Einführung des Environmental Impact Assessment (Umweltverträglichkeitsprüfung) auf gesetzlicher Basis in den USA oder die Schaffung einer Behörde zur Technikfolgenabschätzung beim amerikanischen Kongreß. In der Bundesrepublik und den übrigen europäischen Ländern wurden solche Aktivitäten erst in den späten achtziger Jahren gestartet. Mittlerweile existiert mit dem Technical Committee 207 der International Standardization Organisation (ISO) bereits eine weltweit tätige Institution zur Standardisierung von Umweltbewertungs- und -managementinstrumenten. Die Ergebnisse der Arbeiten dieses Kommitees sollen in Standards der sogenannten ISO 14.000-Familie zusammengefaßt werden. In der Bundesrepublik arbeitet der Normenausschuß Grundlagen des Umweltschutzes des Deutschen Instituts für Normierung (DIN-NAGUS) auf diesem Gebiet. Europaweit bereits seit Juli 1993 in Kraft und in der Bundesrepublik seit April 1995 umgesetzt ist die EG-Öko-Audit-Verordnung, nach der sich Betriebe zertifizieren lassen können.

Im Laufe des letzten Vierteljahrhunderts wurde eine Vielzahl an Umweltbewertungsinstrumenten entwickelt, die in der Regel für unterschiedliche Fragestellungen, unterschiedliche Untersuchungsobjekte bzw. einen unterschiedlichen Untersuchungsumfang konzipiert wurden. Inhaltliche Überschneidungen ließen sich dabei nicht vermeiden. Auch handelt es sich teilweise nicht nur um rein ökologisch ausgerichtete Bewertungsinstrumente; vielmehr wurden zum Teil auch andere Aspekte, etwa ökonomischer oder sozialer Art, im Untersuchungsumfang festgelegt. Abb. 3-1 gibt eine Übersicht über den Untersuchungsumfang und die Untersuchungsobjekte einiger wichtiger ausgewählter ökologischer Bewertungsinstrumente.

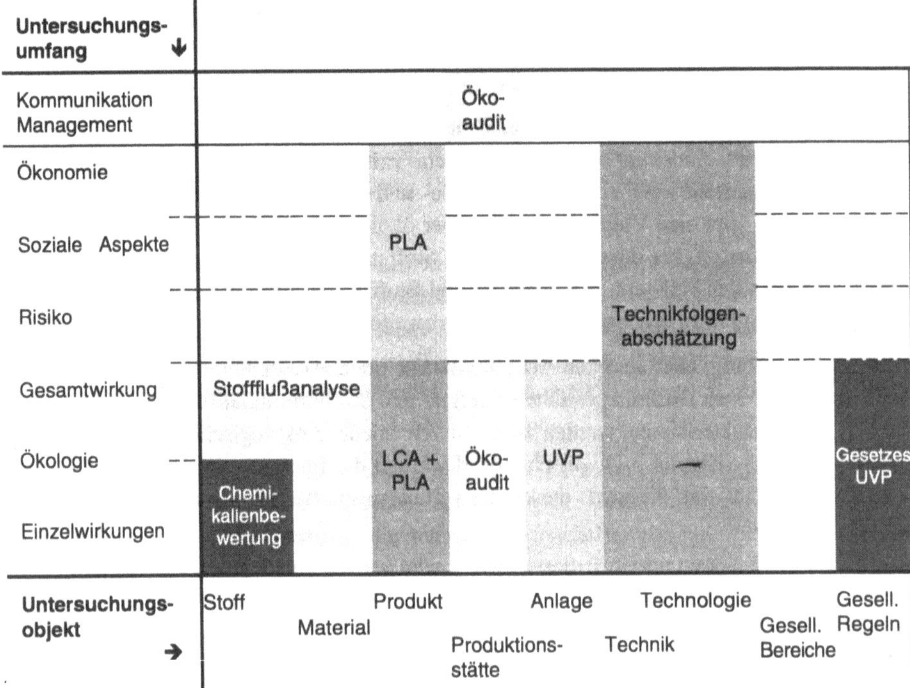

Im folgenden wird nicht auf alle aufgeführten Umweltbewertungsinstrumente näher eingegangen, sondern nur auf solche, die in einem direkten Zusammenhang mit Energie- und Stoffstrombilanzen stehen. Im einzelnen handelt es sich hierbei um die Technikfolgenabschätzung, die Produkt-Ökobilanz, die Produktlinienanalyse und das Öko-Audit; eine ausführliche Darstellung auch der übrigen Verfahren findet sich in /IFEU 1994a/.

- **Technikfolgenabschätzung (TA)**: Eine inzwischen knapp dreißigjährige Erfahrung mit Arbeiten zur TA besteht in den USA und teilweise auch in der Bundesrepublik. Die TA könnte man als Bewertungsrahmen verstehen, da die Regelung allgemeiner Rahmenbedingungen zur Bewertung eines komplexen Sachverhaltes vorgenommen wird, ohne dabei Festlegungen im Detail zu treffen. Die TA bezieht in ihren Bewertungsumfang technische, ökologische, ökonomische, rechtliche und soziale Aspekte mit ein. Untersuchungsobjekte können bestimmte, eng begrenzte Techniken oder umfassend definierte Technologien sein. Da die TA deshalb auch im Vorfeld konkreter Umsetzungen, Anlagen, Maßnahmen oder Projekte angesiedelt ist, benötigt sie besondere Methoden der Prognose- und Szenarienbildung, um die abstrakten Fragestellungen handhabbar zu machen /RAKOS 1988/ /JÖRISSEN 1988/, /VDI 1992/.

Eine Standardisierung TA-spezifischer Instrumente besteht nicht und wird auch nicht angestrebt, da sie aufgrund der Vielfalt der Fragestellungen nicht sinnvoll erscheint. Vielleicht aus diesem Grund hat sich statt dessen im TA-Bereich eine Art Institutionalisierung entwickelt, z.B. in Form von Beratungsbüros, die bei Regierungen und Parlamenten angesiedelt sind, wie etwa das ehemalige OTA in den USA, das TAB in der Bundesrepublik und NOTA in den Niederlanden (OTA: Office of Technology Assessment, TAB: Büro für Technikfolgenabschätzung beim Deutschen Bundestag, NOTA: Netherland Office of Technology Assessment).

- **Produkt-Ökobilanz:** Unter der Produkt-Ökobilanz wird die Bewertung eines Produktes hinsichtlich seiner Auswirkungen auf die Umwelt und die menschliche Gesundheit verstanden. Sie hat den Anspruch einer gesamtökologischen Bewertung; andere Aspekte werden nicht berücksichtigt. Dabei wird der gesamte Lebensweg des Produktes von der Rohstoffgewinnung über die Produktion und seine Nutzungsphase bis zu seiner Entsorgung in die Untersuchung mit einbezogen und mit einem spezifischen Produktnutzen korreliert /PG LEBENSWEGBILANZEN 1992/, /SETAC 1993/. Deshalb heißt dieses Instrument im angelsächsischen Sprachraum auch Life Cycle Assessment (LCA). Untersuchungsobjekt sind Produkte, die einen Produktnutzen oder eine Dienstleistung repräsentieren.

  Zum jetzigen Zeitpunkt stellt die Produkt-Ökobilanz tendenziell eher noch einen Bewertungsrahmen dar. Jedoch sind sowohl national als auch international vielfältige Bemühungen zur Standardisierung dieses Instruments im Gange (ISO und DIN haben Normungsausschüsse gebildet). Mit zunehmender Anzahl verbindlicher Beschlüsse dieser Gremien bewegt sich die Ökobilanz von einem programmatischen Instrument auf ein konkretes Bewertungsverfahren zu. Dies führt zu einer weit höheren Verbindlichkeit der Bewertung und einer besseren Abschätzbarkeit des Ergebnisses.

- **Produktlinienanalyse:** Die Produktlinienanalyse wurde ebenfalls zur Bewertung von Produkten geschaffen. Der Begriff „Produkt" ist dabei sehr weit gefaßt und beinhaltet im Einzelfall unter anderem auch Dienstleistungen oder eine Kombination aus Produkten und Dienstleistungen. Die Bewertungskriterien, die zwingend in einer Produktlinienanalyse anzuwenden sind, umfassen die ökologischen, ökonomischen und gesellschaftlichen Auswirkungen eines Produktes und seiner Produktion. Damit ist dieser Ansatz wesentlich breiter als andere Instrumente der Produktbewertung angelegt und ähnelt am ehesten der Technikfolgenabschätzung für Technologien.

  Spezielle Forderungen an eine Produktlinienanalyse sind /RUBIK 1987/:

  - Die Bedürfnisse und der Nutzen, die mit einem Produkt verbunden sind, sollen hinterfragt werden.

  - Alternativen zu dem Produkt sollen untersucht werden; dies können z. B. die Nullvariante, andere Verhaltensweisen, Dienstleistungen oder Produkte sein.

  - Der gesamte Produktlebensweg ist Untersuchungsgegenstand: Rohstoff, Herstellung, Transport, Gebrauch, Entsorgung, Kuppelprodukte.

  In der Produktlinienanalyse wird deutlich gemacht, daß dieses Instrument Prozeßcharakter hat. Während der Bearbeitung können das Planungsziel, die untersuchten Varianten, der Bilanzraum und andere Bestimmungsgrößen geändert werden.

- **Öko-Audit:** Das Öko-Audit ist ein Instrument des betrieblichen Umweltschutzes, das den Aufbau von Umweltmanagementsystemen und umweltbezogenen Controllingsystemen in Unternehmen umfaßt und damit auch eine Bewertung der betrieblichen Umweltwirkungen einschließt. Die Einführung des Öko-Audits ist freiwillig; bei erfolgreicher Teilnahme an einem Prüfungssystem wird ein wettbewerbswirksames Zertifikat ausgestellt. Die Anforderungen an die teilnehmenden Unternehmen sind in /EMAS 1993/ festgelegt; ein ähnliches Regelwerk wird zur Zeit durch die ISO erarbeitet.

Das Umweltmanagementsystem soll die Einbeziehung von Umweltschutzanforderungen auf allen Entscheidungs- und Umsetzungsebenen sicherstellen, indem umweltrelevante Abläufe konkretisiert und Zuständigkeiten für umweltbezogene Aufgaben festgelegt werden. Da Umweltschutz im Betrieb nicht ohne die Mitwirkung der Mitarbeiterinnen und Mitarbeiter umgesetzt werden kann, ist durch Schulungen, Information usw. für die Motivation und Qualifikation der Beschäftigten zu sorgen. Gleichzeitig wird, ähnlich wie im betriebswirtschaftlichen Bereich, ein Controllingsystem eingeführt, das der Steuerung des betrieblichen Handelns unter Umweltgesichtspunkten dient: Die Unternehmen definieren Umweltleitlinien, Umweltziele und Maßnahmenprogramme und ermitteln in regelmäßigen Umweltbetriebsprüfungen, ob die selbst gesetzten Ziele erreicht werden konnten. Dafür sind geeignete Instrumente zur Erfassung und Bewertung der betrieblichen Umweltwirkungen notwendig. Welche Informations- und Analyseinstrumente zu diesem Zweck zum Einsatz kommen, bleibt dem Unternehmen überlassen. In der Praxis variiert die Qualität der Datenerhebung und -bewertung stark: Während sich manche Unternehmen mit einer vereinfachten Input-Output-Analyse begnügen, nutzen andere Unternehmen umfassende Informationsinstrumente wie Ökobilanzen oder Stoffstromanalysen /FRINGS 1995/. Eine allgemeingültige Bewertungsprogrammatik gibt es bislang nicht, allerdings werden derzeit durch DIN-NAGUS und ISO geeignete Kennzahlen zum Vergleich der Umweltwirkungen zwischen verschiedenen Betrieben bzw. innerhalb eines Betriebes über eine Zeitreihe erarbeitet.

Neben den positiven Effekten auf die Umwelt hat das Öko-Audit im Zusammenhang mit Produkt-Ökobilanzen einen weiteren Vorteil: die regelmäßige Erfassung und Bewertung von Umweltwirkungen – dabei spielen insbesondere auch Energie- und Stoffstrombilanzen eine große Rolle – führt zu einer größeren Transparenz in den Betrieben und läßt auf eine verbesserte Datenverfügbarkeit für die Bilanzierung von Umweltwirkungen auch durch Produkt-Ökobilanzen hoffen.

Aus der Beschreibung dieser Umweltbewertungsinstrumente wird klar, daß für alle beschriebenen Verfahren Energie- und Stoffstrombilanzen zu erstellen sind. D. h., Energie- und Stoffstromanalysen können bzw. sollten sich an den für diese Bewertungsinstrumente aufgestellten Regeln oder Bilanzierungsvorschriften orientieren, damit sie in diesen Instrumenten Verwendung finden können. Von den genannten Umweltbewertungsinstrumenten ist bisher die Ökobilanz in ihrer Entwicklung am weitesten fortgeschritten. Hier existieren die meisten Vereinbarungen, strukturelle und methodische Elemente sind zum Teil festgelegt oder es gibt gewisse Regeln, wie diese festzulegen sind. Darüber hinaus ist die Ökobilanz als Bewertungsinstrument schon weitgehend anerkannt; dies ist bei den anderen Bewertungsinstrumenten nur teilweise der Fall. Daher ist es sinnvoll, den derzeit aktuellen Entwicklungsstand der Ökobilanz als Basis für die hier durchgeführte Energie- und Stoffstrombilanzierung von Düngemitteln zu nehmen.

3.2 Energie- und Stoffstrombilanzen im Kontext ökologischer Bilanzierungen

Zu der Frage, was eine Energiebilanz ist und wie eine solche zu erstellen ist, herrscht unter Fachleuten weitgehende Übereinstimmung. Zwischenzeitlich wurden dazu sogar Konventionen bzw. Richtlinien erlassen wie z. B. die Richtlinie zum Kumulierten Energieaufwand des Vereins Deutscher Ingenieure /VDI 1996/. Anders stellt sich die Lage für Stoffstrombilanzen dar: Es besteht nicht einmal Übereinstimmung darüber, was unter einer Stoffstrombilanz zu verstehen ist. So definiert die Enquête-Kommission einen Stoffstrom wie folgt /ENQUÊTE 1994/:

> „Der Weg eines Stoffes von seiner Gewinnung als Rohstoff über die verschiedenen Stufen der Veredelung bis zur Stufe des Endprodukts, den Gebrauch/Verbrauch des Produktes, gegebenenfalls seine Wiederverwendung/Verwertung bis zu seiner Entsorgung".

Damit steht die Betrachtung eines *einzelnen* Stoffes wie z. B. Schwefel oder Uran im Vordergrund. Eine Stoffstrombilanz würde sich dann auf den gesamten Lebensweg dieses betrachteten Stoffes beziehen. Demgegenüber versteht man im Sinne von Ökobilanzen nach /SCHMIDT & SCHORB 1995/ unter Stoffstrombilanzen:

> „die input- und outputseitige Bilanzierung der ökologischen relevanten Stoff- und Energieströme – bezogen auf einen Einzelprozeß, auf ein Unternehmen, auf ein Produkt et cetera".

Hier wird also der Begriff des Stoffes wesentlich umfassender verwendet. Ein Stoff kann danach ein Einzelstoff wie ein einzelnes chemisches Element oder eine Verbindung sein; unter den Stoff-Begriff fallen aber auch komplex zusammengesetzte Stoffe wie etwa Rohstoffe, Zwischen- und Endprodukte oder Abfälle. Emissionen werden ebenfalls erfaßt.

Die bisherigen Richtlinien und andere Bemühungen im Hinblick auf Definitionen und Vorgehensweisen bei der Erstellung von Energiebilanzen orientieren sich stark am aktuellen Entwicklungsstand der Ökobilanz-Methodik. Dies legt eine entsprechende Anlehnung der hier diskutierten Energie- und Stoffstrombilanzen an diese Methodik nahe. Um dies konsistent durchführen zu können, wird im folgenden der aktuelle Diskussionsstand zum Thema Ökobilanzen dargestellt.

Wie bereits erwähnt, existieren derzeit bereits einige grundlegende, international abgestimmte Regeln zur Vorgehensweise bei der Erstellung von Produkt-Ökobilanzen; dies gilt beispielsweise für die Forderungen nach einer ausführlichen Beschreibung der Zieldefinition oder der Betrachtung der gesamten Lebenswege der Produkte von der Wiege bis zur Bahre („from cradle to grave"). Andere Elemente werden derzeit noch in der Bundesrepublik innerhalb des nationalen DIN-NAGUS-Ausschusses sowie international im Rahmen von länderübergreifenden ISO-Aktivitäten diskutiert. Dazu gehören z. B. die Fragen, wie Biodiversität zu bilanzieren ist und welche Bewertungsverfahren angewendet werden können oder sollten. Für derartige gegenwärtig noch nicht geregelte Punkte ist nach heutigem Verständnis im Einzelfall zu beschreiben, warum welche Vorgehensweise gewählt wird. Damit sind Abweichungen von einer nicht vollständig bestimmten Standardmethode oder Ergänzungen durchaus möglich – bei einer entsprechenden Begründung. Insofern muß lediglich sichergestellt sein, daß ein sachgerechter Abgleich zwischen der Fragestellung des Themas und dem gewählten Bewertungskonzept stattfindet und die gesamte Methodik des gewählten Instruments durchgängig zum Einsatz kommt.

Im folgenden werden die Elemente einer Ökobilanz kurz skizziert und in den Kontext der Fragestellung nach den Umweltauswirkungen durch die Produktion bzw. Bereitstellung von Düngemitteln gestellt. Insbesondere wird dargestellt, inwieweit das ökologische Bewertungsinstrument „Produkt-Ökobilanz" zur Beantwortung der Fragestellung verwendet werden kann bzw. in welchen Punkten von dieser Vorgehensweise abgewichen wird und welche ökologischen Bilanzierungsinstrumente bzw. -ansätze stattdessen herangezogen werden.

Eine Darstellung der Arbeitsschritte einer Produkt-Ökobilanz wurde erstmals von einem Workshop der SETAC definiert /SETAC 1991/. Seither wird von der ISO unter Einbindung einer Reihe von Vorschlägen verschiedener Expertengruppen /CML & TNO & B&G 1992/, /UBA 1992/, /SETAC 1993/, /DIN 1994/, /UBA 1995a/, /NORD 1995/ diese Standardmethodik weiterentwickelt mit dem Ziel, eine verbindliche Struktur festzuschreiben /ISO 1995a/, /DIN 1996/. Die Grundzüge der Standardmethodik wurde seither zwar semantisch und zum Teil auch in der Diskussion um die jeweiligen Inhalte, nicht aber in ihrer Struktur verändert.

Die in Abb. 3-2 dargestellte Vorgehensweise zur Erstellung einer Ökobilanz ist durch die Unterteilung in vier Phasen gekennzeichnet. Den ersten Schritt bildet die Festlegung des Bilanzierungszieles. Nachfolgend wird die Sachbilanz erstellt. Daran schließt sich die Wirkungsabschätzung an. Aufbauend auf der Wirkungsabschätzung erfolgt abschließend die Auswertung. Dabei ist zur Zeit noch umstritten, ob der bisher als Bewertung bezeichnete Teilschritt zur Wirkungsabschätzung oder zur Auswertung zu zählen ist. Hierbei handelt es sich allerdings nicht um eine streng konsekutiv anzuwendende Vorgehensweise; vielmehr werden die einzelnen Bilanzierungsschritte jeweils durch die anderen Schritte vor- bzw. mitbestimmt.

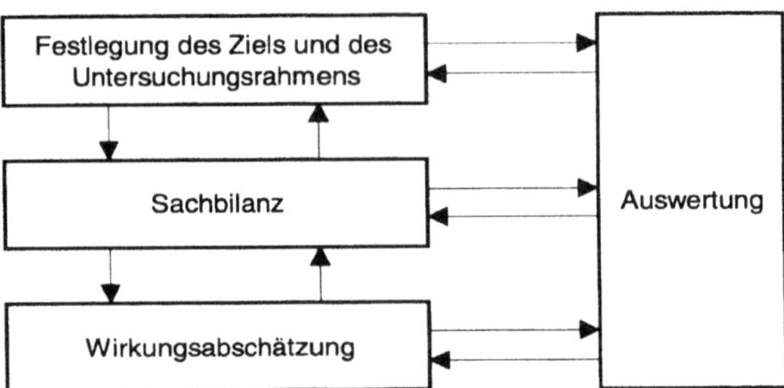

Abb. 3-2 Bestandteil einer Produkt-Ökobilanz nach /DIN 1996/

3.2.1 Festlegung des Ziels und Untersuchungsrahmens

Dem ersten Schritt, der „Festlegung des Ziels und Untersuchungsrahmens", kommt eine Schlüsselstellung zu; hier werden alle für die Bilanzierung wesentlichen und notwendigen Merkmale festgelegt. Hierzu gehört z. B., welches spezielle Düngemittel betrachtet werden soll, wie sich im einzelnen der gesamte Lebensweg dieses Produktes gestaltet (von der Produktion bis zur Entsorgung) und welche umweltrelevanten Kenngrößen unter welchen Aspekten und Randbedingungen betrachtet werden sollen. Damit besteht der Schritt der Ziel- und Rahmenfestlegung seinerseits aus mehreren Teilschritten.

Die grundlegende Bedeutung einer möglichst präzisen Beschreibung der Ziel- und Rahmenfestlegung ist mittlerweile erkannt worden und weithin akzeptiert. Die Ausformulierung der Zieldefinition oder Zieldefinitionen soll dadurch, daß bereits im Vorfeld der eigentlichen Bilanzierung die tatsächlich interessierenden Fragen formuliert und festgelegt werden, gewährleisten, daß nicht an wichtigen Fragestellungen vorbeibilanziert wird und alle Beteiligten von der gleichen Sache sprechen. Die Rahmenfestlegung wiederum gibt Aufschluß über alle notwendigen Informationen zur Charakterisierung einer speziellen Ökobilanz.

Über die grundlegende Struktur hinaus sind die einzelnen Teilschritte einer Produkt-Ökobilanz bisher national und international noch nicht vollständig abgestimmt. Dennoch existieren inzwischen mehrere Vorschläge der bereits genannten Expertengruppen. Diese Vorschläge überschneiden sich in vielen Elementen, so daß die in Tabelle 3-1 aufgelisteten Bestandteile der Ziel- und Rahmenfestlegung, die auf pragmatische Weise zusammengestellt wurden und sich schon in mehreren Anwendungsfällen bewährt haben, in großer Übereinstimmung mit den Anforderungsprofilen der einzelnen Normierungsgremien stehen /IFEU 1996/.

Tabelle 3-1 Teilschritte der „Festlegung des Ziels und Untersuchungsrahmens"

1.	Hintergrund der Studie
2.	Ziel der Ökobilanz
3.	Anwender und Zielgruppen der Ökobilanz
4.	Allgemeine Informationen über die Ökobilanzstudie
5.	Allgemeine Beschreibung der Bilanzierungsobjekte/-optionen
6.	Allgemeine Systemannahmen
7.	Detaillierungsgrad
8.	Auswahl der Wirkungskategorien und der zur Wirkungsabschätzung und Auswertung verwendeten Methoden*

Quelle: /IFEU 1996/; *: aktualisiert nach /DIN 1996/

Entsprechend dem allgemeinen Anforderungsprofil für den Teilschritt der „Festlegung des Ziels und Untersuchungsrahmes" sind deren einzelne Bestandteile jeweils gesondert und möglichst präzise darzustellen. Sinn und Inhalt lassen sich allgemein wie folgt beschreiben:

- „Hintergrund der Ökobilanzstudie": Hier werden Informationen, die das Verständnis für das Erkenntnisinteresse erleichtert und auf die mögliche Verwendung der Ergebnisse eingehen, gegeben.

- „Ziel der Untersuchung": Dieser Punkt dient der Schaffung einer einheitlichen Verständigungsgrundlage. Hier wird das eigentliche Erkenntnisinteresse einer Studie formuliert.

- „Anwender und Zielgruppen der Ökobilanz": Die Wahl der Adressaten beeinflußt die Art und Weise, wie die Ökobilanz durchgeführt wird.

- „Allgemeine Informationen über die Ökobilanzstudie": Hier erfolgen unter anderem die Dokumentation beteiligter Institutionen und Personen und Festlegungen, die in irgendeiner Weise Einfluß auf Form und Inhalt des Ökobilanz-Projektes haben. Beispiele: Projektleiter und -bearbeiter, Förderinstitution/Auftraggeber, Zeitplan, Vertraulichkeit, Einbindung eines wissenschaftlichen Begleitprozesses.

- „Allgemeine Beschreibung der Bilanzierungsobjekte/-optionen": Die Festlegungen dienen dazu, zu vermeiden, daß verschiedene Personen sich auf das gleiche Produkt oder die gleiche Dienstleistung beziehen, aber eigentlich unterschiedliches meinen.

- „Allgemeine Systemannahmen": Diese grundlegenden Annahmen bilden die Voraussetzung für die realistische und zielführende Abbildung der Grundstruktur des zu untersuchenden Produktsystems. Sie üben häufig einen signifikanten Einfluß auf die Ergebnisse aus; deshalb sind die wichtigsten, potentiell ergebnisbestimmenden Annahmen bereits am Beginn eines Ökobilanz-Projektes zu treffen und mit den eventuell Betroffenen bzw. einem Expertengremium zu diskutieren und abzustimmen. Unter diese Annahmen fallen z. B. die zeitlichen und räumlichen Systemgrenzen oder auch die Abschneidekriterien, die bestimmen, ab wann was nicht mehr betrachtet wird.

- „Detaillierungsgrad": Aussagen dazu sind Hilfsmittel zur besseren Einschätzung der Erwartungen an die Ergebnisse der Ökobilanz.

- „Auswahl der Wirkungskategorien und der zur Wirkungsabschätzung und Auswertung verwendeten Methoden": Festlegungen dazu sind von grundlegender Bedeutung für alle folgenden Phasen der Ökobilanz. Konkret beziehen sich die Festlegungen unter anderem darauf, wie die Größen quantifizierbarer Parameter des untersuchten Systems mit bestimmten Umweltauswirkungen in Zusammenhang gebracht werden können.

Die „Allgemeinen Systemannahmen" und die „Auswahl der Wirkungskategorien und der zur Wirkungsabschätzung und Auswertung verwendeten Methoden" werden wegen ihrer besonderen Bedeutung in Exkursen detailliert behandelt (Kapitel 3.2.6 und 3.2.7).

3.2.2 Sachbilanz

Auf die Zieldefinition und Rahmenfestlegung, folgt als zweiter Schritt die Sachbilanz. Sie ist das technische Herzstück einer Ökobilanz. Im wesentlichen handelt es sich hierbei um das Sammeln und Aufbereiten der spezifischen Lebenswegdaten des Untersuchungsobjektes entsprechend den Vorgaben der Zieldefinition und Rahmenannahmen. Hierzu muß der gesamte Lebensweg des betrachteten Produktes bzw. Systems zuerst beschrieben und modelliert werden. Anschließend müssen die benötigten Daten erhoben werden, um daraus die Input- und Output-Ströme für das gesamte System selbst oder – wenn gewünscht bzw. notwendig – bestimmter Untersysteme zu berechnen. Die hier diskutierten Energie- und Stoffstrombilanzen sind somit ein wesentliches Element der Sachbilanz.

Die Sachbilanz unterteilt sich in fünf Einzelschritte (Tabelle 3-2). Diese werden im Regelfall konsekutiv ausgeführt. Ungeklärt ist hier zur Zeit, ob der fünfte Unterpunkt „Interpretation und Präsentation" weiterhin ein Teilschritt der Sachbilanz bleibt oder in die vierte Phase der Produkt-Ökobilanz, die Auswertung, zu verlegen ist.

Tabelle 3-2 Teilschritte der „Sachbilanz"

1.	Systemmodellierung
2.	Datenbereitstellung
3.	Prozeßmodellierung
4.	Systemkalkulation
5.	Interpretation und Präsentation

3.2.3 Wirkungsabschätzung

Im dritten Schritt der Produkt-Ökobilanz, der Wirkungsabschätzung, werden die betrachteten Sachbilanzparameter in Umweltwirkungen übertragen. Dies ist in all den Fällen notwendig, in denen die Grenze der Interpretation auf Sachbilanzebene erreicht ist, d. h. also, wenn ein Optionenvergleich ein uneinheitliches Bild bezüglich der betrachteten Input- und Outputparameter zeigt. Diese Situation findet man wahrscheinlich in den meisten Fällen, so daß der Schritt der Wirkungsabschätzung im Regelfall zur Anwendung kommt.

Die gesamte Wirkungsabschätzung wird derzeit in folgende Teilschritte gegliedert:

- Festlegung der Wirkungskategorien, die bereits in der ersten Phase der Produkt-Ökobilanz „Festlegung des Ziels und Untersuchungsrahmens" erfolgt; Beispiel: Treibhauseffekt

- Wirkungszuordnung; Beispiel: Festlegung der zu betrachtenden klimarelevanten Stoffe, die dann als Sachbilanzparameter infrage kommen

- Wirkungscharakterisierung, Beispiel: CO_2-Äquivalente

Die einzelnen Teilschritte gliedern sich wiederum in Unterpunkte, die Vorgehensweisen, Annahmen und Konventionen zum Gegenstand haben. Die Diskussion der jeweiligen Inhalte der aufgelisteten Unterpunkte ist jedoch derzeit national wie international noch im Fluß, so daß die Ausführungen in den nachfolgenden (Unter-)Kapiteln eine Momentaufnahme des aktuellen Diskussionstandes darstellen.

Im Rahmen dieser Untersuchung wird die Bilanzierung der Wirkungsabschätzung, aufbauend auf der Sachbilanzebene, zum Teil durchgeführt. Welche Wirkungen im einzelnen betrachtet werden usw. wird in Kapitel 4 festgelegt.

3.2.4 Auswertung

Als letzter Schritt der Produkt-Ökobilanz wird die eigentliche Auswertung bzw. Interpretation vorgenommen. Hierbei werden die in der Wirkungscharakterisierung erhaltenen Umweltteilwirkungen zu einem Gesamturteil zusammengeführt. Hierfür wurde in der Vergangenheit eine Reihe unterschiedlicher Bewertungskonzepte entwickelt. Bisher hat sich allerdings keines dieser Verfahren als alleine gültig erwiesen. Derzeit werden daher verschiedene Bewertungsverfahren – jeweils unter verschiedenen Randbedingungen – diskutiert und angewandt. Diese spielen bei den hier erstellten Energie- und Stoffstrombilanzen allerdings keine Rolle.

3.2.5 Zusammenfassung

Unter dem Begriff der Energie- und Stoffstrombilanz wird hier die input- und outputseitige Bilanzierung ökologisch relevanter Energie- und Stoffströme von Einzelstoffen, Produkten usw. verstanden. Die Bilanzierungsmethodik soll sich dabei eng an das Bewertungsinstrument „Produkt-Ökobilanz" anlehnen. Aus diesem Grund ist es für die Erstellung der Energie- und Stoffstrombilanzen von Düngemitteln notwendig, die einzelnen, oben skizzierten Strukturelemente der Ökobilanz wie die Zieldefinition explizit zu benennen bzw. festzulegen. Dies wird für die hier anstehende Bilanzierung der Energie- und Stoffströme von Düngemitteln in Kapitel 4 durchgeführt. Wegen ihrer besonderen Bedeutung werden die „Allgemeinen Systemannahmen" und die „Auswahl der zur Wirkungsabschätzung und Auswertung verwendeten Methoden" zuvor in eigenen Unterkapiteln detailliert behandelt.

3.2.6 Exkurs: „Allgemeine Systemannahmen" in Ökobilanzen

Unter die allgemeinen Systemannahmen fallen verschiedene Bilanzierungskriterien und -para-meter sowie Rand- und Rahmenbedingungen, die einen entscheidenden Einfluß auf die Grundstruktur der Bilanz, die Art und Weise der Bilanzierung und damit letztlich auch auf die Gesamtergebnisse ausüben. Im folgenden werden dazu einige, im Hinblick auf die Bilanzierung von Düngemitteln pragmatisch ausgewählte Systemannahmen im einzelnen dargestellt.

3.2.6.1 Funktionale Einheit/Bezugsgröße

Die funktionale Einheit beschreibt die Menge eines Produktes, auf die sich die Ökobilanz dieses Produktes bezieht. Wie der Begriff erkennen läßt, steht dabei die Funktion und damit der Nutzen im Vordergrund; dies ist vor allem in vergleichenden Bilanzen sehr wichtig. Im Falle von Massengütern wie Düngemitteln, und insbesondere, wenn keine Vergleiche angestellt werden, bieten sich als Funktionale Einheiten Massen- oder Energieeinheiten an. In diesen Fällen ist allerdings die Bezeichnung Bezugsgröße anschaulicher.

3.2.6.2 Untersuchungsoptionen/Lebenswege

Prinzipiell sollen die gesamten Lebenswege der betrachteten Produkte von der Entnahme der Rohstoffe in den jeweiligen Ländern bis zur Entsorgung oder – im Falle von Düngemitteln etwa – dem Ende der stofflichen Existenz mit der Nutzung einschließlich aller Transportprozesse, der Energiebereitstellung, dazwischenliegenden Einzelprozessen usw. erfaßt werden.

3.2.6.3 Systemgrenzen der Lebenswege

Für die Erstellung von Produkt-Ökobilanzen ist die Festschreibung von Lebensweg-Grenzen unumgänglich. Die Notwendigkeit der „Grenzziehung" hat hierbei verschiedene Ursachen.

Bilanzierungstiefe

Das Problem der Bilanzierungstiefe soll an einem Beispiel illustriert werden: Der letzte „technische" Abschnitt des Lebensweges von Düngemitteln ist die Ausbringung. Dazu werden Traktoren benötigt. Diese werden in Montagehallen mit Werkzeugmaschinen produziert. Die Hallen werden aus Stahl, Beton und Glas mit Maschineneinsatz gebaut, die Werkzeugmaschinen aus Metallen und Kunststoffen in anderen Hallen unter Einsatz anderer Maschinen. Für jede Montagehalle und jede Maschine müssen aus Rohstoffen erzeugte Werkstoffe bereitgestellt werden. Offensichtlich sind hier noch keineswegs sämtliche Ebenen erfaßt. Die konsequente Weiterführung würde quasi zu einem Weltmodell führen, in dem die Umweltauswirkungen jedes Lebenswegabschnittes auf eine bestimmte Düngemittelausbringung anteilig abgeschrieben werden mußten. Dies ist – sowohl aus Gründen der Datenverfügbarkeit wie des enormen Rechenaufwandes – natürlich nicht realisierbar. Um das ganze Problem lösbar zu gestalten, muß daher irgendwo im Laufe der betrachteten Lebenswege „abgeschnitten" werden.

Bislang bestehen keine festen Regeln zur Anwendung bestimmter Systemgrenzen bis auf die Grundregel, „von der Wiege bis zur Bahre" des betrachteten Produktes zu bilanzieren. Danach ist der Lebensweg mindestens von der Entnahme der Rohstoffe aus der Umwelt, die in das Produkt selbst eingehen, bis zur schlußendlichen Entsorgung des Produktes zu untersuchen. Somit bleiben viele weitere Abschneidekriterien zur Lebenswegabgrenzung offen. Diese sind aus Gründen der Nachvollziehbarkeit, Transparenz und einer einfacheren Handhabung im einzelnen zu benennen.

Eine weit verbreitete Abgrenzung ist der Ausschluß der Infrastruktur aus dem Bilanzraum – im obigen Beispiel der Montagehallen und Werkzeugmaschinen aller Produktionsebenen aber auch des Traktors selbst, in allgemeinerer Form Gebäude, Maschinen, Industrieanlagen, Transportmittel und Verkehrswege.

Kuppelprodukte und Abfälle

Bei vielen Prozessen fallen neben den Haupt- auch Nebenprodukte, sogenannte Kuppelprodukte, sowie Abfälle zur Verwertung bzw. zur Beseitigung an. Bei der Phosphatdüngemittelproduktion z. B. wird Schwefelsäure eingesetzt, die zu erheblichen Teilen als Nebenprodukt anderer Prozesse wie etwa der Verhüttung sulfidischer Erze erzeugt wird. Bei der Produktion von Phosphorsäure, einem Zwischenprodukt der P-Düngerproduktion, fällt Gips an, der zum Teil zur Verwendung als Baumaterial geeignet ist.

Für die bilanztechnische Behandlung von Kuppelprodukten und Abfällen in Produkt-Ökobilanzen gibt es unterschiedliche Verfahren. In einigen Fällen herrscht Konsens über die durchzuführende Vorgehensweise, in anderen Fällen, die aus methodischer Sicht nicht eindeutig lösbar sind, muß der Bilanzierer „seine" Vorgehensweise beschreiben und begründen. Folgende Vorgehensweisen sind gebräuchlich /IFEU 1993a, b/, /VDI 1996/:

- **Abfälle zur Beseitigung:** Die Beseitigung von Abfällen verursacht Umweltauswirkungen. Diese werden den Kuppelprodukten des entsprechenden Prozesses zugeschlagen, der diese Abfälle verursacht hat.

- **Abfälle zur Verwertung:** Hierfür gibt es eine Reihe unterschiedlicher Vorgehensweisen, die hier nicht näher erläutert werden, da diese innerhalb der Lebenswege der Düngemittel nicht direkt auftauchen; eine detaillierte Beschreibung findet sich in /IFEU 1993a/. Als prinzipielle Basis einer Zurechnung dienen die im folgenden Punkt „Kuppelprodukte" beschriebenen Verfahren.

- **Kuppelprodukte:** Die Umweltauswirkungen, die mit der Produktion aller Kuppelprodukte bzw. mit der Beseitigung oder Verwertung von Abfällen verbunden sind, sind den einzelnen Kuppelprodukten nach bestimmten Zuordnungsvorschriften zuzuordnen. Für die Aufteilung der Umweltauswirkungen auf die verschiedenen Kuppelprodukte haben sich als Lösungsansätze zwei voneinander grundsätzlich verschiedene Verfahren etabliert:

  - **Allokationsverfahren:** Darunter werden Aufteilungsverfahren verstanden, bei denen nach einem bestimmten Verteilungsschlüssel die entstandenen Umweltauswirkungen den einzelnen Kuppelprodukten zugeordnet werden. Als Verteilungsschlüssel können z. B. Energieinhalte, Massen oder auch Marktpreise der Kuppelprodukte herangezogen werden.

  - **Gutschriftsverfahren:** In den Fällen, in denen die neben dem eigentlich betrachteten Produkt zusätzlich entstehenden Kuppelprodukte gleichartige Produkte aus anderen Produktionslinien substituieren, werden die mit diesen Produktionslinien verbundenen Umweltauswirkungen vermieden. Diese Umweltauswirkungen werden im negativen wie im positiven Sinn dem betrachteten Produkt gutgeschrieben; man bezeichnet dieses Vorgehen als Äquivalenzprozeßbilanzierung. Als Basis für die Äquivalenzprozesse dient die Nutzengleichheit des betrachteten sowie des substituierbaren Produktes.

Von diesen beiden Möglichkeiten soll vorrangig die Äquivalenzprozeßbilanzierung zur Anwendung kommen. Unter dem Aspekt einer möglichst realitätsnahen Abbildung soll die Äquivalenzprozeßbilanzierung nach dem „realen Substitutionsprinzip" durchgeführt werden – sofern dies realisierbar ist (siehe dazu /REINHARDT 1993/). D. h., bei mehreren Möglichkeiten der Herstellung der anfallenden Kuppelprodukte soll derjenige Herstellungsprozeß als Äquivalenzprozeß betrachtet werden, der nach derzeitiger Kenntnis der wahrscheinlichste ist. Andere Prozesse können zur Abschätzung des Einflusses des gewählten Äquivalenzprozesses auf die Ergebnisse zusätzlich betrachtet werden.

Es gibt Fälle, in denen eine Äquivalenzprozeßbilanzierung nicht durchgeführt werden kann, da es keine entsprechenden Äquivalenzprozesse gibt. In solchen Fällen wird auf andere Bemessungsgrößen bzw. die Allokationsverfahren zugegriffen, die dem realen Substitutionsprinzip möglichst nahe kommen. Das können wirtschaftliche, energetische aber auch physikalische Größen sein; die konkrete Wahl ist gesondert zu begründen.

Darüber hinaus kann aus pragmatischen Gründen von der Äquivalenzprozeßbilanzierung abgewichen werden, etwa wenn dadurch mögliche rechentechnische Vereinfachungen mit absehbar nur geringen Informationsverlusten verbunden sind. Ein Beispiel dafür aus dem bereich der Düngemittel ist die Produktion von Calciumammoniumnitrat als Nebenprodukt der Ammoniumnitratphosphatproduktion; die Bilanzierung erfolgt hier auf der Basis einer nährstoffmassenbezogenen Zuordung der Energie- und Stoffströme. Dieses Vorgehen ist auch insofern sinnvoll, als die Verteilung zwischen den beiden Nährstoffen N und P in Ammoniumnitratphosphat unter den hier zugrunde gelegten Rahmenbedingungen zielführend nur über ein Allokationsverfahren erfolgen kann (siehe Kapitel 6.1.2).

Die Betrachtung anfallender Stoffe als Kuppelprodukte bzw. Abfälle ist von den jeweiligen Gegebenheiten abhängig (Nutzung oder Entsorgung) und kann sich ändern. Die Verwendung, also Nutzung im Sinne eines Kuppelproduktes, von Stoffen, die bisher als zu entsorgende Abfälle betrachtet werden, wirft die Frage auf, ob diese überhaupt mit anteiligen Umweltauswirkungen belegt bzw. ob eine Gutschrift für die vermiedene Entsorgung vorgenommen werden muß. Spätestens zu dem Zeitpunkt, wo veränderte wirtschaftliche Strukturen dazu führen, daß sie von vornherein nicht mehr als Abfall, sondern als Wertstoff und damit als Kuppelprodukt angesehen werden, müssen sie wie alle anderen Kuppelprodukte behandelt werden und dementsprechend mit den Umweltauswirkungen der Produktion anteilig belastet werden.

3.2.6.4 Geographische und zeitliche Systemgrenzen

Die Festlegung räumlicher und zeitlicher Bezüge ist erforderlich, da die Mehrzahl technischer Prozesse in verschiedenen Ländern und Jahren unterschiedlich realisiert werden und damit mit unterschiedlichen Umweltauswirkungen verbunden sind. Dies gilt gleichermaßen für Prozesse die üblicherweise in Ökobilanzen über Mittelwerte erfaßt werden, wie etwa die Bereitstellung von Endenergieträgern, wie auch für Prozesse, die im Zentrum einer Ökobilanz stehen.

In der Praxis ist infolge von Mängeln der Datenbasis häufig die Verwendung von Daten mit anderen Bezugsräumen bzw. -zeiten als den für die Studie festgelegten unvermeidlich. Die Abweichungen sollten dokumentiert und begründet werden.

3.2.7 Exkurs: „Auswahl der Wirkungskategorien und der zur Wirkungsabschätzung und Auswertung verwendeten Methoden" in Ökobilanzen

Unter „Auswahl der Wirkungskategorien und der zur Wirkungsabschätzung und Auswertung verwendeten Methoden" versteht man unter anderem die Festlegung, welche Umweltauswirkungen überhaupt in Ökobilanzen zu betrachten sind, und die Zuordnung dieser Wirkungen zu bestimmten, mit dem Lebensweg des betrachteten Bilanzgegenstands verbundenen physikalischen Parametern.

Über die Ökobilanzphasen „Wirkungsabschätzung und Auswertung" sollen die Ergebnisse der Sachbilanz einer abschließenden ökologischen Bewertung zugeführt werden. Umgekehrt müssen natürlich zuvor in der Sachbilanz die für die Wirkungsabschätzung relevanten Parameter erfaßt worden sein. Daher muß bereits vor Beginn der Sachbilanzierung geklärt sein, welche Wirkungen berücksichtigt werden sollen. Für die Bewertung stehen eine Reihe von Methoden mit teilweise beträchtlichen Unterschieden in der Vorgehensweise zur Verfügung. Den methodischen Unterschieden entsprechend weichen auch die Ergebnisse zum Teil erheblich voneinander ab. Zu einer national bzw. international konsensfähigen Standardisierung ist es bislang noch nicht gekommen. Zumindest hinsichtlich der zu erfassenden Wirkungskategorien bestehen jedoch Ansätze zu einer Einigung.

Die folgende Darstellung von Kriterien zur Wirkungsabschätzung, den Wirkungskategorien, lehnt sich an den aktuellen Diskussionsstand des Unterausschusses „Wirkungsabschätzung und Bewertung" des DIN-NAGUS an /DIN 1995/. Dieser wiederum orientiert sich grob an der vorgeschlagenen Vorgehensweise nach /ISO 1995b/ und /SETAC 1993/. Die in Teil 2 dieser Studie dokumentierten Energie- und Stoffstrombilanzen der Düngemittelbereitstellung sind methodisch an den aktuellen Stand der Bemühungen um Ökobilanznormierungen ausgerichtet, um einen möglichst großen Konsens über die erzielten Ergebnisse zu schaffen.

Tabelle 3-3 faßt die diskutierte Standardliste der Wirkungskategorien des DIN-NAGUS zusammen /DIN 1995/, /IFEU 1997a/. Das Umweltbundesamt (UBA) erstellte eine Standardliste der Wirkungskategorien, die die Liste des DIN-NAGUS praktisch komplett einschließt und darüber hinaus folgende Kategorien enthält:

– allgemeine Risiken wie Transportunfälle und Störfallrisiken

– Strahlung wie elektromagnetische, radioaktive und nicht UV-Strahlung

– sonstige Belästigungen für Mensch, Pflanze und Tier wie Geruch, Lärm und Licht

Tabelle 3-3 Standardliste der Wirkungskategorien nach /DIN 1995/ (Stand 4. Juli 1995) und /IFEU 1997a/

1.	Ressourcenverbrauch
2.	Naturraumbeanspruchung
3.	Treibhauseffekt
4.	Ozonabbau
5.	Versauerung
6.	Eutrophierung
7.	Ökotoxizität (Toxische Schädigung von Organismen)
8.	Humantoxizität (Toxische Schädigung von Menschen)
9.	Sommersmog (Photosmog)
10.	Lärmbelastung

Im folgenden werden die einzelnen Wirkungsindikatoren der Standardliste und die den Wirkungskategorien zuordenbaren Sachbilanzparameter diskutiert. Auf diese Darstellung wird in Kapitel 4.2 im Zusammenhang mit den in dieser Studie bilanzierten Parametern zurückgegriffen. Die Darstellung in diesem Kapitel soll eine möglichst allgemeine Grundlage liefern. Auf Düngemittel wird daher im wesentlichen nur in einzelnen Beispielen Bezug genommen. Eine Abweichung von diesem Grundsatz besteht lediglich darin, daß auf die ausführliche Darstellung von Gewässerbelastungen durch die Einleitung von Abwasser im Kontext der Wirkungskategorien Eutrophierung und Human- und Ökotoxizität verzichtet wird. Dies ist darin begründet, daß mangels einer hinreichenden Datengrundlage die direkte Gewässerbelastung im Rahmen der Energie- und Stoffstrombilanzierung der Düngemittelbereitstellung nicht erfaßt werden konnte.

3.2.7.1 Ressourcenverbrauch

Den Hintergrund der Wirkungskategorie „Ressourcenverbrauch" bildet die grundsätzliche Knappheit von Ressourcen. Unter Ressourcen werden dabei im Prinzip alle denkbaren Einsatzstoffe verstanden. Diese können z. B. Energieträger oder mineralische Rohstoffe, Wasser oder Naturraum sein. Eine Zuordnung zu einzelnen Ressourcenkategorien ist zwar hilfreich, aber nicht immer eindeutig. So wird Erdgas als Energieträger (Heizgas), aber auch als Prozeßgas zur Mineraldüngemittelproduktion eingesetzt. Nach /UBA 1995a/ und /IFEU 1997a/ lassen sich in einer pragmatischen Einteilung folgende Ressourcenkategorien ableiten:

- **Ressource Energie:** Unter dieser Ressource werden fossile (kohlenstoffhaltige) und regenerative Energieträger sowie das erschöpfliche Uranerz verstanden.

- **Mineralische Ressourcen:** Dazu zählen Rohstoffe wie Sand zur Glasproduktion, Phosphaterz und Schwefel zur Phosphatdüngerproduktion oder Eisenerz.

- **Ressource Naturraum:** Für diese Ressource werden derzeit in den nationalen und internationalen Normierungsgremien verschiedene Möglichkeiten der Erhebung diskutiert – von einer Aufsummierung der einzelnen Flächengrößen bis hin zu unterschiedlichen Bewertungskategorien unterschiedlicher Flächen. Anders als für die beiden erstgenannten Ressourcen gibt es derzeit keine allgemein akzeptierte Vorgehensweise zur Bilanzierung des Naturraums.

Für die Ressource Naturraum verweisen wir auf die Ausführungen zur Wirkungskategorie „Naturraumbeanspruchung". Die beiden anderen Ressourcenkategorien werden hier behandelt.

Energie

Energieträger bzw. ihre Energieinhalte werden – je nach Umwandlungsgrad – in unterschiedliche Kategorien eingeteilt, von denen jedoch nur die beiden im folgenden erstgenannten im eigentlichen Sinne Ressourcen-Charakter haben.

- **Naturenergie:** Energieinhalt der in der Natur, d. h. in Lagerstätten, vorliegenden Energieträger. Zur Überführung in Primärenergie müssen diese gefördert bzw. abgebaut werden.

- **Primärenergie:** Energieinhalt von Energieträgern, die noch keiner energetischen Umwandlung unterworfen, eventuell aber aufbereitet wurden. Hierzu zählt beispielsweise (aufbereitetes) Rohöl.

- **Sekundärenergie:** Energieinhalt von Energieträgern, die aus der Umwandlung von Primärenergieträgern (z. B. Ottokraftstoff oder Heizöl aus Rohöl, Uran aus Uranerz) oder aus anderen Sekundärenergieträgern (z. B. Strom aus Uran oder Heizöl) gewonnen werden.

- **Bezugsenergie:** Energieinhalt aller Energieträger, die der Verbraucher bezieht; dabei handelt es sich im wesentlichen um Sekundärenergie vermindert um Transportverluste (Netzverluste beim Stromtransport, Energieeinsatz zum Transport von Kraftstoffen von der Raffinerie zur Tankstelle usw.).

- **Endenergie:** Energieinhalt der vom Verbraucher verwendeten Energieträger; dies ist im wesentlichen die Bezugsenergie abzüglich des nichtenergetischen Verbrauchs wie z. B. der Umfüllverluste bei Kraftstoffen.

- **Nutzenergie:** Energie, die nach der letzten energetischen Umwandlung dem Verbraucher zur Verfügung steht wie z. B. Licht, Wärme, Fortbewegung.

Häufig erfaßte Energiekategorien sind der End- und der Primärenergieeinsatz. Die Bilanzierung der Primärenergieträger erfolgt dabei auf der Basis des ermittelten Endenergieträgereinsatzes. Für die fossilen Energieträger geschieht dies durch die Verknüpfung der Endenergieeinsätze mit den tatsächlichen Wirkungsgraden. Für die nicht fossilen Energieträger, also die regenerativen Energien und die Kernkraft, gibt es kein naturwissenschaftlich eindeutiges Verfahren der primärenergetischen Bewertung. Für die Ableitung der hier auftretenden Primärenergieäquivalente wurden mehrere Verfahren, die alle gewisse Vor- und Nachteile bzw. Inkonsistenzen aufweisen, entwickelt und in Bilanzen angewandt. Dazu zählen insbesondere folgende Ansätze.

- **Substitutionsmethode:** Hier wird der mittlere Wirkungsgrad der öffentlichen, mit fossilen Brennstoffen betriebenen Kraftwerke den regenerativen Energien angerechnet, da diese fossile Brennstoffe substituieren.

- **Äquivalenzmethode:** Hierbei finden derzeit zwei Zurechnungsvarianten Verwendung: Beim energieäquivalenten Ansatz beträgt der Wirkungsgrad 100 %. Beim zweiten wird der tatsächliche physikalische Wirkungsgrad der Energieumwandlungsanlagen (Wasserkraftwerk, Windkraftanlage, Solarmodul usw.) als Umrechnungsfaktor verwendet. Danach werden z. B. für Wasserkraft 85 %, Windkraft 21 % und für Photovoltaik 8 % angesetzt.

- **Ressourcenmethode:** Hier wird ausschließlich die Ausbeutung von Ressourcen als Bewertungskriterium herangezogen. Die regenerativen Energien werden demnach effektiv mit Null, die Kernenergie jedoch – entsprechend der Substitutionsmethode – mit einem Wirkungsgrad von 33 % bewertet.

Aus diesen verschiedenen Möglichkeiten der Zurechnungsverfahren hat sich in der Bundesrepublik eine Art „Vorschrift" eingebürgert, die inzwischen in vielen Produkt-Ökobilanzen und vor allem Energiebilanzen angewandt wird. Danach gelten folgende Konventionen:

- **Kernkraft:** Der primärenergetische Wirkungsgrad der Kernkraft wird entsprechend dem Substitutionsprinzip mit 33 % festgelegt.

- **Biomasse:** Die in der Biomasse letztlich enthaltene Sonnenenergie wird mit dem Energieinhalt der Biomasse bewertet. Zugrunde gelegt wird der Heizwert der tatsächlich „vom Feld" abtransportierten Biomasse.

- **Sonstige regenerative Energieträger:** Alle anderen regenerativen Energieträger werden mit einem primärenergetischen Wirkungsgrad von 100 % bewertet.

Offensichtlich unterscheiden sich diese Verfahren z. T. beträchtlich voneinander, wirken sich in ihren Ergebnissen aber nur dann signifikant aus, wenn große nicht fossile Energieträgeranteile in den Bilanzen auftreten.

Aggregation

Die Aggregation der Ressource Energie kann – auf der Basis von Primärenergie oder Prmärenergieäquivalenten – unterschiedlich erfolgen. Die Unterschiede der einzelnen Konzepte bestehen im wesentlich darin, ob – und wenn: wie – die Wertigkeit der einzelnen Primärenergieträger zueinander berücksichtigt wird. Unter dem Gesichtspunkt einer Erfassung aller Primärenergieträger bei der Aggregation stehen die beiden folgenden Konzepte im Vordergrund der Diskussion:

- Summe der Energieinhalte aller Primärenergieträger in Energieeinheiten (siehe dazu das Konzept des kumulierten Energieaufwandes (KEA) /VDI 1996/)

- Summe der Energieinhalte als Arbeitsäquivalente aller Primärenergieträger in Energieeinheiten (siehe dazu /IFEU 1993b/)

Während die erste Aggregationsmethode anschaulicher ist und so oder in Variationen in der Regel angewandt wird, ermöglicht der zweite Weg eine methodisch plausiblere Aggregation so unterschiedlicher Energieträger wie Wasserkraft und Kernenergie.

Sollen nur fossile Energieträger berücksichtigt werden, kann ein vom Umweltbundesamt entwickelter Berechnungsansatz auf der Basis von Erdöläquivalenzwerten Verwendung finden /UBA 1995a/. Als Berechnungsgrundlage dienen die statischen Reichweiten der betrachteten fossilen Energieträger, also Erdöl, Stein- bzw. Braunkohle und/oder Erdgas, unter Zugrundelegung der Weltreserven und des aktuellen Verbrauchs. Dieser Ansatz ist allerdings nicht unumstritten, da als Bewertungsgrundlage vornehmlich ökonomische Kenngrößen Berücksichtigung finden.

Nach einem anderen Ansatz wird in einer wachsenden Zahl von Ökobilanzen die Summe der Energieinhalte aller *erschöpflichen* Primärenergieträger in Energieeinheiten (Joule) gewählt; damit also die Summe über die Heizwerte der verschiedenen fossilen Energieträger und der primärenergetisch bewerteten Kernenergie (siehe z. B. /KALTSCHMITT & REINHARDT 1997/). Werden allerdings keine Lebenswegvergleiche, sondern lediglich Bilanzen für Einzelprodukte oder Dienstleistungen erstellt, so ist – neben der Auflistung aller einzelnen Energieträger – die Summe über alle Energieträger im Sinne des kumulierten Energieaufwandes (KEA) ebenso sinnvoll.

Die im Zusammenhang der Emission von Schadstoffen unter Umständen relevante Unterscheidung nach verschiedenen Orten und Zeiten spielt für den Verbrauch der Ressource Energie wie auch den Verbrauch mineralischer Ressourcen keine Rolle. Die Bilanzergebnisse sind daher in der Regel ohne besondere Erwähnung entsprechend aggregiert.

Mineralische Ressourcen

Die zu bilanzierenden mineralischen Ressourcen ergeben sich aus den Grundstoffen zur Herstellung der betrachteten Produkte bzw. wichtiger Hilfsstoffe. Ähnlich den Energieträgern könnte eine Unterteilung in Rohstoffe in der Lagerstätte, geförderte Rohstoffe und aufbereitete Rohstoffe vorgenommen werden. Als festes Schema ist diese Unterteilung jedoch unüblich.

Die Bilanzierung der mineralischen Rohstoffe erfolgt auf der Basis des ermittelten Stoffeinsatzes der Produktionsprozesse. Dazu wird der Stoffeinsatz mit den Anteilen der tatsächlich stofflich genutzten Bestandteile der Rohstoffe, wie sie in der Lagerstätte vorliegen, verknüpft.

Aggregation

Anders als im Falle der Ressource „Energie" sind Aggregationen häufig nicht sinnvoll, da sie eine zumindest ansatzweise wechselseitige Ersetzbarkeit der einzelnen eingesetzten Ressourcen voraussetzten. Ein Beispiel für eine sinnvolle Aggregation ist die Zusammenfassung der verschiedenen schwefelhaltigen Ressourcen, die bei der Produktion von Schwefelsäure eingesetzt werden.

3.2.7.2 Naturraumbeanspruchung

Zu einer sinnvollen Bewertung der Ressource Fläche bedarf es der Einbeziehung einer Reihe unterschiedlicher Einzelfaktoren, die allerdings oftmals miteinander gekoppelt sind. Dazu sind beispielsweise Kenntnisse notwendig über den gegenwärtigen und zukünftigen Boden, sein ökologisches Potential, seinen biologischen Wert (einschließlich Biodiversität), seine physikalischen und/oder chemischen Eigenschaften (insbesondere bodenökologische Funktionen). Ferner ist unter Umständen die Einbeziehung angrenzender Flächen notwendig, von denen die Funktionsfähigkeit und damit auch der Wert einer betrachteten Fläche stark abhängen.

Im Rahmen der Ökobilanz-Methodik gibt es derzeit noch kein in sich schlüssiges Konzept zur Bewertung der Naturraumbeanspruchung. Einigkeit herrscht aber darüber, daß die Qualität des flächenbezogenen Naturraums und auch die Dauer, in der diese Qualität besteht, in die Wirkungsabschätzung mit einzubeziehen sind. In der Diskussion, wie dies geschehen könnte, hat insbesondere das Hemerobiekonzept nach /KLÖPFER & RENNER 1994/, das momentan als die aussichtsreichste methodische Basis für die Behandlung dieser Fragestellung gilt /IFEU 1996/, große Bedeutung. Gerade unter dem Aspekt der landwirtschaftlichen Produktion von Pflanzen scheinen die Aspekte der Vielfalt der Pflanzen und Tiere, der genetischen und Biotopvielfalt ebenso wichtig wie das vollständige Funktionieren von Biozönosen als Bewertungskriterium. In dieser Vielschichtigkeit wurde dies im Hemerobieansatz jedoch noch nicht präzisiert.

3.2.7.3 Treibhauseffekt

Unter der Wirkungskategorie Treibhauseffekt ist genauer der zusätzliche, vom Menschen verursachte (anthropogene) Treibhauseffekt zu verstehen. Die Berücksichtigung in Produkt-Ökobilanzen ist unumstritten. Der anthropogene Treibhauseffekt wird durch die Emissionen klimawirksamer Spurengase bzw. deren Vorläufersubstanzen verursacht (direkt bzw. indirekt wirksame Emissionen). Zu den direkt klimawirksamen Spurengasen zählen im wesentlichen

- Kohlenstoffdioxid (CO_2),

- Methan (CH_4),

- Distickstoffoxid (N_2O, Trivialname: Lachgas),

- Wasserdampf,

- nahezu alle teil- und vollhalogenierten Fluorchlorkohlenwasserstoffe (FCKW; in der Natur nicht vorkommende, ausschließlich vom Menschen produzierte Verbindungen) sowie

- einige persistente Chlorkohlenwasserstoffe (CKW).

Die indirekt wirkenden Stoffe sind dagegen erst nach chemischen Umwandlungsprozessen innerhalb der Troposphäre klimawirksam. Zu diesen zählen kohlenstoffhaltige Verbindungen wie beispielsweise Kohlenstoffmonoxid (CO) oder Kohlenwasserstoffe, die zu CO_2 als klimawirksamer Verbindung oxidiert werden. Andere indirekt wirksame Stoffe bilden unter bestimmten Voraussetzungen in komplizierten photochemischen Reaktionsmechanismen troposphärisches Ozon, das ebenfalls stark klimawirksam ist. Zu diesen Stoffen zählen insbesondere Stickoxide (NO_X) und Kohlenwasserstoffe.

Aggregation

Für die Wirksamkeit der Emissionen von Schadstoffen können Ort und Zeit der Emissionen von Bedeutung sein. Für die wichtigsten klimarelevanten Schadstoffe gilt dies jedoch nur in geringem Maße. Durch die langen mittleren atmosphärischen Verweilzeiten der Gase findet eine globale Durchmischung statt; sie sind daher auch bei zeitlich leicht versetzten Emissionsraten in etwa gleich klimawirksam. Bei der Bilanzierung wird daher – unter dem Aspekt der Klimawirksamkeit – üblicherweise eine Aggregation über alle Emissionsorte und -zeiten vorgenommen.

Die Klimawirksamkeit einzelner Stoffe wird mit sogenannten GWP-Werten (Global Warming Potential) beschrieben. Dies sind die mol- oder massenbezogenen Klimawirksamkeiten relativ zu der von CO_2 (siehe Tabelle 4-5). Die Produkte aus den GWP-Werten und der Schadstoffmenge ergeben die sogenannten CO_2-Äquivalente. Die Summe der CO_2-Äquivalente beschreibt damit die gesamte Klimawirksamkeit der Emissionen des betrachteten Prozesses oder Systems.

Da der GWP-Wert ein Maß für die zeitlich integrierte Wirkung eines Stoffes relativ zu CO_2 darstellt, geht bei der Bestimmung der Umrechnungsfaktoren auf CO_2-Äquivalente die mittlere atmosphärische Verweildauer des Stoffes ein. Daher muß ein Zeithorizont gewählt werden, für den der Vergleich mit CO_2 gelten soll. Üblich sind GWP-Werte für Zeiträume von 20, 50 und 100 Jahren. Derzeit gängige Praxis in zahlreichen nationalen und internationalen Klimabilanzen ist die Berechnung der CO_2-Äquivalente für einen Integrationszeitraum von 100 Jahren.

3.2.7.4 Ozonabbau

Ähnlich dem Treibhauseffekt, hat sich auch der stratosphärische Ozonabbau als wichtige und handhabbare Wirkungskategorie bei Produkt-Ökobilanzen etabliert. Mit dem Ozonabbau werden Stoffe in Zusammenhang gebracht, die entweder direkt in der Stratosphäre freigesetzt werden oder aufgrund ihrer hohen Persistenz in der Troposphäre in die Stratosphäre diffundieren und dort ozonzerstörend wirken.

In die erste Gruppe fallen neben den als geringfügig einzuschätzenden Raketenemissionen vor allem die Emissionen der zivilen und militärischen Luftfahrt oberhalb der Tropopause. Bei den Stoffen, die in der Nähe des Erdbodens emittiert werden und in die Stratosphäre diffundieren, handelt es sich im wesentlichen um N_2O und die voll- und manche teilhalogenierten FCKW.

Aggregation

Für die erdnahe Emission von ozonabbauenden Schadstoffe ist die Aggregation über alle Emissionsorte und -zeiten üblich. Lufttransporte spielen für Massengüter wie Düngemittel keine Rolle.

Analog den CO_2-Äquivalenten als Kriterium zur Bewertung der klimarelevanten Gase haben sich für den Ozonabbau in der Stratosphäre als Bewertungsgröße die sogenannten Ozonabbaupotentiale (ODP-Potentiale) etabliert. Während beim Treibhauseffekt CO_2 als Referenzsubstanz festgelegt wurde, dient für den Ozonabbau Trichlorfluormethan (FCKW 11) als Referenzsubstanz. Aus den relativen ODP-Potentialen und den Massen der ozonzerstörenden Substanzen werden die FCKW-Äquivalente bestimmt. ODP-Werte wurden bisher allerdings lediglich für eine Vielzahl an voll- und teilhalogenierten FCKW und Halone bestimmt, nicht jedoch für N_2O.

3.2.7.5 Versauerung

Die Versauerung von Böden und Gewässern wird durch die Emissionen säurebildender Gase verursacht, die aus der Atmosphäre entweder über trockene oder nasse Deposition, d. h. als Saurer Regen, auf die beiden Kompartimente einwirken. Wichtige säurebildende Gase sind

- Schwefeldioxid (SO_2),

- Stickstoffmonoxid bzw. -dioxid (NO, NO_2),

- Chlorwasserstoff (HCl) und

- Ammoniak (NH_3).

Daneben können bei manchen Prozessen noch weitere Stoffe wie andere Schwefelverbindungen und Fluorwasserstoff eine Rolle spielen.

Aggregation

Für die Emission von säurebildenden Schadstoffe ist die Aggregation über alle Emissionsorte und -zeiten üblich. Analog der Verwendung von Treibhauspotentialen und CO_2-Äquivalenten werden die Emissionen der einzelnen säurebildenden Gase über sogenannte Säurebildungspotentiale mit SO_2 als Referenzsubstanz aggregiert (siehe Tabelle 4-6).

3.2.7.6 Eutrophierung

Die Eutrophierung steht für einen übermäßigen Nährstoffeintrag in Böden und Gewässer. Für Böden stellt der über die Atmosphäre eingetragene Stickstoff in Form von biogen wie anthropogen emittierten Stickstoffverbindungen den weitaus größten Anteil am Gesamteintrag, wenn die Flächen nicht landwirtschaftlich genutzt werden. Für Gewässer spielt die Einleitung nitrat- und phosphathaltiger Abwässer eine große Rolle.

3.2.7.7 Human- und Ökotoxizität

Eine Vielzahl von Verbindungen weist human- und/oder ökotoxische Wirkungen auf. Art und Ausmaß der Wirkung eines bestimmten Stoffes sind für verschiedene Arten von Lebewesen natürlich unterschiedlich; ausschließliche Human- *oder* Ökotoxizität sind allerdings selten. Umgekehrt können verschiedene Stoffe zu gleichen oder zumindest sehr ähnlichen Wirkungen führen. Beispiele für die gleichzeitige Human- *und* Ökotoxizität sowie ähnliche Wirkungen verschiedener Stoffe sind die Luftschadstoffe Schwefeldioxid und die Stickoxide, die beim Menschen zu Atemwegsproblemen führen und zur Bildung des pflanzenschädigenden Sauren Regens beitragen.

Um eine differenzierte Bewertung durchzuführen, ist die Unterscheidung verschiedener Formen der Toxizität sinnvoll wie z. B. akute und organbezogene Toxizität, Geno- und Neurotoxizität, Kanzerogenität, Teratogenität /NORD 1995/. Eine grundsätzlich entsprechende Einteilung toxischer Stoffe in dieser Differenzierungstiefe ist aber umstritten /IFEU 1996/. Andere Einteilungen etwa nach Wirkungen mit und ohne Schwellenwerten und die damit verbundenen Bewertungsmöglichkeiten im Rahmen von Produkt-Ökobilanzen wurden in der Vergangenheit heftig diskutiert. Bisher wurde noch keine Einigung auf ein Bewertungsverfahren erreicht, mit der Folge, daß derzeit auch auf Sachbilanzebene nicht eindeutig klar ist, welche Substanzen unter welchen Randbedingungen zu erfassen bzw. zu bilanzieren sind – natürlich abgesehen davon, daß die Maximalforderung einer Bilanzierung aller Schadstoffe erhoben werden kann. In der Praxis werden meist die durch gesetzliche Regelungen (Abgasgrenzwerte, TA-Luft, GFAVO usw.) limitierten Schadstoffe bilanziert sowie Stoffe, die nach jeweils aktuellem Kenntnisstand zu negativen Wirkungen führen können.

Aggregation

Anders als im Falle des Treibhauseffektes oder des Ozonabbaus, bei denen es sich um globale Effekte handelt, kann für lufgetragene human- und ökotoxischen Schadstoffe der Emissionsort nicht vernachlässigt werden. Ihre Wirkungsorte sind mehr oder weniger eng an den Emissionsort gebunden. So macht es hinsichtlich des Ausmaßes der Wirkung einen Unterschied, ob z. B. Dieselpartikel von Ozeandampfern auf hoher See oder von PKW in Ballungszentren freigesetzt werden.

Ein Weg, diese Unterschiede zu berücksichtigen, ist die Differenzierung der Emissionen nach drei Emissionsortsklassen, die bereits in mehreren Ökobilanzen durchgeführt wurde /IFEU 1997b/, /KALTSCHMITT & REINHARDT 1997/. Damit ist es zumindest tendenziell – wenn auch sicherlich unter Vorbehalten – möglich, bestimmte Aussagen hinsichtlich der Schadwirkungen zu treffen. Die Emissionsortsklassen sind wie folgt unterschiedlichen Bevölkerungsdichten zugeordnet:

Emissionsortsklasse I	Gebiete hoher Bevölkerungsdichte
Emissionsortsklasse II	Gebiete mittlerer bis niedriger Bevölkerungsdichte
Emissionsortsklasse III	Gebiete äußerst niedriger Bevölkerungsdichte bis Dichte 0

Emissionen des innerörtlichen Verkehrs werden in dieser Unterteilung z. B. der Klasse I zugeordnet. In Klasse II sind die Emissionen von Kraftwerken, Raffinerien und im wesentlichen vom produzierenden Gewerbe enthalten. Klasse III enthält die Emissionen von Seeschiffen und Flugzeugen. Damit steht die Emissionsortsklasse I für die größten potentiellen Einwirkungen auf Menschen und Sachgüter. Im Falle der Ökotoxizität können je nach betrachteter Einwirkung und Schadstoff die Klassen I und II oder alle drei Klassen zusammengefaßt werden. Die Betrachtung der Auswirkungen von Produktionsanlagen kann somit unabhängig von der geographischen Lage, d. h. dem Land in dem sie sich befinden (Stichwort: Produktionsverlagerung ins Ausland), erfolgen, aber dennoch die räumliche Abhängigkeit der Belastung von Mensch und Natur berücksichtigen.

Auch der Zeitpunkt der Emission hat Einfluß auf Art und Intensität der Immissionen. Zu unterscheiden ist z. B. zwischen kontinuierlich, pulsartig oder periodisch anfallenden Emissionen (tags/nachts, sommers/winters usw.). Eine weitere Kenngröße, die die Art und Intensität der Immissionen beeinflußt, ist die Höhe des Emissionsortes über dem Boden: Je größer die Höhe des Freisetzungsortes ist, um so niedriger sind die bodennahen Immissionen. In Produkt-Ökobilanzen sind diese Differenzierungen bislang nicht üblich.

Die Aggregation verschiedener Schadstoffe ist – über alle human- und ökotoxischen Schadstoffe betrachtet – eher die Ausnahme. Probleme bestehen zum einen hinsichtlich der zu betrachtenden Formen toxischer Wirkung (siehe oben) und zum anderen bei der Ableitung von Dosis/Wirkung-Korrelationen. Zu den Ausnahmen gehören die polychlorierten Dibenzodioxine und -furane, die Nichtmethan-Kohlenwasserstoffe (NMHC) und die Stickoxide. Diese Ausnahmen sind allerdings nur zum Teil auf identischen oder zumindest sehr ähnlichen Wirkungen begründet; sie sind im wesentlichen aus pragmatischen Gründen wie etwa dem des meßtechnischen Aufwandes üblich geworden.

- Insgesamt existieren 75 unterschiedliche polychlorierte Dibenzodioxine und 135 unterschiedliche polychlorierte Dibenzofurane mit jeweils sehr unterschiedlicher Toxizität /HEINTZ & REINHARDT 1996/. Bei Messungen dieser Substanzen hat es sich inzwischen eingebürgert, eine bestimmte Auswahl dieser Substanzen, die die Gesamtheit der Dioxine/Furane repräsentieren sollen, zu messen. Für diese wurden sogenannte Toxizitätsäquivalente (TÄ) mit Bezug auf 2,3,7,8-TCDD (Tetrachlor-p-dibenzodioxin) ermittelt bzw. abgeschätzt. Damit lassen sich die einzelnen gemessenen Dioxine/Furane zu 2,3,7,8-TCDD-Toxizitätsäquivalenten zusammenfassen.

- In den NMHC wird die Gesamtheit aller Kohlenwasserstoffe ausschließlich Methan erfaßt. Die Aussagekraft dieses Bilanzierungsparameters ist nur gering, da Hunderte von Stoffen mit extrem unterschiedlichen Schadwirkungen zusammengefaßt werden. Die gemeinsame Erfassung hat meßtechnische Gründe, beruht also nicht auf einer rechnerischen Aggregation. Eine Differenzierung nach Einzelstoffen ist sehr aufwendig und wird meist nur dann durchgeführt, wenn Anlaß zu der Vermutung besteht, daß nach aktuellem Kenntnisstand besonders toxische Stoffe in größerem Umfang emittiert werden. Ein Beispiel sind die Benzolemissionen von KFZ.

- Die Stickoxide (NO_X) werden meist als Stickstoffdioxid (NO_2) ausgewiesen. Diese Aggregation ist hinsichtlich der Wirkungscharakteristik der Stickoxide unproblematisch.

3.2.7.8 Sommersmog

Unter Sommer- oder Photosmog versteht man die Bildung von Photooxidantien wie Ozon und Peroxiacetylnitrat (PAN) im Bereich der Troposphäre. Diese Substanzen sind sehr reaktiv und können human- und ökotoxisch wirken. Die Entstehung dieser bodennahen Photooxidantien vollzieht sich durch eine Vielzahl unterschiedlich ablaufender, komplexer Reaktionsvorgänge im wesentlichen aus ungesättigten Kohlenwasserstoffen und Stickoxiden. Die modellhafte Abbildung der dabei auftretenden Reaktionen ist äußerst schwierig. Die bisher ermittelten Ozonbildungspotentiale zur Aggregation der potentiell ozonbildenden Substanzen sind in Fachkreisen noch umstritten. Mit der Erfassung der NMHC- und Stickoxidemissionen werden jedoch zumindest auf der Sachbilanzebene Daten gewonnen, die zu einem späteren Zeitpunkt bei Vorliegen abgesicherter Modellierungsansätze unter Wirkungsaspekten ausgewertet werden können. Für die Aussagekraft des Parameters NMHC gelten dabei natürlich auch hier die gleichen Einschränkungen wie im Zusammenhang der Wirkungskategorien Human- und Ökotoxizität.

3.2.7.9 Lärmbelastung

Lärm ist eine Umweltbelastung, die ortsgebunden auftritt und dementsprechend ortsabhängig bewertet werden muß. Dies steht zum Teil im Widerspruch zum systemanalytischen, d.h. im wesentlichen ortsunabhängigen Ansatz der Produkt-Ökobilanz. Diskutiert werden hier pragmatische Ansätze, die zumindest Anhaltspunkte über mögliche Lärmbelästigungen entlang der Lebenswege geben sollen. Zu diesen gehört z. B. die Erfassung der Fahrleistung von Lastkraftwagen (in km pro funktionale Einheit) in Ballungszentren bzw. auf Außerortsstraßen. Insgesamt ist die Bilanzierungsweise noch umstritten. Insbesondere für Energie- und Stoffstrombilanzen stellt die Lärmbelastung keine „etablierte" Kenngröße dar.

Teil II

Energie- und Stoffstrombilanzen
von Düngemitteln

Ähnlichkeiten [mit der Realität] sind weder zufällig
noch beabsichtigt, sondern unvermeidlich.

HEINRICH BÖLL [A.P., G.A.R.]

4 Basisinformationen und Rahmenannahmen

In Teil 1 dieses Buches wurde erläutert, daß und warum sich die Erstellung der hier diskutierten Energie- und Stoffstrombilanzen von Düngemitteln am gegenwärtigen Stand der Methodendiskussion für Ökobilanzen orientieren soll. Damit ist es sinnvoll – auch wenn hier Energie- und Stoffstrombilanzen und keine Ökobilanzen behandelt werden – auch formal an die Regeln für Ökobilanzen anzuschließen. Aus diesem Grund wird im folgenden Unterkapitel zunächst der Teilschritt der „Festlegung des Ziels und Untersuchungsrahmens" konkretisiert; d. h., die für die hier durchgeführte Energie- und Stoffstrombilanzierung von Düngemitteln notwendigen Basisinformationen und Rahmenbedingungen werden erläutert und dokumentiert. Die darüber hinausgehenden Konventionen für die beiden folgenden Teilschritte einer Ökobilanz, die Sachbilanz bzw. Wirkungsabschätzung, sind in Kapitel 4.2 näher beschrieben.

4.1 Festlegung des Ziels und Untersuchungsrahmens

Wie bereits in Kapitel 3.2 ausgeführt, umfaßt der Teilschritt „Festlegung des Ziels und Untersuchungsrahmens" der Ökobilanz acht Einzelpunkte. Diese werden in Bezug auf die hier durchgeführte Energie- und Stoffstromanalyse von Düngemitteln im folgenden einzeln konkretisiert.

4.1.1 Hintergrund der Studie

Für Ökobilanzen von landwirtschaftlichen Produkten ist die genaue Kenntnis der Energie- und Stoffströme von Düngemitteln notwendig, da diese die Bilanzen zum Teil sehr stark bestimmen. Entsprechende Daten lagen jedoch in einer einigermaßen aktuellen Form bisher nur für wenige Parameter wie Energie und CO_2 bzw. nicht auf bundesdeutsche Verhältnisse angepaßt vor. Im Rahmen einer von der Deutschen Bundesstiftung Umwelt geförderten Studie wurden erstmals für bundesdeutsche Verhältnisse alle Energieströme und einige Stoffströme der Bereitstellung von Düngemittel erhoben bzw. bilanziert /KALTSCHMITT & REINHARDT 1997/. Im Zuge dieser Studie und der Erstellung anderer Ökobilanzen entstand die Idee, aufbauend auf diesen Arbeiten

– noch weitere, für Stoffstromanalysen wichtige Stoffstromparameter zu bilanzieren,

– die erfaßten Parameter um weitere Differenzierungen zu erweitern und für alle Parameter die gleiche Differenzierungstiefe zu erreichen,

– alle Parameter zu aktualisieren, soweit dies notwendig war, und letztlich

– die gesamten Energie- und Stoffströme und die darauf aufbauenden Bilanzen ausführlich zu dokumentieren.

4.1.2 Ziel der Untersuchung

Das Ziel der Untersuchung besteht darin,

- für die gesamte Bereitstellung verschiedener Düngemittel und

- differenziert für alle Einzelprozesse entlang der Lebenswege der betrachteten Düngemittel sowie

- im Rahmen eines Exkurses für die Ausbringung und Nutzung

alle Basisdaten für die Energie- und Stoffstrombilanzierung abzuleiten und zu dokumentieren. Diese Basisdaten sollen für Datenbanken geeignet sein und für diese verfügbar gemacht werden.

Außerdem soll diese Untersuchung einen weiteren Schritt in Richtung auf die größtmögliche Transparenz von Ökobilanzen darstellen. Sie soll als Beispiel dafür dienen, wie einer wichtigen Forderung an Ökobilanzen nachgekommen werden kann: der Nachvollziehbarkeit *aller* Primärdaten durch deren vollständige Offenlegung.

4.1.3 Anwender und Zielgruppen der Ökobilanz

Zielgruppe sind alle Anwender, die für die hier diskutierten Energie- und Stoffstromgrößen in Ökobilanzen oder anderen ökologischen Bilanzierungsinstrumenten Verwendung finden. Zielgruppe sind aber auch die Ökobilanzierer, die zwar die einzelnen Daten nicht verwenden können, da sie andere Fragestellungen bearbeiten, sich aber von der Ausführlichkeit und Vollständigkeit der Dokumentation „inspirieren" lassen wollen.

4.1.4 Allgemeine Informationen über die Ökobilanzstudie

Die Ableitung und Zusammenstellung der Energie- und Stoffstrombilanzen der untersuchten Düngemittel wurden vom Verein für Energie- und Umweltfragen Heidelberg - ifeu e.V. gefördert und von den Autoren aufbauend auf den Arbeiten zu dem Projekt „Ganzheitliche Bilanzierung nachwachsender Energieträger unter verschiedenen ökologischen Aspekten" /KALTSCHMITT & REINHARDT 1997/ im Frühjahr/Sommer 1996 durchgeführt.

4.1.5 Allgemeine Beschreibung der Bilanzierungsobjekte

Untersuchungsobjekte sind die Bereitstellungen von Düngemitteln mit den vier in der Bundesrepublik mengenmäßig wichtigsten Nährstoffen. Hierbei werden sowohl die in Tabelle 4-1 aufgelisteten Einfach- bzw. Mehrnährstoffdünger jeweils einzeln bilanziert als auch – nach Nährstoffen getrennt – die in der Bundesrepublik verwendeten „mittleren" Düngemittel gemäß amtlicher Statistiken.

Tabelle 4-1 Bilanzierte Düngemittel

Nährstoff	Düngemittel
Stickstoff	Calciumammoniumnitrat (CAN)
	Harnstoff
	CAN/Harnstoff-Lösung
	Ammoniumphosphate
	Ammoniumnitratphosphat
Phosphat	Singlesuperphosphat
	Triplesuperphosphat
	Ammoniumphosphate
	Ammoniumnitratphosphat
Kalium	Kaliumchlorid
Calcium	Kalkstein
	Branntkalk

4.1.6 Allgemeine Systemannahmen

Unter die allgemeinen Systemannahmen fallen verschiedene Rand- und Rahmenbedingungen, die einen entscheidenden Einfluß auf die Grundstruktur der Bilanz, die Art und Weise der Bilanzierung und damit letztlich auch auf die Gesamtergebnisse ausüben. Im folgenden werden dazu einige, im Hinblick auf die Bilanzierung von Düngemitteln pragmatisch ausgewählte Systemannahmen im einzelnen dargestellt.

4.1.6.1 Funktionale Einheit

Als funktionale Einheit wird für jede Düngemittelart die *Bereitstellung von 1 t Nährstoff* gewählt. Bezugsgrößen sind jeweils die in der Landwirtschaft üblichen Kenngrößen der einzelnen Nährstoffe. Das sind:

- N   für den in Düngemitteln enthaltenen Stickstoff

- P_2O_5 für den in Düngemitteln enthaltenen Phosphor

- K_2O für das in Düngemitteln enthaltene Kalium

- CaO   für das in Düngemitteln enthaltene Calcium

4.1.6.2 Untersuchungsoptionen/Lebensweg

Prinzipiell sollen die gesamten Lebenswege der betrachteten Düngemittel von der Entnahme der Rohstoffe in den jeweiligen Ländern bis zur Bereitstellung am Feldrand in der Bundesrepublik einschließlich aller Transportprozesse und dazwischenliegenden Einzelprozessen erfaßt werden.

Gesondert von der Bilanzierung der Bereitstellung werden zusätzlich die mit der Ausbringung von Düngemitteln verbundenen Energie- und Stoffströme bilanziert – jedoch nur für ein mittleres Düngemittel und eine typische Ausbringung.

4.1.6.3 Systemgrenzen der Lebenswege

Bilanzierungstiefe

Bilanziert werden alle Prozesse der gesamten Bereitstellung von Düngemitteln und Düngekalk, die sich direkt auf die nährstoffhaltigen Verbindungen beziehen. Für Stickstoffdünger
heißt das, daß alle Prozesse, über die Luftstickstoff in die N-haltigen Verbindungen in N-
Düngemitteln überführt wird, erfaßt werden. Ferner wird der Transport der Düngemittel und
ihrer Rohstoffe sowie die Bereitstellung der Endenergieträger zu ihrer Produktion und ihrem
Transport erfaßt.

Für wichtige Hilfsstoffe wird die Produktion und die Bereitstellung der eingesetzten Endenergieträger erfaßt. Der Transport wird, wenn dies ohne relevanten Einfluß auf das Ergebnis möglich erscheint, vernachlässigt. Kriterien sind eingesetzte Mengen und Transportweiten. Die Vereinfachungen werden begründet.

Die Infrastruktur – der Bau, die Wartung und Reparatur von Gebäuden, Maschinen, Industrieanlagen, Transportmitteln und Verkehrswegen – wird nicht betrachtet.

Kuppelprodukte und Abfälle

Die Auswahl der Verfahren zur Behandlung von Kuppelprodukten und Abfällen – Äquivalenzprozeßbilanzierung oder Allokation – erfolgt nach dem Prinzip „Äquivalenzprozeßbilanzierung vor Allokation". Von der Bevorzugung der Äquivalenzprozeßbilanzierung
wird – abgesehen von den Fällen, in denen die Äquivalenzprozeßbilanzierung ohnehin nicht
anwendbar ist – aus Praktikabilitätsgründen dann abgewichen, wenn sich dadurch erhebliche
rechentechnische Vereinfachungen mit absehbar nur geringen Informationsverlusten ergeben. Das Vorgehen wird in allen Fällen begründet.

4.1.6.4 Geographische Systemgrenzen

Der Bezugsraum für die Bereitstellung und Ausbringung der Düngemittel ist die Bundesrepublik Deutschland. Die Produktion muß nicht notwendigerweise in der Bundesrepublik
stattfinden. Damit ergibt sich der Bezugsraum der zu bilanzierenden Produktion aus den
Herkunftsländern des in der Bundesrepublik bereitgestellten Düngers. Eine zusätzliche Er-
weiterung folgt daraus, daß die eingesetzten Energieträger und Rohstoffe wiederum aus anderen Länder stammen können. Die jeweilige Wahl des Bezugsraums wird in den konkreten
Fällen explizit begründet. Ebenfalls dokumentiert wird die Übertragung von Daten mit anderen Bezugsräumen auf die hier relevanten, die infolge von Mängeln der Datenbasis notwendig sein können.

4.1.6.5 Zeitliche Systemgrenzen

Als Bezugsjahr wird das Jahr 1993 gewählt. Um der Realität auch im Hinblick auf kommende Jahre einigermaßen gerecht zu werden, werden für Prozesse, die definitiv in abseh-
barer Zeit (z. B. wenige Jahre) Veränderungen erfahren, die zukünftig gültigen Kenngrößen
angesetzt. Ein Beispiel ist die wahrscheinlich bis 1998 auch in den ostdeutschen Bundesländern umgesetzte Großfeuerungsanlagenverordnung (GFAVO).

Stehen Kenngrößen oder Daten für das Jahr 1993 noch nicht zur Verfügung, werden entweder die Gegebenheiten vorangegangener Jahre herangezogen oder die entsprechenden Daten auf das Jahr 1993 hochgerechnet bzw. hierfür abgeschätzt. Entsprechendes gilt für Daten ohne konkreten zeitlichen Bezug. In allen Fällen werden die zugrunde gelegten Annahmen dargelegt und begründet.

4.1.7 Detaillierungsgrad

Die vorliegende Studie soll über eine größenordnungsmäßige Abschätzung deutlich hinausgehen. Es wird daher ein möglichst hoher Detaillierungsgrad unter Berücksichtigung der ausgewählten Systemgrenzen angestrebt. Formal wird dieses Ziel durch relativ weitgehende Differenzierungen etwa hinsichtlich eingesetzter Energieträger oder der Berücksichtigung verschiedener Produktionsländer für gleiche Produkte erreicht. Die daraus resultierende Verzweigung der Lebenswege und damit erforderliche zusätzliche Annahmen bei der Quantifizierung führen zu geringfügig erhöhten Unsicherheiten der einzelnen Ergebnisse. Diese Unsicherheiten werden unseres Erachtens durch den mit der Differenzierungstiefe verbundenen Informationsgewinn deutlich überwogen.

4.1.8 Auswahl der zur Wirkungsabschätzung verwendeten Methoden

Die zur Abschätzung der Wirkung der Bereitstellung von Düngemitteln auf die Umwelt ausgewählten Kategorien basieren auf der Standardliste der Wirkungskategorien nach /DIN 1995/ (Tabelle 4-2). Nicht betrachtet werden hier lediglich die Wirkungskategorien Naturraumbeanspruchung und Lärmbelastung. Für diese Kategorien liegen keine allgemein akzeptierten Bewertungskonzepte vor. Darüber hinaus stellen sie insbesondere für Energie- und Stoffstrombilanzen keine etablierten Kategorien dar. Eine detaillierte Darstellung der verwendeten Bilanzierungsmethoden bzw. der den Wirkungskategorien zugeordneten Bilanzparameter findet sich im folgenden Kapitel.

Tabelle 4-2 Standardliste der Wirkungskategorien nach /DIN 1995/ (Stand 4. Juli 1995) und /IFEU 1997a/ und in dieser Studie berücksichtigte Wirkungskategorien

1.	Ressourcenverbrauch
2.*	Naturraumbeanspruchung
3.	Treibhauseffekt
4.	Ozonabbau
5.	Versauerung
6.	Eutrophierung
7.	Ökotoxizität (Toxische Schädigung von Organismen)
8.	Humantoxizität (Toxische Schädigung von Menschen)
9.	Sommersmog (Photosmog)
10.*	Lärmbelastung

*: In dieser Studie nicht erfaßte Wirkungskategorien

4.2 Festlegung der Bilanzierungsparameter und -verfahren

Im folgenden wird die Auswahl der Parameter, die im Rahmen der Energie- und Stoffstrombilanzierung der Bereitstellung von Düngemitteln bilanziert werden, und die Vorgehensweise bei der Bilanzierung dokumentiert und begründet. Die Ableitung der einzelnen Bilanzierungsparameter basiert auf den in Kapitel 4.1.8 angegebenen, in dieser Studie erfaßten Wirkungskategorien (Tabelle 4-2) und den Ausführungen in Kapitel 3.2.7.

4.2.1 Ressourcenverbrauch

4.2.1.1 Energie

Bilanziert werden die zwei Kategorien Primär- und Endenergie. Erfaßt werden die fossilen Primärenergieträger Erdöl, Erdgas, Stein- und Braunkohle sowie als weiterer erschöpflicher Primärenergieträger Uranerz. Die regenerativen Energien werden nach Wasserkraft und der Summe aller anderen regenerativen Energien (Biomasse, Windenergie usw.) differenziert. Eine weitere Unterscheidung der subsummierten „anderen regenerativen Energieträger" würde zu keinem zusätzlichen Erkenntnisgewinn führen, da deren Anteil an den Energieaufwendungen entlang der betrachteten Lebenswege deutlich unter 1 % liegt.

Aus der Kategorie der Endenergieträger werden alle die erfaßt, die in industriellen Produktionsprozessen und beim Transport von Massengütern in relevanten Mengen eingesetzt werden (Tabelle 4-3). Aus diesem Grund nicht betrachtet werden z. B. andere als die aufgeführten Mineralölprodukte – etwa Ottokraftstoff oder Kerosin – die in den genannten Einsatzbereichen praktisch keinerlei Verwendung finden. Erdgas, Steinkohle und Braunkohle werden nicht nur als Primär-, sondern auch als Endenergieträger ausgewiesen. Im Falle der Ausweisung als Endenergieträger für einen Prozeß wird konsequenterweise lediglich die in diesem Prozeß zum Einsatz kommende Menge *ohne* den Aufwand zu ihrer Bereitstellung angegeben.

Bilanzierungsmerkmale

Folgende Merkmale liegen der Erstellung der Energie- bzw. Energieträgerbilanzen zugrunde:

- Alle in Tabelle 4-3 ausgewiesenen Energieträger werden getrennt bilanziert.

- Die einzelnen Energieträger werden in energetischen Einheiten (Joule) ausgewiesen.

- Sowohl energetisch wie stofflich genutzte Energieträger werden als Energieträger bilanziert. Dies gilt z. B. für Erdgas, das bei der Stickstoffdüngemittelherstellung als Heizgas zur Prozeßenergiebereitstellung und als Prozeßgas, d. h. als materieller Input, eingesetzt wird.

Die Bilanzierung der Primärenergieträger erfolgt auf der Basis des ermittelten Endenergieträgereinsatzes. Für die fossilen Energieträger geschieht dies durch die Verknüpfung der Endenergieeinsätze mit den tatsächlichen Wirkungsgraden. Für die nicht fossilen Energien, also die regenerativen Energien und die Kernkraft, gibt es kein naturwissenschaftlich eindeutiges Verfahren der primärenergetischen Bewertung. Die sich zum Teil erheblich voneinander unterscheidenden Verfahren wirken sich in ihren Ergebnissen aber nur dann signifikant aus, wenn große Anteile nicht fossiler Energien in den Bilanzen auftauchen; dies ist bei den hier betrachteten Düngemitteln nicht der Fall. Biomasse kommt als Energieträger entlang der Lebenswege von Düngemitteln nicht vor. Aus der Gruppe der sonstigen regenerativen Energien spielt lediglich die Wasserkraft im Rahmen der Stromproduktion eine Rolle. Auch der Einsatz der Kernkraft ist auf die Stromerzeugung beschränkt. Für Kern- und Wasserkraft wenden wir daher der amtlichen Elektrizitätsstatistik folgend das Substitutionsprinzip an /BMWI 1995/.

Tabelle 4-3 Bilanzierte Primär- und Endenergieträger

Primärenergieträger	Endenergieträger
Erschöpfliche	*Mineralölprodukte*
Erdöl	Leichtes Heizöl (Heizöl EL)
Erdgas	Schweres Heizöl (Heizöl S, Schweröl)
Steinkohle	Dieselkraftstoff
Braunkohle	
Uranerz	*Sonstige*
Regenerative	Industriedampf
Wasserkraft	Strom (öffentliches Netz)
Sonstige	Bahnstrom

Aggregation

Als aggregierte Größe wird der kumulierte Energieaufwand (KEA) ausgewiesen, darüber hinaus jedoch auch der Einsatz erschöpflicher Primärenergieträger.

4.2.1.2 Mineralische Ressourcen

Bilanziert werden die geförderten und – gegebenenfalls – die angereicherten Rohstoffe; Tabelle 4-4 faßt die bilanzierten mineralischen Ressourcen zusammen.

Im Falle der Ressourcen, auf denen die Schwefelsäure basiert, die zur P-Düngerproduktion eingesetzt wird, sind Abweichungen von dieser Festlegung notwendig. Die eingesetzte Schwefelsäure wird nur zum Teil aus elementarem Schwefel hergestellt; große Teile stammen als Hauptprodukt aus dem Rösten von Pyrit (Eisensulfid) und als Nebenprodukt aus der Verhüttung anderer sulfidischer Erze. Die so gewonnene Schwefelsäure kann jedoch nur zum Teil einem bestimmten Erz (Pyrit) zugeordnet werden. Unter die anderen sulfidischen Erze fallen mit unbekannten Anteilen im wesentlichen Kupfer-, Blei- und Zinkerze, die Schwefelgehalte von etwa 1 bis knapp 25 % aufweisen können. Als Ressourcen werden daher hier Pyrit-Schwefel und „mittlerer" sulfidischer Schwefel (ohne Pyrit-Schwefel) bilanziert. Ferner stammt nur ein Teil des elementaren Schwefels zur Schwefelsäureproduktion aus dem Bergbau von mineralischem Schwefel. Große Teile werden als Nebenprodukte der Entschwefelung von Erdöl und Erdgas gewonnen. Hier sind weder die Anteile dieser beiden Quellen noch die Verbindungen, in denen der Schwefel vorliegt, bekannt. Als Ressource wird hier „mittlerer" organisch gebundener Schwefel bilanziert. Anzumerken ist, daß damit eine Überschneidung mit der Ressource Energie auftritt. Da jedoch Schwefel, gleich welchen Ursprungs, nicht intendiert als Energieträger genutzt wird, ist die Zuordnung auch des

Schwefels aus Erdöl und Erdgas zu den mineralischen Ressourcen zulässig. Sinnvoller als der Begriff des mineralischen Rohstoffs ist in diesem Zusammenhang allerdings der des stofflich genutzten.

Tabelle 4-4 Für die einzelnen Düngemittel bzw. Nährstoffe bilanzierte mineralische Ressourcen

Nährstoff	Mineralische Ressource
N	Kalkstein
P_2O_5	Phosphaterz
	Mittlerer organisch gebundener Schwefel
	Mineralischer Schwefel
	Pyrit-Schwefel
	Mittlerer sulfidischer Schwefel (ohne Pyrit)
K_2O	Rohkali
CaO	Kalkstein

Nicht bilanziert werden hier Luftstickstoff, Wasser und Luftsauerstoff, die zur Produktion von N-Düngern eingesetzt werden. Diese drei Ressourcen sind dort, wo sie benötigt werden, praktisch unbegrenzt vorhanden.

Bilanzierungsmerkmale

Folgende Merkmale liegen der Bilanzierung zugrunde:

– Alle in Tabelle 4-4 ausgewiesenen Stoffe werden getrennt bilanziert.

– Die einzelnen Stoffe werden in Masseneinheiten (Tonne) ausgewiesen.

– Die in Tabelle 4-3 ausgewiesenen Energieträger werden grundsätzlich, auch wenn sie stofflich genutzt werden, als Energieträger bilanziert. Dies gilt z. B. für das bei der Stickstoffdüngemittelherstellung als Prozeßgas, d. h. als materieller Input, eingesetzte Erdgas.

Die Bilanzierung der mineralischen Rohstoffe erfolgt auf der Basis des ermittelten Stoffeinsatzes der Produktionsprozesse. Dazu wird – Ausnahme: Schwefel – der Stoffeinsatz mit den Anteilen der tatsächlich stofflich genutzten Bestandteile der Rohstoffe, wie sie in der Lagerstätte vorliegen, verknüpft. Für die vier Schwefel-Kategorien wird lediglich der Schwefelgehalt der Ressourcen selbst als Ressource bilanziert (siehe oben).

Aggregation

Für die vier bilanzierten, hinsichtlich ihrer Ursprünge unterschiedlichen Schwefel-Kategorien werden die Summenwerte ausgewiesen, da diese Schwefelformen im Kontext der P-Düngerproduktion wechselseitig austauschbar sind. Weitere Aggregationen der stofflich genutzten Ressourcen erfolgen nicht.

4.2.2 Naturraumbeanspruchung

Für die Naturraumbeanspruchung liegen zur Zeit keine allgemein akzeptierten Bilanzierungskriterien vor. Diese Wirkungskategorie wird daher hier nicht betrachtet.

4.2.3 Treibhauseffekt

Bilanziert werden die Emissionen der Schadstoffe CO_2, CH_4 und N_2O. Andere klimarelevante Schadstoffe werden aus verschiedenen Gründen entweder gar nicht oder nicht unter dem Aspekt der Klimawirksamkeit bilanziert. Die teil- und vollhalogenierten FCKW sowie die CKW treten auf den Lebenswegen von Düngemitteln praktisch nicht auf und werden daher nicht betrachtet. Wasserdampf als wichtigstes natürlich auftretendes klimarelevantes Gas wird nicht berücksichtigt, weil die vom Menschen verursachten Beiträge relativ zum natürlichen Wasserkreislauf vernachlässigbar klein sind; damit kann auch deren Wirksamkeit als verschwindend gering eingestuft werden. Die indirekte Wirkung von CO und der Kohlenwasserstoffe durch deren Oxidation zu CO_2 wird bei der CO_2-Bilanzierung berücksichtigt. Zur indirekten Klimawirksamkeit anderer Schadstoffe bzw. über andere Pfade, insbesondere von NO_X und Kohlenwasserstoffen über die Bildung von Ozon, liegen keine allgemein anerkannten Treibhauswirkungspotentiale vor. Unter dem Aspekt der Klimawirksamkeit werden diese Stoffe daher nicht berücksichtigt, wohl aber unter anderen Aspekten (Versauerung, Human- und Ökotoxizität, Sommersmog).

Bilanzierungsmerkmale

Von den bilanzierten klimarelevanten Stoffen CO_2, N_2O und CH_4 erfordert lediglich die Bilanzierung von CO_2 weitere Konventionen:

- Die CO_2-Emissionen aus der Verbrennung fossiler Energieträger werden aus dem Kohlenstoffgehalt der Energieträger unter der Annahme einer vollständigen Oxidation berechnet.

- Die CO_2-Emissionen durch die Abspaltung von CO_2 aus Kalkstein bei der Branntkalkproduktion werden aus der Stöchiometrie der Reaktion berechnet.

Aggregation

Die Bilanzierung der Emissionen klimarelevanter Schadstoffe erfolgt aggregiert über alle Emissionsorte und -zeiten. Basierend auf den GWP-Werten nach /IPCC 1995/ (Integrationszeitraum: 100 Jahre, Tabelle 4-5) werden für die Emissionen der betrachteten klimarelevanten Schadstoffe die CO_2-Äquivalente berechnet und als Summe über die drei Schadstoffe ausgewiesen.

Tabelle 4-5 Massenbezogene Treibhauspotentiale (GWP-Werte) der betrachteten klimawirksamen Gase über einen Zeithorizont von 100 Jahren nach /IPCC 1995/

Substanz	Formel	Treibhauspotential*
Kohlenstoffdioxid	CO_2	1
Distickstoffoxid	N_2O	320
Methan	CH_4	24,5
*: kg CO_2-Äquivalente/kg Substanz		

4.2.4 Ozonabbau

Als Bilanzierungsparameter für den stratosphärischen Ozonabbau werden ausschließlich N_2O-Emissionen erfaßt. Die Lebenswege der betrachteten Düngemittel sind nicht mit – nennenswerten – FCKW-Emissionen verbunden. Ozonabbauende Emissionen des Luftverkehrs spielen im Zusammenhang der Bereitstellung von Düngemitteln ebenfalls keine Rolle, da auf den betrachteten Lebenswege keine Lufttransporte stattfinden.

Bilanzierungsmerkmale

Die Bilanzierung von N_2O erfordert keine weiteren Konventionen.

4.2.5 Versauerung

Aus der von /CML TNO B&G 1992/ vorgeschlagenen Liste säurebildender Gase werden die Emissionen folgender Stoffe bilanziert:

– Schwefeldioxid (SO_2),

– Stickstoffmonoxid bzw. -dioxid (NO, NO_2),

– Chlorwasserstoff (HCl) und

– Ammoniak (NH_3).

Andere säurebildende Gase wie Fluorwasserstoff oder bestimmte andere Schwefelverbindungen treten im Verhältnis zu den genannten Verbindungen in so geringen Mengen auf, daß deren Anteile am Gesamteffekt – umgerechnet auf Säurebildungspotentiale – lediglich im Promillebereich liegen dürften; sie können somit vernachlässigt werden.

Bilanzierungsmerkmale

• Die Stickoxide (NO_X) werden als Stickstoffdioxid (NO_2) ausgewiesen.

• Für den Einsatz von Dieselkraftstoff werden die SO_2-Emissionen aus dem Schwefelgehalt des Kraftstoffs berechnet.

Tabelle 4-6 Massenbezogene Versauerungspotentiale der betrachteten Schadstoffe nach /UBA 1995a/

Substanz	Formel	Versauerungspotential*
Schwefeldioxid	SO_2	1
Stickstoffmonoxid	NO	1,07
Stickstoffdioxid	NO_2	0,70
Stickstoffoxide	NO_X	0,70
Ammoniak	NH_3	1,88
Chlorwasserstoff	HCl	0,88

*: kg SO_2-Äquivalente/kg Substanz

Aggregation

Die Bilanzierung der Emissionen der säurebildenden Gase erfolgt aggregiert über alle Emissionsorte und -zeiten. Basierend auf den Versauerungspotentialen nach /UBA 1995a/ (Tabelle 4-6) werden für die Emissionen der betrachteten säurebildenden Gase die SO_2-Äquivalente berechnet und als Summe über die vier Schadstoffe ausgewiesen.

4.2.6 Eutrophierung

Der Nährstoffeintrag in Gewässer und Böden wird durch die Bilanzierung der luftgetragenen Stickstoffverbindungen (siehe Versauerung) weitgehend erfaßt. Die Eutrophierung von Gewässern unter anderem durch den Nitratablauf aus Kläranlagen wird hier nicht bilanziert, da uns kein hinreichend abgesichertes Datenmaterial für alle Abschnitte der betrachteten Lebenswege vorliegt.

Bilanzierungsmerkmale

Die Bilanzierung erfordert keine weiteren Konventionen.

Aggregation

Eine Aggregation erfolgt nicht.

4.2.7 Human- und Ökotoxizität

Unter dem Aspekt der toxischen Gefährdung von Menschen und Organismen und damit zum Teil auch der Sachgüterschädigung werden ausschließlich Luftschadstoffe, also luftgetragene Emissionen betrachtet. Der Schadstoffeintrag in Gewässer durch schadstoffhaltige Abwässer wird hier nicht bilanziert, da uns kein hinreichend abgesichertes Datenmaterial für alle Abschnitte der betrachteten Lebenswege vorliegt.

Die Auswahl der Luftschadstoffe orientiert sich im wesentlichen an der mehr oder weniger abschätzbaren Relevanz der Stoffe im Zusammenhang der untersuchten Prozesse wie auch der Datenverfügbarkeit. Die Emissionen der betrachteten Stoffe sind zum Teil durch gesetzliche Regelungen (Abgasgrenzwerte, TA-Luft, GFAVO usw.) limitiert. Dies kann zum einen als Hinweis auf ihre Umweltrelevanz gedeutet werden; zum anderen ist damit in der Regel eine relativ günstige Datenlage verbunden. Konkret werden folgende Luftschadstoffe bilanziert:

- Schwefeldioxid (SO_2),

- Kohlenstoffmonoxid (CO),

- Stickstoffoxide (NO_X),

- Nichtmethan-Kohlenwasserstoffe (NMHC),

- Dieselpartikel,

- Staub und

- Ammoniak (NH_3).

Die Aussagekraft des Bilanzierungsparameters NMHC ist nur gering, da in diesem Parameter Hunderte von Substanzen mit extrem unterschiedlichen Schadwirkungen zusammengefaßt werden. Die NMHC werden daher in dieser Studie ausschließlich aus dokumentarischen Gründen aufgeführt. Andererseits liegen für die meisten Prozesse der betrachteten Lebenswege nahezu keine abgesicherten bzw. öffentlich zugänglichen Emissionsmessungen oder Emissionsfaktoren für die einzelnen NMHC-Komponenten vor. Für folgende Einzelkomponenten werden wegen ihrer Toxizität und Kanzerogenität und um mögliche Schwachstellen aufzuspüren bzw. die Grenzen der Aussagefähigkeit der erhaltenen Ergebnisse auszuloten, Abschätzungen vorgenommen:

- Formaldehyd,

- Benzol,

- Benzo(a)pyren (als Leitkomponente für die PAH) und

- Polychlorierte Dioxine/Furane.

Bilanzierungsmerkmale

Folgende Merkmale liegen der Bilanzierung zugrunde:

- Die Stickoxide (NO_X) werden als Stickstoffdioxid (NO_2) ausgewiesen.

- Die NMHC werden über die Gesamtmasse aller Kohlenwasserstoffe ausschließlich Methan bilanziert; die Aussagekraft der dadurch erhaltenen Ergebnisse ist damit, wie bereits beschrieben, sehr gering.

- Die polychlorierten Dioxine/Furan werden als Toxizitätsäquivalente mit Bezug auf 2,3,7,8-TCDD (Tetrachlor-p-dibenzodioxin) bilanziert.

- Die Bilanzierung aller Luftschadstoffe erfolgt unter dem Aspekt der Human- und Ökotoxizität differenziert nach drei Emissionsortsklassen (I: Gebiete hoher Bevölkerungsdichte, II: Gebiete mittlerer bis niedriger Bevölkerungsdichte, III: Gebiete äußerst niedriger Bevölkerungsdichte bis Dichte 0).

Aggregation

Außer den genannten Aggregationen für NO_X, NMHC und polychlorierte Dioxine/Furane werden keine Aggregationen durchgeführt. Zu diesen Aggregationen ist anzumerken, daß sie nicht unter dem Kriterium gemeinsamer und gleicher human- und/oder ökotoxischer Wirkungen erfolgen, sondern im wesentlichen aus Gründen technischer Praktikabilität üblich sind (siehe Kapitel 3.2.7.7).

4.2.8 Sommersmog

Mit der Bilanzierung von Luftschadstoffen wie den Stickoxiden und NMHC (siehe Humanund Ökotoxizität) werden die wesentlichen für die Photosmogbildung verantwortlich gemachten Substanzen erfaßt, so daß eine spätere Verwendung bei abgesicherten Modellierungsansätzen möglich sein sollte.

Bilanzierungsmerkmale

Die Bilanzierung erfordert keine weiteren Konventionen.

Aggregation

Eine Aggregation erfolgt nicht. Die tatsächliche Sommersmogbildung durch die bilanzierten Emissionen kann mangels verfügbarer Korrelationen nicht quantitativ ermittelt werden.

4.2.9 Lärmbelastung

Die Lärmbelastung ist keine in den Begriffen der Energie- und Stoffstrombilanzierung faßbare Größe und wird daher hier nicht betrachtet.

4.2.10 Zusammenstellung der Bilanzierungsparameter

Die in den voranstehenden Abschnitten unter dem Aspekt der Wirkung festgelegten Bilanzierungsparameter lassen sich in den Kategorien Energieträger, Rohstoffe und luftgetragene Schadstoffemissionen zusammenfassen (Tabelle 4-7). Für die Energieträger sind lediglich die Primärenergieträger aufgeführt, da nur diese – nicht aber die Endenergieträger – Ressourcen-Charakter haben. Mit aufgeführt sind neben den auf der Sachbilanzebene erfaßten Einzelgrößen die unter Wirkungsaspekten aggregierten Größen.

Tabelle 4-7   Zusammenstellung der über die gesamten Lebenswege erfaßten Bilanzierungs-parameter

Parameter	Wirkungskategorie
Einzelgrößen	
Mineralische Ressourcen	
Kalkstein	Ressourcenknappheit
Phosphaterz	Ressourcenknappheit
Rohkali	Ressourcenknappheit
Mittlerer organisch gebundener Schwefel	Ressourcenknappheit
Mineralischer Schwefel	Ressourcenknappheit
Pyrit-Schwefel	Ressourcenknappheit
Mittlerer sulfidischer Schwefel (ohne Pyrit)	Ressourcenknappheit
Primärenergieträger: Erschöpfliche	
Erdöl	Ressourcenknappheit
Erdgas	Ressourcenknappheit
Steinkohle	Ressourcenknappheit
Braunkohle	Ressourcenknappheit
Uranerz	Ressourcenknappheit
Primärenergieträger: Regenerative	
Wasserkraft	Ressourcenknappheit
Sonstige	Ressourcenknappheit
Luftgetragene Schadstoffe	
Kohlendioxid	Klimawirksamkeit
Methan	Klimawirksamkeit
Distickstoffoxid	Klimawirksamkeit, stratosphärischer Ozonabbau
Schwefeldioxid	Öko- und Humantoxizität, Versauerung
Kohlenmonoxid	Öko- und Humantoxizität
Stickstoffoxide	Öko- u. Hum.tox., Versauer., Eutroph., Photosmog
Nichtmethan-Kohlenwasserstoffe	Photosmog (hier nur zur Dokumentation)
Dieselpartikel	Öko- und Humantoxizität
Staub	Öko- und Humantoxizität
Chlorwasserstoff	Öko- und Humantoxizität, Versauerung
Ammoniak	Öko- und Humantoxizität, Versauerung, Eutroph.
Formaldehyd	Öko- und Humantoxizität
Benzol	Öko- und Humantoxizität
Benzo(a)pyren	Öko- und Humantoxizität
Aggregierte Größen	
Summe aller Schwefelformen	Ressourcenknappheit
Summe aller Energieträger	Ressourcenknappheit
Summe erschöpflicher Energieträger	Ressourcenknappheit
Summe der CO_2-Äquivalente	Treibhauseffekt
Summe der SO_2-Äquivalente	Versauerungspotential
Summe der 2,3,7,8-TCDD-Tox.Äquivalente	Öko- und Humantoxizität

5 Datenbasis und Datenqualität

Die Umsetzung der Zieldefinition auf der Sachbilanz-Ebene, d. h. hier die Quantifizierung der Bilanzgrößen, ist in der Praxis mit erheblichen Problemen verbunden. Die Schwierigkeiten sind vor allem im Umfang und der Qualität der verfügbaren Basisdaten begründet.

In dieser Studie wird die Energie- und Stoffstrombilanz der Bereitstellung durchschnittlicher in der Bundesrepublik im Jahr 1993 eingesetzter Düngemittel erstellt. Tatsächlich ist diese Zuordnung der Bilanzergebnisse weitgehend formaler Art. Um diese Zuordnung streng einzuhalten, wären statistische Durchschnittswerte notwendig, die aufgrund der Datenlage für die meisten technischen Systeme nicht abgeleitet werden können. In die Bilanzierung gehen daher notwendigerweise eine Reihe von Zusatzannahmen und Abschätzungen ein. Zur Betonung des Abschätzungscharakters und damit zur Abgrenzung von statistischen Durchschnittswerten verwenden wir in vielen Fällen den Begriff des Rechenwertes für Eingangsdaten. Als Konsequenz ergibt sich daraus, daß die Bilanzergebnisse für Düngemittel bei der Verwendung in Energie- und Stoffstrombilanzen von landwirtschaftlichen Produkten ihrerseits Rechenwerte darstellen, die lediglich in guter Näherung die Realität im Bezugsraum und -jahr beschreiben.

Natürlich stellt sich das Problem der Datenqualität nicht für alle Bilanzgrößen in gleichem Maße. Der Einsatz stofflich genutzter Ressourcen läßt sich oft in sehr guter Näherung bereits aus der Produktzusammensetzung ableiten. Nicht berücksichtigt werden dabei allerdings nicht zurückgewinnbare Verluste bei der Materialbereitstellung. Der Einsatz stofflich genutzter Ressourcen über die Bereitstellung von Hilfs- und Betriebsstoffen erfordert nicht nur die Kenntnis von deren Zusammensetzung, sondern auch der benötigten Mengen. Gleichwohl ist die Bilanzierung des Verbrauchs stofflich genutzter Ressourcen besonders für Massenprodukte wie Düngemittel einfacher als der von Energieeinsatz und Emissionen. Wir beschränken uns daher im folgenden auf Energieeinsatz und Emissionen. Der Energieeinsatz als zweite Input-Größe neben den stofflich genutzten Ressourcen hängt stark von der Anlagentechnik und Effizienz ab; für die Emissionen spielen noch weitere Faktoren eine Rolle (siehe unten).

Zur Illustration der konkreten Bilanzierungsprobleme ist die Gegenüberstellung der „idealen" und der tatsächlichen Datenbasis hilfreich. Die „ideale" Datenbasis für Energieaufwand und Emissionen der Bereitstellung der mittleren, in der Bundesrepublik 1993 ausgebrachten Düngemittel mit einem bestimmten Nährstoff sollte folgende Informationen enthalten:

- die Anteile der einzelnen Düngemittelarten an der ausgebrachten Nährstoffmenge,

- spezifische Endenergieeinsätze und Emissionen zur bzw. bei der Produktion der einzelnen Düngemittel

    - bezogen auf den gesamten Produktionsprozeß bzw. für alle Produktionsschritte und

    - im Mittel aller Anlagen,

- spezifische Energieeinsätze und Emissionen zur bzw. bei der Bereitstellung der zur Produktion der einzelnen Düngemittel verwendeten Energieträger,

- Transportleistungsanteile, spezifische Energieeinsätze und Emissionen der eingesetzten Transportmittel

jeweils differenziert nach Herkunftsländern der Düngemittel selbst wie der eingesetzten Rohstoffe.

Die tatsächliche Datenlage stellt sich wie folgt dar:

- Die in der Bundesrepublik abgesetzten Mengen der einzelnen Nährstoffe können zum Teil nur näherungsweise bestimmten Düngemitteln zugewiesen werden.

- Die erheblichen Importanteile an den in der Bundesrepublik abgesetzten Nährstoffmengen können nicht eindeutig bestimmten Düngemitteln und Herkunftsländern zugeordnet werden.

- Energie- und Emissionsdaten mit direktem Bezug auf durchschnittliche Produktionsanlagen in der Bundesrepublik oder anderen relevanten Herkunftsländern liegen uns nicht vor.

- Daten zu durchschnittlichen spezifischen Energieeinsätzen und Emissionen der Bereitstellung der Energieträger liegen nur unvollständig und nur für Prozesse in der Bundesrepublik vor.

- Transportleistungs- sowie spezifische Energie- und Emissionsdaten von Transportmitteln liegen nur unvollständig und nur für die Bundesrepublik vor.

Die Länderdifferenzierung ist erforderlich zur Erfassung unterschiedlicher Produktionsstandards, die in erheblichem Maße durch die jeweiligen rechtlichen und politischen, wirtschaftlichen und sozialen Rahmenbedingungen bestimmt werden. Diese sind offensichtlich für einzelne Länder sehr verschieden, aber für alle Produktionsstätten eines Landes zumindest sehr ähnlich. Außer in den nordwesteuropäischen Kernländern der EU ist der einzelne Staat die dominierende politische Entscheidungsebene und wirtschaftliche Daten weisen vor allem auf dieser Ebene signifikante Unterschiede auf. Durch die Einbindung in Substitutionsprozesse gilt dies auch für den Bau und Betrieb von auf den Export ausgerichteten Neuanlagen, so daß länderspezifische Mittelwerte eine für diese Studie erforderliche Berechnungsgröße darstellen.

Zuordnungsprobleme ergeben sich daraus, daß die amtlichen Statistiken des Statistischen Bundesamtes kein vollständiges und konsistentes Bild ergeben. Dies ist zum großen Teil eine Folge der unterschiedlichen Differenzierungstiefe: /STBA 1994a/ (Produktion 1993) differenziert lediglich nach Nährstoffen, nicht aber nach Düngemitteln. /STBA 1994b/ (Absatz im Wirtschaftsjahr 1993/94) differenziert nach wichtigen Einnährstoffdüngern sowie NP-, PK- und (NK+NPK)-Düngern, nicht aber nach Herkunftsländern. /STBA 1994c/ (Im- und Export 1993) differenziert nach einer größeren Anzahl Einnährstoffdüngern und jeweils verschiedenen NP-, PK-, NK-, und NPK-Düngern und Herkunfts- bzw. Zielländern; die Angaben beziehen sich bei Mehrnährstoffdüngern auf die Düngemittelmenge und nicht auf den Nährstoffgehalt. Weder für einzelne Düngemittel, noch für die gesamte Menge eines Nährstoffs ergeben Produktion, Im- und Export ohne Zusatzannahmen im Saldo die abgesetzten Nährstoffmengen. Besonders für N- und P-Dünger spielen diese Defizite der Datenbasis wegen der sehr großen Importanteile eine Rolle. Wir gehen hier von einer Gleichverteilung der aus einem Land importierten Menge eines Nährstoffs auf alle hier diskutierten Düngemittel mit diesem Nährstoff aus.

Bei den vorhandenen Daten zum spezifischen Energieverbrauch handelt es sich entweder um ältere, meist primärenergiebezogene Ländermittelwerte mit unklaren Abgrenzungen und Datenbasen oder um – isoliert betrachtet – hochbelastbare Angaben zu Anlagen auf dem Stand der Technik, die nicht repräsentativ sind. Zur Berücksichtigung verschiedener Länder schätzen wir Rechenwerte mit Bezug auf die Produktionsstandards der Bundesrepublik und EU ab und passen diese durch notwendigerweise subjektive Faktoren an die Standards anderer Länder an. Die Datenlage zum Energieeinsatz ist damit allerdings noch deutlich besser als im Falle der Emissionen, die unten diskutiert werden; im folgenden beziehen wir uns im wesentlichen auf den Energieeinsatz.

Die diskutierten Nährstoffe werden sowohl in Form von Ein- wie von Mehrnährstoffdünger ausgebracht. Für die einzelnen Nährstoffe sind die Anteile der Mehrnährstoffdünger sehr verschieden; lediglich etwa 15 % des gesamten Dünge-N, aber fast 90 % des Dünge-P_2O_5 werden als Mehrnährstoffdünger ausgebracht. Produktbezogene Basisdaten werden zur Abschätzung der spezifischen Energieaufwendungen zur „Herstellung einzelner Nährstoffe" massenbezogen zugeordnet.

Es ist offensichtlich, daß zahlreiche Näherungen und Vereinfachungen notwendig sind. Umgekehrt ergibt sich aus den Unsicherheiten bei absehbar relevanten Prozessen die Zulässigkeit der Vernachlässigung weniger wichtiger Prozesse. Die energetischen Relationen der einzelnen Schritte der Produktion von Düngemitteln bestimmen somit die Bearbeitungstiefe.

Zu den Prozessen, die im folgenden nicht *explizit* betrachtet werden, gehört das Granulieren und – hinsichtlich des Energieeinsatzes – die Konditionierung sowie eventuelle Mahl- und Trocknungsprozesse von Düngemitteln. In der Regel wird der Energieaufwand als klein bezeichnet; Daten dazu streuen allerdings stark. Nach /ULLMANN 1987/, der nur einen Zahlwert zum Energieverbrauch angibt, ist häufig die Abgrenzung des Granulierens unklar und es werden vorausgehende Mahl- und folgende Trockenprozesse miterfaßt; ähnliches gilt für die Konditonierung. Die wichtigsten Basisdaten zur N- und P-Düngerproduktion beziehen sich jedoch auf den fertigen, konditionierten Dünger. Ein leichter Informationsverlust ergibt sich also nur insofern, als nur eine sehr begrenzte Auswahl von Realisierungsmöglichkeiten des Granulierens und der Konditionierung berücksichtigt wird. Der Fehler ist mit Sicherheit klein im Vergleich zu anderen Unsicherheiten. Der Einsatz von Konditionierungsreagenzien, die Düngemitteln in Anteilen von etwa 1 Massen% zugesetzt werden, wird erfaßt.

Nicht berücksichtigt wird abweichend von anderen neueren Arbeiten das Verpacken von Düngemitteln, da heute die Vermarktung weit überwiegend offen erfolgt. Schließlich wird der Prozeßschritt Lagerung, der überwiegend unklar abgegrenzt ist, insbesondere gegen den Transport, nicht behandelt; die Basisdaten dazu sind meist unplausibel.

Für die Bereitstellung der Endenergieträger stellt sich die Datenlage etwas weniger problematisch dar. Ursache dafür ist die aus wirtschaftspolitischen Gründen umfassende Statistikführung auf diesem Gebiet. Der internationale Handel wird detailliert erfaßt. Für wichtige Bereiche wie die Rohölverarbeitung oder die Stromerzeugung in der Bundesrepublik lassen sich aus der Energiebilanz /AGE 1996/ und weiteren Quellen mit relativ wenigen Zusatzannahmen hier benötigte Daten ableiten. Problematisch sind auch hier Prozesse im – insbesondere nicht-westlichen – Ausland.

Für den Transport bestehen zwischen den einzelnen Transportmitteln deutliche Unterschiede hinsichtlich der Datenbasen. Differenzierungstiefe und Belastbarkeit der Rechenwerte sind damit sehr verschieden; sie nehmen vom LKW über Bahn und Binnenschiff zu Seeschiff und Pipeline ab. Auch für den Transport bestehen dabei Unterschiede zwischen In- und Ausland.

Bei der Bilanzierung der Bereitstellung von Düngemitteln bildet der Energieaufwand den Schwerpunkt. Damit sind zwar als Schutzgut zunächst nur natürliche Ressourcen erfaßt; diese Schwerpunktsetzung spiegelt jedoch die Datenlage wider, die tendenziell für praktisch alle technischen Prozesse gleich ist.

- Es liegen deutlich mehr Daten zum Energieeinsatz als zu den Emissionen vor. Dies ergibt sich aus der unmittelbaren ökonomischen und technischen Bedeutung von Informationen zum Energieeinsatz einerseits und einer meist unzureichenden Veröffentlichungspflicht für Emissionsdaten andererseits.

- Einzeldaten zum Energieaufwand sind in der Regel mit kleineren Unsicherheiten behaftet als Emissionsdaten. Eine auf technischer Ebene anschauliche Erklärung besteht darin, daß große Emissionsbandbreiten mit relativ kleinen energetischen Änderungen verbunden sein können, sei es als Folge von Schwankungen im normalen Betrieb oder vom (Nicht)Vorhandensein von z. B. Filteranlagen.

- Schließlich werden Emissionen häufig energiemengenbezogen angegeben.

Zu den Ausnahmen gehören Kraftwerksemissionen und – seit kurzem verstärkt – die Emissionen des LKW-Transports. Dies gilt jedoch nicht für alle hier betrachteten Schadstoffe und lediglich für die Bundesrepublik. Eine generelle Ausnahme bildet CO_2, dessen Emissionen aus Energieumwandlungen unmittelbar an das Kohlenstoffinventar der eingesetzten fossilen Brennstoffe geknüpft sind.

Zur Abschätzung der Emissionsfaktoren der Düngemittelproduktion orientieren wir uns im wesentlichen an den in /GEMIS 1995/ angegeben Daten für Kesselfeuerungen, die wir, wo uns dies notwendig erscheint, durch plausible Schätzungen modifizieren. Für praktisch alle Emissionsfaktoren gilt, daß sie mit Sicherheit stärkeren Näherungscharakter haben als die Rechenwerte zum Energieaufwand.

Die Abschätzung von Rechenwerten für Endenergieeinsatz und Emissionen eines bestimmten Prozesses aus mehreren unterschiedlichen Basisdaten erfordert Bewertungskriterien, die sich, wie folgt, beschreiben lassen:

- Qualität der Dokumentation,

- Bevorzugung von Mittelwerten vor Daten einer einzelnen Anlage,

- Bevorzugung neuerer Daten,

- Vergleichbarkeit des Bezugsraums mit den in dieser Studie relevanten,

- Bevorzugung von Endenergie- vor Primärenergiedaten (letztere erfordern die Rückrechnung anhand geschätzter Wirkungsgrade).

Diese Kriterien unterliegen keiner Rangfolge; die zahlreichen Zweifelsfälle werden durch eine notwendigerweise subjektive erfahrungsgestützte Einschätzung entschieden.

Trotz der dargestellten Mängel der Datenbasis stellen die Ergebnisse brauchbare Daten zur Bilanzierung der Lebenswege von landwirtschaftlichen Produkten dar. Diese Einschätzung ergibt sich für uns unter anderem daraus, daß zumindest die energetischen Basisdaten für die tatsächlich relevanten Prozesse akzeptable Übereinstimmungen zeigen.

6 Bilanzierung: Düngemittelproduktion

In der folgenden Darstellung der Energie- und Stoffstrombilanzierung der Produktion von Stickstoff-, Phosphat- und Kaliumdünger und Düngekalk liegt der *formale* Schwerpunkt auf der Energiebilanzierung. Damit ist keine Wertung der ökologischen Bedeutung des Energieeinsatzes gegenüber der des Verbrauchs an Ressourcen und der Freisetzung von Emissionen verbunden. Es handelt sich – wie in Kapitel 5 dargestellt – um eine Folge der Qualität und Struktur der Basisdaten: Die Stoffbilanz ist vergleichsweise einfach zu erstellen und die Emissionen sind relativ eng an den Energieeinsatz gebunden.

Die Bilanzierung des Lebenswegabschnitts Produktion wird im folgenden für die mengenmäßig wichtigsten Düngemittel der einzelnen Nährstoffe durchgeführt. Die Endenergie- und Stoffbilanzierung werden dabei gemeinsam und im Zusammenhang mit der Prozeßbeschreibung durchgeführt. Anschließend werden die Emissionen abgeleitet. Die Verknüpfung mit den entsprechenden Daten des Transports und der Energiebereitstellung zu den Energie- und Stoffstrombilanzen der gesamten Bereitstellung von Düngemitteln erfolgt in Kapitel 9.

Hinweis: Die für alle Nährstoffe relevanten Aspekte werden im Zusammenhang mit der Bilanzierung von Stickstoffdünger diskutiert; für die anderen Nährstoffe verweisen wir jeweils auf die entsprechenden Erläuterungen für N-Dünger.

6.1 Stickstoffdünger

Nach /ULLMANN 1987/ werden weltweit vor allem zwölf Einfachstickstoffdünger sowie eine Reihe N-haltiger Mehrnährstoffdünger angewendet. Die Zahl der nährstoffhaltigen Verbindungen in synthetischen Düngemitteln, auf die in der Bundesrepublik etwa 98 % des Absatzes entfallen, ist jedoch im wesentlichen auf drei, Ammonium, Nitrat und Harnstoff, beschränkt.

Der spezifische Energieaufwand zur Darstellung technischer N-Dünger ist sehr viel höher als der für Kali- und Phosphatdüngemittel; während letztere im wesentlichen durch die Aufarbeitung von Erzen hergestellt werden, erfordert die N-Düngersynthese die chemische Umsetzung (Fixierung) des thermodynamisch extrem stabilen elementaren Stickstoffs (N_2). Die N_2-Fixierung erfolgt – außer im Falle des mengenmäßig unbedeutenden Kalkstickstoffs – über die Synthese von Ammoniak (NH_3) aus Wasserstoff (H_2) und Luftstickstoff nach dem Haber-Bosch-Verfahren. Weltweit werden etwa 80 % der NH_3-Produktion zu Düngemitteln weiterverarbeitet.

6.1.1 Marktanteile und Herkunftsländer

Zur Ermittlung des Energie- und Stoffeinsatzes für die Produktion einer Tonne durchschnittlichen N-Düngers sind Informationen über die Anteile verschiedener Düngemittel an der insgesamt eingesetzten Menge sowie über die Herkunftsländer notwendig. Angaben zu den Anteilen einzelner Düngemittel(gruppen) am N-Düngerabsatz nach /STBA 1994b/ finden sich in Tabelle 6-1.

Tabelle 6-1 N-Düngemittelabsatz nach Düngemittelarten im Wirtschaftsjahr 1993/94 bezogen auf den N-Gehalt: Basisdaten nach /STBA 1994b/ und Rechenwerte (RW)

Düngemittel	Absatz in t N	Anteile	RW
Calciumammoniumnitrat	992.752	61,6 %	62,8 %
Harnstoff	162.809	10,1 %	10,3 %
UAN-Lösung	205.690	12,8 %	13,0 %
Ammoniumphosphate (MAP, DAP)	k. A.	k. A.	3,3 %
Ammoniumnitratphosphat	k. A.	k. A.	10,6 %
NP-Dünger	54.404	3,4 %	
NK- und NPK-Dünger	164.626	10,2 %	
Andere Einnährstoffdünger	31.934	2,0 %	
Alle N-Düngemittel	**1.612.215**	**100,0 %**	**100,0 %**

UAN-Lösung: Harnstoff/Ammoniumnitrat-Lösung
MAP, DAP: Mono- bzw. Diammoniumphosphat

Offensichtlich ist die überragende Bedeutung von Calciumammoniumnitrat (Kalkammoniumnitrat, CAN); alle anderen Düngemittel(gruppen) werden in deutlich geringerem Maße eingesetzt. Lediglich Harnstoff besitzt als Reinstoff und als Harnstoff-Ammoniumnitrat-Lösung neben CAN größere Bedeutung. In den übrigen Düngemittelgruppen werden im wesentlichen Düngemittel erfaßt, die auch entweder Ammonium oder Nitrat oder beides und zusätzliche weitere Nährstoffe oder N-Verbindungen enthalten. Die Zuordnung der in /STBA 1994b/ ausgewiesenen Düngemittelsorten zu hinsichtlich ihrer Produktionsverfahren deutlich unterschiedlichen Düngemittel erfordert einige Zusatzannahmen; dabei handelt es sich um Vereinfachungen und Differenzierungen. Die sich damit ergebenden Anteile der einzelnen Düngemittel finden sich ebenfalls in Tabelle 6-1:

- Die in der Gruppe „Andere Einnährstoffdünger" ausgewiesene N-Menge wird vernachlässigt. Diese Gruppe enthält – in nicht bekannten Anteilen – sowohl natürlich vorkommende Salpetersorten, deren Produktion mit vergleichsweise geringem Aufwand verbunden ist, als auch den energetisch extrem aufwendigen Kalkstickstoff. Unabhängig von ihrer tatsächlichen Zusammensetzung dürfte der Einfluß dieser Gruppe auf die Bilanzierung des mittleren Stickstoffdüngers aufgrund ihrer geringen Größe relativ klein sein.

- Die Gruppe der NP-Dünger umfaßt Düngemittel, die aus N- und P-Verbindungen entweder durch chemische Umsetzungen (Ammonium- und Ammoniumnitratphosphate) oder durch gemeinsames Granulieren (z. B. Ammoniumnitrat + Superphosphat) hergestellt werden. Wir betrachten nur die chemische Umsetzung. Zum gemeinsamen Granulieren verschiedener Düngemittel und zu den Anteilen von Ammonium- und Ammoniumnitratphosphat am abgesetzten NP-Dünger siehe den nächsten Punkt.

- NPK- und NK-Dünger werden in /STBA 1994b/ nicht differenziert ausgewiesen; nach Auskunft des STBA wird NK-Dünger – Mischungen aus N- und K-Dünger oder Kaliumnitrat – jedoch praktisch nicht eingesetzt und hier daher nicht weiter betrachtet. NPK-Dünger wird durch gemeinsames Granulieren von NP- (siehe oben) und K- oder von N-,

P- und K-Dünger hergestellt. Der Aufwand zum getrennten und der zum gemeinsamen Granulieren sind jedoch nicht signifikant verschieden /MUDAHAR 1987/. Bezüglich ihres N-Gehaltes werden daher alle Mehrnährstoffdünger wie NP-Dünger behandelt.

- Die Anteile von Ammonium- und Ammoniumnitratphosphat (AP, ANP) am gesamten NP(K)-Düngerabsatz werden im Abgleich mit den entsprechenden Angaben für P-Dünger festgelegt. Dazu werden für die gesamte abgesetzte NP(K)-Düngermenge die normierten N- und P-Anteile bestimmt. Daraus und aus den hier angesetzten Nährstoffgehalten von AP und ANP werden die Anteile dieser Düngemittelsorten am Absatz berechnet.

Die Zuordnung des abgesetzten Dünge-N zu Produktionsländern, die notwendig ist, um unterschiedliche technische Verfahren und Standards berücksichtigen zu können, ist auf der Basis der amtlichen Statistiken nicht ohne weiteres möglich; die Mängel der Datenbasis hinsichtlich Differenzierungstiefe und numerischer Konsistenz wurden bereits diskutiert (siehe Kapitel 5). Die konkrete Folge dieser Defizite besteht darin, daß sich die gesamte abgesetzte N-Menge nicht als Saldo von Produktion, Im- und Export ergibt /STBA 1994a, b, c/. Dies gilt nicht nur für einzelne N-Düngersorten, sondern auch für die Summe über alle Sorten. Aus Produktion (etwa 1,3 Mio. t N), Import (etwa 1,5 Mio. t N) und Export (etwa 0,7 Mio. t N) ergibt sich formal ein Saldo von 2,1 Mio. t N. Die tatsächlich abgesetzte Menge lag jedoch bei etwa 1,6 Mio. t N (siehe oben). Dazu ist anzumerken, daß diese Daten bereits Zusatzannahmen zum Nährstoffgehalt der im- und exportierten Düngemittel enthalten. Ferner werden das Wirtschaftsjahr 1993/94 (Absatz) und das Kalenderjahr 1993 (Produktion, Außenhandel) gleichgesetzt.

Die Zuordnung der gesamten abgesetzten Dünge-N-Menge zu Herkunftsländern bzw. -ländergruppen nehmen wir hier anhand der Marktanalyse in /IVA 1994a/ und /KUMMER 1995/ vor. Trotz der erheblichen quantitativen Abweichungen bestätigen die amtlichen Statistiken zumindest in der Tendenz diese Zuordnung:

- Die Inlandsproduktion von Dünge-N 1993 lag bei etwa zwei Drittel der im Wirtschaftsjahr 1993/94 abgesetzten Menge (der Unterschied zwischen Kalender- und Wirtschaftsjahr wird vernachlässigt). Die produzierte Menge wurde jedoch etwa zur Hälfte exportiert, so daß der abgesetzte N-Dünger nur zu etwa einem Drittel aus bundesdeutscher Produktion stammte. Je etwa ein Drittel stammte aus Ländern der EU bzw. westlichen Ländern (vor allem den Niederlanden und Österreich) und aus Osteuropa. Wir gehen im folgenden von drei Herkunftsländern bzw. -ländergruppen aus: der Bundesrepublik, Westeuropa bzw. der EU ohne Bundesrepublik und Osteuropa. Als Rechenwerte der Anteile legen wir jeweils ein Drittel vom gesamten Absatz in der Bundesrepublik fest. Basisdaten und Rechenwerte sind in Tabelle 6-2 zusammengefaßt.

Eine Differenzierung nach Düngemittel *und* Herkunftsland ist *näherungsweise* möglich, unterbleibt hier aber aus mehreren Gründen: Basis wären die amtlichen Statistiken, die – siehe oben – Inkonsistenzen aufweisen. Die sehr unterschiedlich tiefe Differenzierung erfordert weitere Zusatzannahmen. Dem damit erhältlichen Differenzierungsschema können jedoch nur analog durch Schätzung differenzierte technische Daten gegenübergestellt werden. Angesichts der mit diesem Verfahren bereits auf der technischen Ebene verbundenen Unsicherheiten halten wir den Informationsgewinn einer kombinierten Differenzierung nach Düngemittel und Herkunft für klein. Qualitativ gleichwertige Abschätzungen lassen sich unseres Erachtens auch mit einer gröberen Aggregation erreichen. Dies gilt vor allem deshalb, weil energetisch *ein* Prozeß, die NH_3-Synthese, die gesamte N-Düngerproduktion dominiert. Wir gehen hier daher davon aus, daß die Anteile der einzelnen Düngemittel für alle Lieferregionen denen am gesamten Absatz in der Bundesrepublik entsprechen.

Eine gewisse Bedeutung – auch bei Berücksichtigung anderer Unsicherheiten – könnte diese Näherung lediglich im Zusammenhang mit Mono- und Diammoniumphosphat (MAP, DAP) haben. Gemäß der amtlichen Statistiken wird MAP im wesentlichen aus den USA und DAP aus Rußland importiert. Konkret für diese Düngemittel rechtfertigen jedoch die geringen Anteile am gesamten N-Absatz den Verzicht auf eine tiefere Differenzierung. Auch angesichts der größeren Anteile von MAP/DAP am P-Absatz ist diese Argumentation zulässig, zumal für P-Dünger die Datenlage zu Herkunft und Düngemittel weniger belastbar ist als für N-Dünger (siehe dazu Kapitel 6.2.1). Ausdrücklich hinzuweisen ist darauf, daß die Datendokumentation in dieser Studie so angelegt ist, daß im Bedarfsfalle mittlere Düngemittel auf der Basis anderer Herkunftsstrukturen bilanziert werden können.

Tabelle 6-2 Herkunftsländer des 1993 in der Bundesrepublik abgesetzten N-Düngers bezogen auf den N-Gehalt: Basisdaten nach /KUMMER 1995/ und Rechenwerte (RW)

Produktionsland	Absatz in t N	Anteil	RW
Bundesrepublik	542.000	33,6 %	33,3 %
EU ohne Bundesrepublik			
Niederlande	298.000	18,5 %	
Belgien/Luxemburg	58.000	3,6 %	
Österreich	83.000	5,1 %	
Sonstige	104.000	6,5 %	
Summe EU	*543.000*	*33,7 %*	*33,3 %*
Andere westliche Länder	17.000	1,1 %	
Osteuropa			
Polen	104.000	6,5 %	
Tschechien	114.000	7,1 %	
Slowakei	75.000	4,7 %	
Rußland	77.000	4,8 %	
Weißrußland	71.000	4,4 %	
Sonstige	69.000	4,3 %	
Summe Osteuropa	*510.000*	*31,6 %*	*33,3 %*
Summe	**1.612.000**	**100 %**	**100 %**

6.1.2 Energie- und Stoffeinsatz

Im folgenden wird zunächst die Ammoniaksynthese und anschließend die Umsetzung zu den hier bilanzierten Düngemitteln Calciumammoniumnitrat, Harnstoff, Ammoniumnitrat/Harnstoff-Lösung, Ammonium- und Ammoniumnitratphosphat sowie dem wichtigsten Zwischenprodukt, der Salpetersäure, diskutiert. Ferner wird die Darstellung des Konditionierungsmittels Polyethylenwachs beschrieben. Abschließend werden die Daten zum Energieeinsatz der gesamten Produktion für die einzelnen Düngemittel zusammengeführt.

Ammoniak

Ausgangsmaterial der Ammoniaksynthese nach Haber und Bosch ist das sogenannte Synthesegas, das aus H_2 und N_2 im stöchiometrichen Verhältnis besteht. Synthesegas kann aus allen fossilen Energieträgern durch Umsetzung mit Wasserdampf und/oder Luft erzeugt werden. Dabei werden zwei Verfahren unterschieden: *Steam Reforming* ist als katalytisches Verfahren nur für gasförmige bzw. leichtflüchtige Ausgangsstoffe – in der Praxis Erdgas und Rohbenzin (Naphtha) – geeignet. Die *Partielle Oxidation* wird praktisch nur mit schwerflüchtigen bzw. festen Brennstoffen durchgeführt (Schweröl und Kohle); der Einsatz von Erdgas oder Naphta ist möglich, aber unrentabel. Die Wahl des Verfahrens richtet sich nach der Verfügbarkeit der Energieträger. Investitionskosten wie spezifischer Energieaufwand steigen vom Erdgas- über den Naphtha- und Schweröl- zum Kohleeinsatz hin an. Daten dazu und zu den Anteilen der Energieträger sind in Tabelle 6-3 zusammengefaßt (zur Ableitung der Rechenwerte siehe unten).

Tabelle 6-3 Relative Investitionskosten und relativer spezifischer Energieaufwand der Ammoniakproduktion in Abhängigkeit vom eingesetzten Ausgangsmaterial, Energieträgeranteile an der Ammoniakproduktion: Literaturdaten und Rechenwerte

	Erdgas	**Naphtha**	**Schweröl**	**Kohle**
Relative Investitionskosten				
/ULLMANN 1985/	1	1,18	1,5	2,0
/EFMA 1995/	1		1,4	2,4
Relativer spezifischer Energieeinsatz				
/ULLMANN 1985/	1	1,05	1,11	1,45
/EFMA 1995/	1		1,3	1,7
Rechenwerte				
Westeuropa	1		1,1	1,4
Osteuropa	1,15		1,27	1,61
Energieträgeranteile				
/ULLMANN 1985/ Welt 1982	74 %			
/WORREL 1994/				
Westeuropa 1989	90 %	x von 8 %	y von 8 %	2 %
Welt 1989	80 %	x von 14 %	y von 14 %	5 %
Rechenwerte				
Bundesrepublik	80 %		20 %	
EU ohne Bundesrepublik	90 %		10 %	
Osteuropa	80 %		10 %	10 %
Gewichtetes Mittel	**83,3 %**		**13,3 %**	**3,3 %**

Summe Naphtha + Schweröl nach /WORREL 1994/: Welt 14 %, Westeuropa 8 %;
die Anteile von Naphtha bzw. Schweröl daran werden nicht angegeben
Rechenwerte nach Expertenbefragungen und eigenen Abschätzungen

Mit dem wichtigsten Verfahren und Energieträger – Steam Reforming und Erdgas – umfaßt die Darstellung von Ammoniak aus Erdgas vier Schritte, von denen die ersten drei der Synthesegaserzeugung dienen:

- Im Primärreformer entstehen bei Temperaturen bis etwa 950 °C und Drücken bis 40 bar über Nickelkatalysatoren aus Methan und Wasserdampf CO und H_2 (Steam Reforming); die Reaktion ist endotherm und erfordert Energiezufuhr durch Gas- oder Ölbrenner:

$$CH_4 + H_2O \longrightarrow CO + 3\,H_2 \qquad \Delta H = +206 \text{ kJ/mol}$$

- Im Sekundärreformer entstehen bei etwa 1 000 bis 1 200 °C über Nickelkatalysatoren aus dem übrigen Methan (etwa 7,5 %) und Luft (etwa 80 % N_2 und 20 % O_2) CO, H_2 und Wasser:

$$CH_4 + O_2 \longrightarrow CO + H_2O + H_2 \qquad \Delta H = -278 \text{ kJ/mol}$$

- In einem Konvertierungsprozeß wird bei 200 bis 360 °C über Eisen-Chrom- und Kupfer-Zink-Katalysatoren das gesamte CO (10 bis 50 Vol%) mit Wasserdampf zu CO_2, das durch Gaswäsche entfernt wird, und H_2 umgesetzt:

$$CO + H_2O \longrightarrow CO_2 + H_2 \qquad \Delta H = -41 \text{ kJ/mol}$$

- Das Synthesegas wird in einer exothermen Reaktion bei 400 bis 500 °C und üblicherweise 150 bis 250 bar über Eisenkatalysatoren zu NH_3 umgesetzt /ULLMANN 1985/:

$$N_2 + 3\,H_2 \longrightarrow 2\,NH_3 \qquad \Delta H = -91,4 \text{ kJ/mol}$$

Die gesamte Reaktionsfolge ist – dominiert durch den ersten Schritt – endotherm. Erdgas wird daher nicht nur als Rohstoff (Prozeßgas), sondern auch als Heizgas eingesetzt. Die exotherme Partielle Oxidation entspricht formal der im Sekundärreformer nur mit dem im Primärreformer nicht umgesetzten Rest des eingesetzten Methans durchgeführten Reaktion (siehe oben), erfordert jedoch keinen Katalysator und findet bei deutlich höheren Drücken (bis 90 bar) statt.

Tabelle 6-4 faßt uns vorliegende neuere Angaben zum Energiebedarf der NH_3-Synthese und die von uns daraus abgeschätzten Rechenwerte zusammen. Der Bezug der Basisdaten – End- oder Primärenergie – ist nicht immer eindeutig, insbesondere der Begriff der Primärenergie scheint unterschiedlich verwendet zu werden. Der Stromeinsatz wird meist nicht oder – entsprechend umgerechnet – als Summe mit dem fossilen Energieträger ausgewiesen. /ULLMANN 1985/ ist insofern nicht völlig konsistent, als sich in Energieflußdiagrammen Steam Reforming- und Oxidationsanlagen deutlich weniger unterscheiden als gemäß Tabelle 6-3. Die Angaben nach /EFMA 1995/ in Tabelle 6-3 ergeben sich näherungsweise aus den günstigsten Werten für Steam Reforming und den höchsten für Oxidationsanlagen in dieser Quelle. /INDUSTRIE 1995/ bestätigt die geringeren Unterschiede zwischen beiden Verfahren.

Bei der Ableitung unterscheiden wir zwischen den in der Bundesrepublik bzw. westlichen Ländern produzierten Anteilen und dem in Osteuropa produzierten Anteil von je einem Drittel. Den Einsatz von Strom bilanzieren wir nicht gesondert (siehe oben).

- Als Rechenwert für die NH_3-Produktion aus Erdgas in der Bundesrepublik und Westeuropa setzen wir 33 GJ/t an. Wir orientieren uns dabei am Häufungsbereich der Basisdaten zwischen 28 und 37 GJ/t NH_3. Für die auf Schweröl basierende Synthese nehmen wir einen um 10 % höheren Energieaufwand an.

- Die Rechenwerte für die NH_3-Produktion aus Erdgas und Schweröl in Osteuropa leiten wir aus den Rechenwerten der NH_3-Synthese in Westeuropa ab, indem wir einen um

15 % höheren Energieaufwand ansetzen. Für die auf Kohle basierende Synthese nehmen wir einen gegenüber Erdgas um weitere 40 % erhöhten Energieaufwand an.

Tabelle 6-4 Spezifischer Energieeinsatz der Ammoniakproduktion: Literaturdaten und Rechenwerte

Quelle, Prozeß/Produkt, Anmerkungen	Input/t NH$_3$	Einheit	Stoff/Endenergieträger
/ULLMANN 1985/			
Stöchiometrisch (LHV)	20,9	GJ	Methan
Steam Reforming, State of Art 1985	24-26	GJ	Erdgas
Steam Reforming, Low Energy 1975-84	27-33	GJ	Erdgas
Partielle Oxidation, 1985	31	GJ	Schweröl
/ECOINVENT 1994/ Westeuropa 1979	28,9	GJ	Erdgas
	0,5	GJ	Heizöl
	186	kWh	Strom
/UHDE 1991a, 1994a/ Steam Reform., 1991-94	28-30	GJ	Erdgas
/INDUSTRIE 1995/			
Steam Reforming, 1995	36	GJ	Erdgas
Partielle Oxidation, 1995	37	GJ	Schweröl
/WORREL 1994/ Steam Reform., NL 1988	33,5	GJ	Erdgas
/EFMA 1995/ Westeuropa 1995			
Steam Reforming (HHV)	32-35,5	GJ	Erdgas
Partielle Oxidation (HHV)	38-42	GJ	Schweröl
/IFDC 1995/ Mittelwert USA 1993	39,6	GJ	Erdgas
Rechenwerte			
Westeuropa/Erdgas	33,0	GJ	Erdgas
Westeuropa/Schweröl	36,3	GJ	Schweröl
Osteuropa/Erdgas	38,0	GJ	Erdgas
Osteuropa/Schweröl	41,7	GJ	Schweröl
Osteuropa/Steinkohle	53,1	GJ	Steinkohle
Gewichtetes Mittel			
NH$_3$ für in der BRD abgesetzten Dünger	28,8	GJ	Erdgas
Energieträger-Split unter Berücksichtigung	5,0	GJ	Schweröl
von Produktionsländern und -verfahren	1,8	GJ	Kohle
	35,6	**GJ**	**Summe**

Insbesondere im Hinblick auf den durchschnittlichen Energieeinsatz in den USA 1993 nach /IFDC 1995/ und die Angaben nach /INDUSTRIE 1995/ liegt unsere Gesamtschätzung im unteren Teil des wahrscheinlichen Bereichs. Der mittlere Energieeinsatz für Ammoniak, das zur Produktion des in der Bundesrepublik 1993 eingesetzten N-Düngers verwendet wurde, ergibt sich durch Verknüpfung der spezifischen Energieeinsätze mit den Anteilen der Energieträger und den Anteilen der Herkunftsregionen.

Der Stoffeinsatz der Ammoniaksynthese umfaßt Stickstoff aus der Luft und Wasser bzw. Methan als wasserstoffliefernde Verbindungen. Methan wird als Energieträger bilanziert. Stickstoff und Wasser werden nicht berücksichtigt.

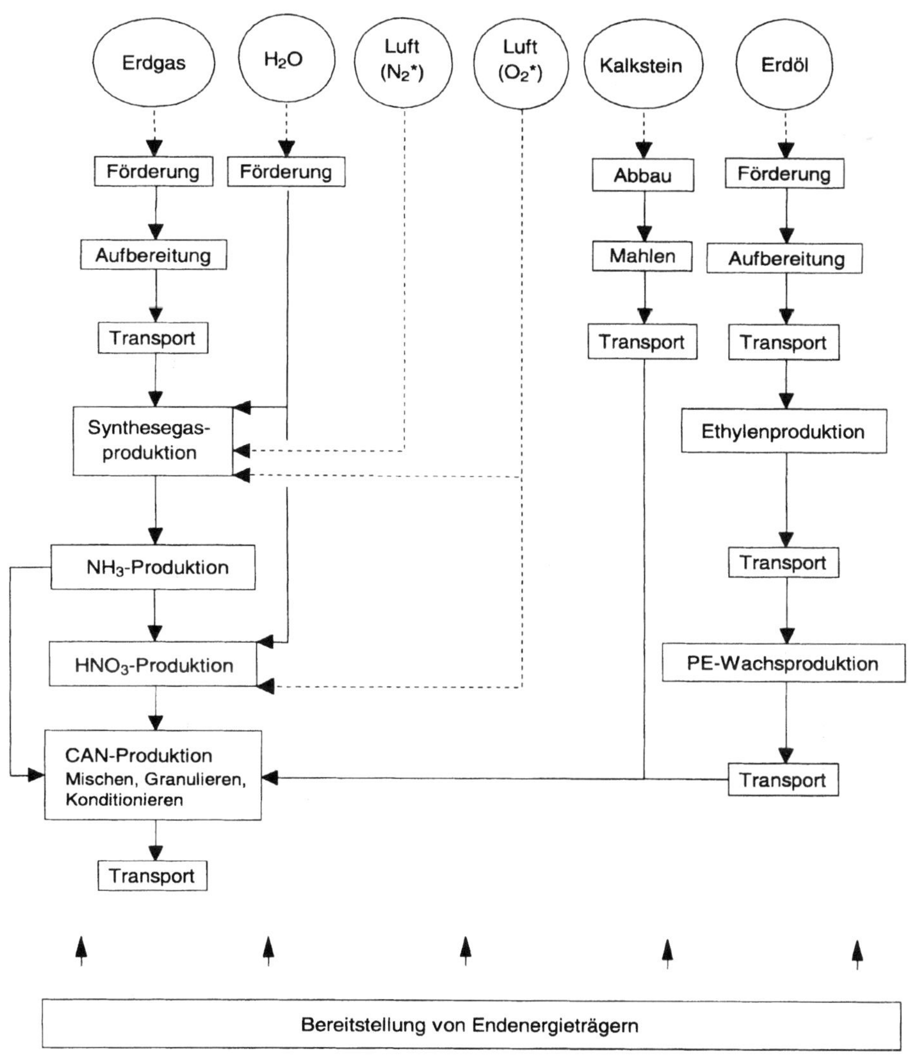

Abb. 6-1 Fließschema der Bereitstellung von Calciumammoniumnitrat (CAN)

Calciumammoniumnitrat

Zur Darstellung des wichtigsten N-Düngers, des Calciumammoniumnitrats (CAN), wird Ammoniak in Salpetersäure eingeblasen und die dabei entstandene wasserhaltige Ammoniumnitratschmelze mit Kalk versetzt. Abb. 6-1 zeigt das Fließschema der gesamten Bereitstellung von CAN. Die Produktionsprozesse beginnend mit der Darstellung von Salpetersäure aus Ammoniak werden im folgenden detailliert beschrieben.

Salpetersäure: Die Darstellung erfolgt durch Ammoniakoxidation nach dem Ostwald-Verfahren über Platinkatalysatoren mit Luft bei 850 bis 950 °C. Dabei entsteht zunächst Stickstoffmonoxid; die Reaktion ist mit -906 kJ/mol stark exotherm. Beim Abkühlen reagiert ein Teil des NO mit überschüssigem Luftsauerstoff zu NO_2, das unter Bildung von Salpeter- (HNO_3) und salpetriger Säure (HNO_2) in Wasser gelöst wird. Die salpetrige Säure und NO in der Gasphase werden durch zusätzlich eingeblasene Luft vollständig zu Salpetersäure oxidiert.

$$4\,NH_3 + 5\,O_2 \longrightarrow 4\,NO + 6\,H_2O \qquad \Delta H = -904 \text{ kJ/mol}$$

$$2\,NO + O_2 \longrightarrow 2\,NO_2 \qquad \Delta H = -1.127 \text{ kJ/mol}$$

$$2\,NO_2 + H_2O \longrightarrow HNO_3 + HNO_2 \qquad \Delta H = -87 \text{ kJ/mol}$$

$$3\,HNO_2 \longrightarrow HNO_3 + H_2O + 2\,NO \qquad \Delta H = -15,3 \text{ kJ/mol}$$

Für die Ammoniakverbrennung sind geringere Drücke als für die Absorption zweckmäßig. Neuere bzw. größere Anlagen arbeiten deshalb bei zwei verschiedenen Drücken (4 bis 6 und 9 bis 14 bar) während in älteren bzw. kleineren Anlagen Verbrennung und Absorption bei jeweils dem gleichen Druck stattfinden (Mitteldruckprozeß: etwa 5 bis 6 bar; Hochdruckprozeß: etwa 10 bis 11 bar). Ein Teil der bei der Verbrennung freiwerdenden Wärme wird als Dampf zum Antrieb der Kompressoren genutzt; der Rest in anderen Prozessen, so daß eine Gutschrift für die Salpetersäuredarstellung resultiert (Tabelle 6-5). Die so gewonnene Salpetersäure enthält etwa 50 bis 70 M% HNO_3 und kann direkt zu Ammoniumnitrat weiterverarbeitet werden.

Tabelle 6-5 Salpetersäureproduktion: Literaturdaten und Rechenwerte des spezifischen Stoff- und Energieeinsatzes

Quelle, Prozeß/Produkt, Anmerkungen	Input/t Produkt	Einheit	Stoff/Endenergieträger
/ULLMANN 1991/, /UHDE 1993/	0,279	t	NH_3
Neuanlage 1991/93, Dual Pressure	-2,5	GJ	Dampf
Dampf: 0,81 t, 25 bar, 400 °C, 3,1 GJ/t	9	kWh	Strom
/ECOINVENT 1994/ Bezugsjahr 1979	0,28	t	NH_3
	1,6	GJ	Erdgas
	8,3	kWh	Strom
Rechenwerte			
Basierend auf /UHDE 1993/ (siehe Text)	0,28	t	NH_3
BRD, EU	-2,25	GJ	Dampf
Osteuropa	-1,88	GJ	Dampf
	9	kWh	Strom

Ammoniumnitrat (AN): Zur Darstellung von AN wird Salpetersäure mit Ammoniak neutralisiert.

$$NH_3 + HNO_3 \longrightarrow NH_4NO_3$$

Die Säure wird mit gasförmigem NH_3 in einer exothermen Reaktion bei je nach Verfahren leichtem Unterdruck, Normaldruck oder Überdruck bis etwa 6 bar umgesetzt. Die Temperatur des Reaktionsgemischs liegt relativ unabhängig vom Druck meist bei etwa 180 °C. Dadurch verdampft das Wasser bereits im Reaktor bzw. einem angeschlossenen Verdampfer weitgehend, ohne daß zusätzliche Energiezufuhr notwendig ist. Darüber hinaus kann Dampf zur Nutzung in anderen Prozessen erzeugt werden. Den Verdampfer verläßt das Produkt als Schmelze mit einem Wassergehalt von 1 bis 5 M% und einem N-Gehalt von 30 bis 34 M%.

CAN: Da in der Bundesrepublik das explosive Ammoniumnitrat in Form des Reinstoffes nicht als Düngemittel vertrieben werden darf, wird die Schmelze mit Kalkstein versetzt. Für das so erhaltene CAN werden N-Gehalte von etwa 27 M% angegeben; dies entspricht etwa 0,25 t Kalkstein/t AN.

Die CAN-Schmelze wird, um ein körniges Produkt zu erhalten, am oberen Ende sogenannter Prilltürme versprüht (beim Herabfallen erstarren die Tropfen glasartig) oder nach dem Abkühlen im Kontakt mit einer gesättigten CAN-Lösung granuliert (dabei vereinigen sich kleine Kristalle zu größeren Körnern). Das Prill-Produkt bzw. Granulat wird zum Schutz vor Zusammenbacken durch Feuchtigkeitseinfluß bzw. Zerfall in kleinere Teilchen mit Kieselgur, Kalk und heute vermehrt mit Tensiden wie Alkylarylsulfonaten, mit Mineralöl oder Polyethylenwachsen bzw. Kombinationen dieser Stoffe behandelt (Konditionierung).

Alternativ zum Mischen mit Kalk und der Granulation kann AN gemeinsam mit Harnstoff in Wasser gelöst werden (Molverhältnis Ammoniumnitrat/Harnstoff etwa 1:1).

Tabelle 6-6 faßt die uns vorliegenden Daten zum Energie- und Stoffeinsatz der CAN-Produktion aus Ammoniak und die von uns abgeschätzten Rechenwerte zusammen. Die Daten orientieren sich im wesentlichen an /UHDE 1991b/ und /UHDE 1993/. Für die Dampfgewinnung in Anlagen des Bestandes unterstellen wir allerdings eine in der EU um 10 % und in Osteuropa um 25 % geringere Dampferzeugung bzw. höheren Dampfbedarf als in /UHDE 1991b/ und /UHDE 1993/ für Neuanlagen angegeben wird. Für den gesamten in der Bundesrepublik abgesetzten CAN ergibt sich eine Korrektur von $\pm15\%$. Für die – geringen – Stromverbräuche nehmen wir keine Differenzierungen vor.

Für die Umrechnung von Dampf in Endenergieträger sind zwei Angaben erforderlich. Die erste betrifft die Wirkungsgrade, die zweite die Art der Endenergieträger. Wir nehmen hier an, daß die Wirkungsgrade in Westeuropa bei 88 % und in Osteuropa bei 80 % liegen. Für die eingesetzten bzw. substituierten Endenergieträger setzen wir die für die Ammoniaksynthese zugrunde gelegten Energieträger-Splits an (siehe dazu Tabelle 6-11 am Ende des Kapitels). Dies trifft zumindest dann zu, wenn die N-Dünger in integrierten Anlagen – von der Ammoniaksynthese bis zum fertigen Dünger – produziert werden. Das muß natürlich nicht notwendigerweise der Fall sein, jedoch werden große, wenngleich nicht quantifizierbare Teile des N-Düngers tatsächlich in Anlagen, die mehrere Prozeßschritte umfassen, produziert, so daß diese Zuordnung zumindest plausibel ist.

Tabelle 6-6　CAN-Produktion: Literaturdaten und Rechenwerte des spezifischen Stoff- und Energieeinsatzes

Quelle, Prozeß/Produkt, Anmerkungen	Input/t Produkt	Einheit	Stoff/Endenergieträger
/MUDAHAR 1987/, USA 1983			
$NH_3 + O_2 \rightarrow NH_4NO_3 + H_2O$	1,03	GJ	Primärenergie
Prillen	1,95	GJ	Primärenergie
/UHDE 1991b/	0,16-0,17	t	NH_3
Neuanlage 1991	0,59-0,63	t	HNO_3
Incl. Granulation und	0,207-0,260	t	$CaCO_3$
Konditionierung	4	kg	Anti-Caking- + Coating-Reagenz
25,5-26 % N	0,14	GJ	Dampf, ca. 0,053 t, 10 bar (Ann.:2,7 GJ/t)
	-0,42	GJ	Dampf, ca. 0,16 t, 4,5 bar (Ann.:2,6 GJ/t)
	23,4-25,5	kWh	Strom
Rechenwerte	0,165	t	NH_3
Basierend auf /UHDE 1991b/	0,610	t	HNO_3
(siehe Text)	0,234	t	$CaCO_3$
Granulat, 25,5-26 M% N	4	kg	Polyethylenwachs
BRD, EU	-0,248	GJ	Dampf
Osteuropa	-0,206	GJ	Dampf
	25	kWh	Strom

Eine Alternative zu der hier durchgeführten Zuordnung wäre die Aufteilung nach /GEMIS 1995/. Dort werden basierend auf einer Auswertung westdeutscher Verhältnisse im Jahr 1988 Anteile von 40 % Steinkohle, 50 % Erdgas und 10 % Schweröl an der Dampferzeugung in der Industrie angegeben. Die bislang aktuellste Energiebilanz (Bezugsjahr 1993) ergibt ähnliche Relationen. Zum einen halten wir jedoch die implizite Annahme integrierter Anlagen für durchaus plausibel. Zum anderen müßten für andere Herkunftsländer bzw. -regionen ohnehin Zusatzannahmen getroffen werden, sollte die gesamte Industriedampferzeugung zugrunde gelegt werden. Die Differenzierungstiefe internationaler Energiestatistiken wie etwa /UN 1995/ reicht hier nicht aus.

Der Energieaufwand zur Granulation und Konditionierung ist in den Daten, auf die wir uns bei der Bilanzierung im wesentlichen beziehen, enthalten. Wir gehen davon aus, daß als Konditionierungsreagenz ein Polyethylenwachs eingesetzt wird; die Mengenangabe übernehmen wir ebenfalls aus /UHDE 1991b/ (Summe der dort chemisch nicht spezifizierten Anti-Caking- und Konditionierungsreagenzien). Für die Produktion dieses Wachses setzen wir hilfsweise die Daten für die Produktion von Polyethylengranulat an (siehe unten).

Der Stoffeinsatz umfaßt Ammoniak, Salpetersäure, Kalk und das Konditionierungsreagenz. Die Produktion von Ammoniak und Nitrat ist nicht mit dem Verbrauch hier bilanzierter materieller Ressourcen verbunden (siehe oben). Das Konditionierungsmittel Polyethylenwachs ist ein Erdölprodukt, daß für die eigentliche CAN-Produktion nachrichtlich in Masseneinheiten angegeben wird, aber im Rahmen der Bilanzierung energetisch bewertet wird. Als Verbrauch materieller Ressourcen wird somit nur die eingesetzte Kalkmenge, die für alle Herkunftsregionen als gleich angesetzt wird, erfaßt.

Harnstoff

Zur Synthese von Harnstoff (NH_2CONH_2) werden NH_3 und CO_2 bei etwa 200 °C und 250 bar umgesetzt. Dabei entsteht zunächst Ammoniumcarbamat (NH_4OOCNH_2), das mit Harnstoff und Wasser im Gleichgewicht steht.

$$CO_2 + 2\,NH_3 \longrightarrow NH_4OOCNH_2 \qquad \Delta H = -117 \text{ kJ/mol}$$

$$NH_4OOCNH_2 \rightleftharpoons NH_2CONH_2 + H_2O \qquad \Delta H = +15,5 \text{ kJ/mol}$$

Während die erste Reaktion bei einem Überschuß von NH_3 quantitativ bezogen auf CO_2 verläuft, beträgt der Gleichgewichtsanteil von Harnstoff nur 70 mol% bezogen auf CO_2. Unter Entspannung der Reaktionsmischung wird Ammoniumcarbamat in seine Ausgangsstoffe zerlegt; diese werden von der Harnstoff/Wasser-Mischung abgetrennt und in den Reaktor zurückgeführt. Die so erhaltene Harnstofflösung wird durch Vakuumdestillation oder in Film-Verdampfern entwässert. Der Harnstoff fällt dabei kristallin oder als Schmelze an und wird geprillt oder granuliert bzw. zusammen mit AN in Lösung gebracht (siehe oben).

Tabelle 6-7 faßt die uns vorliegenden Daten zum Energie- und Stoffeinsatz der Harnstoffproduktion aus NH_3 und die von uns abgeschätzten Rechenwerte zusammen. Tabelle 6-8 enthält Daten zur Darstellung von Ammoniumnitrat/Harnstoff-Lösung. Modifikationen der Basisdaten und die Umrechnung von Dampf in fossile Energieträger entsprechen den für CAN dargestellten. Da nach /UHDE 1987/ nur beim Granulieren, nicht aber beim Prillen ein nicht spezifiziertes Konditionierungsreagenz (Annahme: Polyethylenwachs, siehe unter CAN) zugesetzt wird, setzen wir hier die Hälfte des angegebenen Wertes an. Zur Stoffbilanz: siehe CAN.

Tabelle 6-7 Harnstoffproduktion: Literaturdaten und Rechenwerte des spezifischen Stoff- und Energieeinsatzes

Quelle, Prozeß/Produkt, Anmerkungen	Input/t Produkt	Einheit	Stoff/Endenergieträger
/UHDE 1987/ Neuanlagen 1987	0,57	t	NH_3
Incl. Granulation und Konditionierung	0,75	t	CO_2
	7	kg	Hilfsstoff
Option Dampfkompressor	2,8-2,9	GJ	Dampf, 108 bar, 505 °C, 3,2 GJ/t
	20-71	kWh	Strom
	2,1-2,3	GJ	Dampf, 25 bar, 230 °C, 2,7 GJ/t
Option Elektrokompressor	128-179	kWh	Strom
	-0,5-0,95	GJ	Dampf, 4 bar, 144 °C, 2,6 GJ/t
/PETROCHEM 1995/ USA 1994	2,34	GJ	Dampf, 110 bar, 510 °C, 3,2 GJ/t
	21	kWh	Strom
Rechenwerte	0,57	t	NH_3
Basierend auf /UHDE 1987/ (siehe Text)	0,75	t	CO_2
Granulat	3,5	kg	Konditionierungsreagenz
BRD, EU	2,40	GJ	Dampf
Osteuropa	2,72	GJ	Dampf
	99,5	kWh	Strom

Tabelle 6-8 Ammoniumnitrat/Harnstoff-Lösung: Literaturdaten (Rechenwerte) des spezifischen Stoff- und Energieeinsatzes

Quelle, Prozeß/Produkt, Anmerkungen	Input/t Produkt	Einheit	Stoff/Endenergieträger
/UHDE 1991b/ Neuanlage 1991	0,096	t	NH_3
32 % N	0,355	t	HNO_3
	0,349	t	Harnstoff
	3	kWh	Strom

Mono- und Diammoniumphosphat (MAP, DAP)

MAP und DAP werden durch die partielle Neutralisation von Phosphorsäure (H_3PO_4) mit NH_3 hergestellt.

$$\text{MAP:} \quad H_3PO_4 + NH_3 \longrightarrow (NH_4)H_2PO_4$$

$$\text{DAP:} \quad H_3PO_4 + 2\,NH_3 \longrightarrow (NH_4)_2HPO_4$$

Das Mischen der Ausgangsstoffe und die Weiterverarbeitung zu absatzfähigem MAP und DAP erfolgt im wesentlichen analog der CAN-Herstellung. Gemäß den Angaben in /MUDAHAR 1987/ für die USA 1983 unterscheiden sich die Primärenergieaufwendungen für MAP und DAP nur wenig; ferner sind sie sehr klein im Vergleich zur NH_3-Synthese. Wir verwenden daher nur einen Satz von Rechenwerten für Ammoniumphosphate (AP; Annahme: MAP:DAP = 1:1), der im wesentlichen auf Daten aus /IFDC 1995/ basiert, die zwischen denen nach /UHDE 1990/ und /MUDAHAR 1987/ liegen (Tabelle 6-9).

Tabelle 6-9 Ammoniumphosphat-Produktion: Literaturdaten und Rechenwerte des spezifischen Stoff- und Energieeinsatzes (nur N-Anteil)

Quelle, Prozeß/Produkt, Anmerkungen	Input/t Produkt	Einheit	Stoff/Endenergieträger
/MUDAHAR 1987/ USA 1983	1,30 / 1,11	t	H_3PO_4, 42 % P_2O_5
MAP, 11% N / DAP, 18% N	0,14 / 0,22	t	NH_3
	0,84 / 0,97	GJ	Prozeßenergie
/UHDE 1990/ Neuanlage 1990	1,035	t	H_3PO_4, 45 % P_2O_5
DAP, 18% N	0,221	t	NH_3
Incl. Granulation und Konditonierung	0,075	GJ	LP-Dampf, 0,03 t/t (Ann.: 2,6 GJ/t)
	35	kWh	Strom
/IFDC 1995/ USA 1993	0,97 / 0,88	t	H_3PO_4, 54 % P_2O_5
MAP/DAP	0,137 / 0,22	t	NH_3
	0,237 / 0,24	GJ	Erdgas
	0,00 / 0,15	GJ	Diesel
	35,3 / 34,0	kWh	Strom
Rechenwerte	k.A.	t	H_3PO_4
Mittelwert MAP/DAP, nur N-Anteil	0,179	t	NH_3
Granulat, 14,5 % N	0,9	kg	Polyethylenwachs
BRD, EU	0,056	GJ	Dampf
Osteuropa	0,065	GJ	Dampf
	7,88	kWh	Strom

In den Rechenwerten für MAP/DAP sind die für CAN erläuterten Wirkungsgradabschläge berücksichtigt. Die Energieaufwendungen werden massenbezogen auf die Nährstoffe N und P verteilt; d. h. die Rechenwerte beziehen sich auf das N-Inventar 1 t ANP. Der Energieeinsatz der Granulation und Konditionierung ist in den Daten enthalten. Als Konditionierungsreagenz nehmen wir wie für CAN Polyethylenwachs an, dessen Menge wir aus den Angaben für CAN abschätzen. Zur Stoffbilanz: siehe CAN.

Ammoniumnitratphosphat (ANP)

Auf der sogenannten Nitro-Route der P-Düngerherstellung wird Rohphosphat mit Salpetersäure aufgeschlossen. Dabei wird die Säure im Überschuß zugesetzt. Die Neutralisation erfolgt mit NH_3. Calcium wird durch CO_2 gebunden. Damit fallen nach einigen Trennprozesse drei Produkte an: ANP, AN und Kalk. AN und ein Teil des im Überschuß anfallenden Kalks werden meist direkt zu CAN verarbeitet. Abb. 6-2 zeigt ein Fließschema der gesamten Bereitstellung von ANP und der Kuppelprodukte. Den gesamten Prozeß beschreibende Basisdaten nach /UHDE 1994b/ und die daraus abgeleiteten Rechenwerte finden sich in Tabelle 6-10.

$$Ca_{10}F_2(PO_4)_6 + 8\,HNO_3 \longrightarrow 6\,CaHPO_4 + 2\,HF + 4\,Ca(NO_3)_2$$

$$4\,Ca(NO_3)_2 + 4\,CO_2 + 4\,H_2O + 4\,NH_3 \longrightarrow 4\,CaCO_3 + 4\,NH_4NO_3$$

Tabelle 6-10 Ammoniumnitratphosphat-Produktion: Literaturdaten und Rechenwerte des spezifischen Stoff- und Energieeinsatzes

Quelle, Prozeß/Produkt, Anmerkungen	Input/t Produkt	Einheit	Stoff/Endenergieträger
/UHDE 1994b/ Neuanlage 1994	0,228	t	P_2O_5 als Erz
Gesamtprozeß incl. CAN-Produktion	0,308	t	NH_3
	0,957	t	HNO_3
	0,260	t	CO_2
	-0,675	t	NH_4NO_3
	-0,502	t	$CaCO_3$
	(-0,9)	t	CAN
	0,218	GJ	Heizöl
	1,04	GJ	Dampf, 0,37 t/t (Ann.: 2,8 GJ/t)
	193	kWh	Strom
Rechenwerte	k.A.	t	Phosphaterz
Basierend auf /UHDE 1994b/	0,165	t	NH_3
(siehe Text), nur N-Anteil, ohne CAN	0,425	t	HNO_3
Granulat, 22 M% N	2	kg	Polyethylenwachs
BRD, EU	0,454	GJ	Dampf
Osteuropa	0,516	GJ	Dampf
	64,7	kWh	Strom

Die Energieaufwendungen wie auch der CO_2-Verbrauch werden massenbezogen auf die Nährstoffe N – in ANP und CAN – und P verteilt (Bezug: 1 t ANP); der überschüssige Kalk wird vernachlässigt. Für die Berücksichtigung des Kuppelproduktes CAN sind natürlich auch eine Reihe anderer Behandlungsweisen möglich. So kann eine Gutschrift für den Äqui-

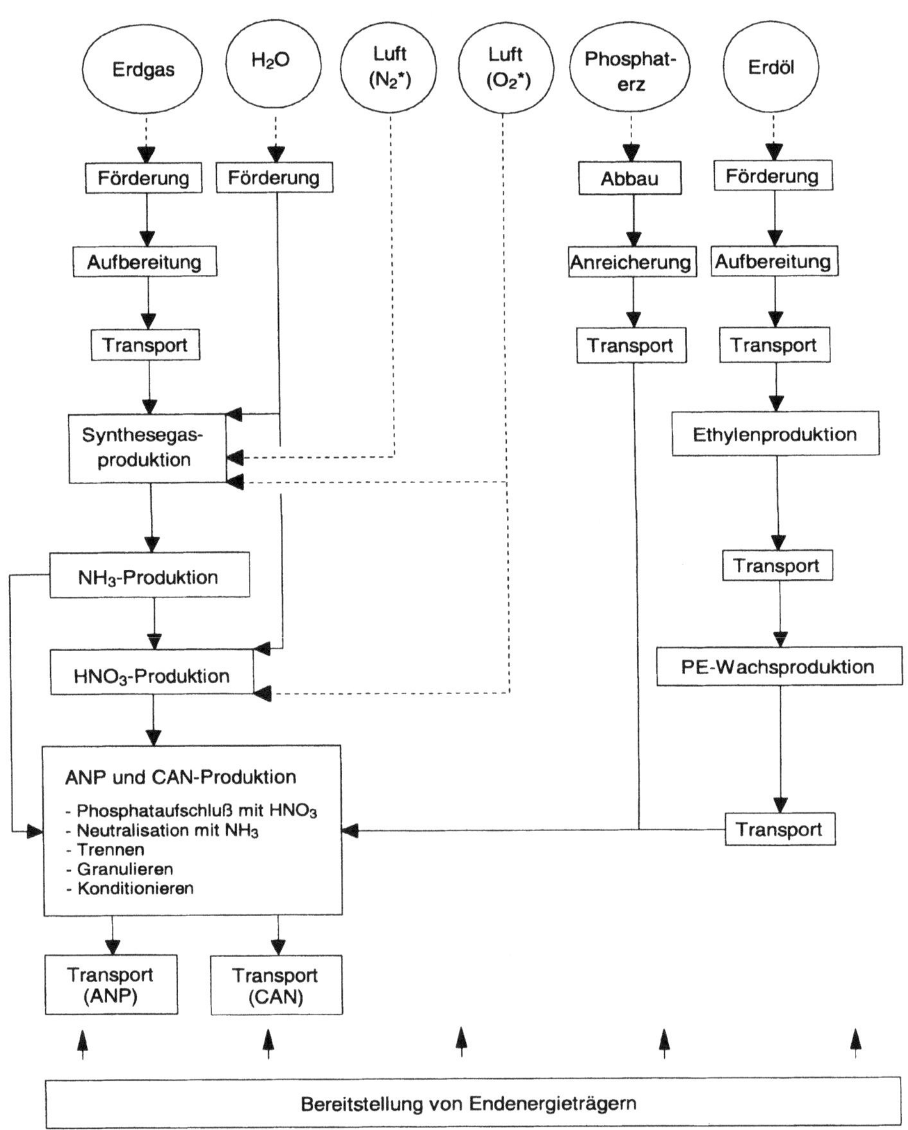

Abb. 6-2 Fließschema der Bereitstellung von Ammoniumnitratphosphat (ANP)

valenzprozeß in Form der „konventionellen" CAN-Produktion (siehe oben) erfolgen für entweder nur den N-Anteil (Kriterium: gleicher Nährstoff) oder den N- und den P-Anteil im ANP (Kriterium: „Prozeß-Zusammenhang"). Die Gutschriften könnten sich nur auf die Prozeßenergie der – exothermen – CAN-Produktion und der ANP-Produktion beziehen oder auf die gesamte Produktion einschließlich der Bereitstellung von Ammoniak und Salpetersäure. Im zweiten Fall wäre zu fragen, wie weit diese dem P-Anteil zugeordnet werden sollen. Ähnliche Fragen sind mit der Zuordnung bzw. Gutschriften für den überschüssigen Kalk verbunden: Das Calcium stammt aus dem Rohphosphat; das CO_2 wird für den gesamten Prozeß benötigt.

Offensichtlich stößt die Äquivalenzprozeßbilanzierung hier an ihre Grenzen. Wir halten daher ein Abweichen von der Regel, die Äquivalenzprozeßbilanzierung gegenüber Allokationsverfahren zu bevorzugen, aus pragmatischen Gründen für gerechtfertigt. Dabei ist auch zu berücksichtigen, daß zwischen den beiden Nährstoffen im ANP ohnehin nur eine Allokation durchgeführt werden kann. Grundsätzlich sollte jedoch eine plausible Äquivalenzprozeßbilanzierung angestrebt werden, in der der P-Anteil angemessen be- oder entlastet wird. Insbesondere für die Bilanzierung des N-Anteils sind die Unterschiede der einzelnen Bilanzierungsverfahren absehbar gering, da hier die Produktion von Ammoniak und Salpetersäure die entscheidenden Prozesse sind.

In den Rechenwerten für ANP sind die für CAN erläuterten Wirkungsgradabschläge ausgehend von den Daten für Neuanlagen nach /UHDE 1994b/ berücksichtigt. Der Energieeinsatz der Granulation und Konditionierung ist in den Daten enthalten. Als Konditionierungsreagens nehmen wir wie für CAN Polyethylenwachs an, dessen Menge wir aus den Angaben für CAN abschätzen. Zur Stoffbilanz: siehe CAN.

Polyethylenwachse

Bei diesen Konditionierungsmitteln handelt es sich um synthetische Wachse, die durch Polymerisation von Ethylen dargestellt werden. Der Unterschied zum üblichen Polyethylen besteht in der geringeren Kettenlänge. Wegen des geringen Massenanteils bezogen auf den Nährstoffgehalt ist eine detaillierte Untersuchung der Produktion bzw. Bereitstellung nicht notwendig. Wie gehen daher hilfsweise davon aus, daß die Wachse auf die gleiche Weise wie Polyethylengranulat hergestellt werden.

Ausgehend von Mineralölprodukten besteht die Darstellung aus zwei Schritten, der Ethylenerzeugung durch Cracken und der Polymerisation. Die Daten für den Energie- und Stoffeinsatz entnehmen wir /ECOINVENT 1994/ (Stoffeinsatz: 45,3 GJ Schweröl/t, Energieeinsatz: 9,86 GJ Schweröl/t und 3300 kWh Strom/t).

Zusammenführung

Der gesamte nährstoffbezogene spezifische Endenergieaufwand zur Produktion der einzelnen N-Düngemittel ergibt sich aus den auf den N-Gehalt bezogenen Energieaufwendungen der einzelnen Produktionsschritte beginnend mit der Ammoniaksynthese. Für die mittleren in der Bundesrepublik abgesetzten N-Düngemittel, d. h. im Mittel der Herkunftsregionen, sind die Daten in Tabelle 6-11 zusammengefaßt. Das Konditionierungsmittel ist darin einschließlich des Energieinhaltes der bei seiner Produktion stofflich genutzten Erdölprodukte berücksichtigt.

Die Produktion von N-Dünger wird endenergetisch und durch den relativ geringen Stromanteil des Gesamtprozesses auch primärenergetisch durch die Ammoniaksynthese dominiert, gefolgt von der Salpetersäure- und Harnstoffsynthese. Die Produktion der eigentlichen Düngemittel aus Ammoniak und/oder Salpetersäure, die im wesentlichen aus Misch-, Granulations- und Konditionierungsprozessen besteht, erfordert demgegenüber relativ wenig Energie. Zu beachten ist dabei, daß für die NP-Dünger der Energieaufwand nach Nährstoffanteilen zugeordnet wird.

Tabelle 6-11 Spezifischer Energieeinsatz der NH_3-, HNO_3- und N-Düngerherstellung im Mittel der Herkunftsregionen Bundesrepublik, West- und Osteuropa (Bezug: 1 t N)

	N-Gehalt	Schweröl	Diesel	Erdgas	Steinkohle	Summe Fossil	EVUStrom
		GJ	GJ	GJ	GJ	GJ	kWh
NH_3	82,4 %	6,10	0	35,0	2,15	43,2	0
HNO_3	22,2 %	4,82	0	27,0	1,88	33,7	40,5
CAN	26,8 %	6,23	0,027	30,6	2,01	38,9	209
Harnstoff	46,7 %	7,79	0	40,5	2,41	50,6	263
UAN-Lsg.	32,0 %	6,66	0	35,9	2,22	44,8	153
MAP/DAP	14,5 %	6,60	0	36,0	2,20	44,8	75,1
ANP	22,0 %	6,66	0	35,3	2,23	44,2	342
Mittlerer N-Dünger	**28,6 %**	**6,50**	**0,017**	**33,0**	**2,11**	**41,6**	**217**

Eigene Berechnungen

6.1.3 Emissionen

Die folgende Darstellung der Emissionsbilanzierung bezieht sich nicht nur auf die N-Düngerproduktion, sondern auch auf die von P- und K-Dünger sowie von Düngekalk. In den Kapiteln zu diesen Düngemitteln wird auf diese Darstellung jeweils verwiesen. Im Zusammenhang mit der Bilanzierung der Bereitstellung von Endenergieträgern (Kapitel 8) wird ebenfalls auf einige der hier dokumentierten Faktoren Bezug genommen.

Die Emissionen, die mit der Produktion von Düngemitteln verbunden sind, lassen sich in zwei Gruppen unterteilen: Emissionen aus dem Einsatz fossiler Energieträger und prozeßspezifische Emissionen.

Emissionen aus dem Einsatz fossiler Energieträger

Die Emissionen aus dem Einsatz von Energieträgern sind für die einzelnen Energieträger mehr oder weniger direkt an den Energieeinsatz gekoppelt. Die CO_2-Emissionen ergeben sich unmittelbar aus dem Kohlenstoffinventar des Brennstoffs; das gleiche gilt für die SO_2- und HCl-Emissionen beim Fehlen von Rauchgasreinigungsanlagen bzw. im Rohabgas. Die übrigen Emissionen werden stark durch die Feuerungstechnik, die Betriebsweise und auch den Wartungszustand der Anlagen beeinflußt. Bei Industriefeuerungen zielen Emissionsminderungsmaßnahmen vor allem auf die Senkung der SO_2- und NO_X- und Staubemissionen ab. Für die Emissionen aus der Energienutzung werden im folgenden zunächst energieeinsatzbezogene Emissionsfaktoren abgeleitet bzw. dokumentiert. Die spezifischen massenbezogenen Emissionen der Düngemittelproduktion ergeben sich durch Verknüpfung der Faktoren mit dem Energieeinsatz der Produktion.

Die mit der Energiebereitstellung und -nutzung verbundenen Emissionen waren bereits häufiger Gegenstand intensiver Untersuchungen und der Beschreibung durch rechnergestützte Modelle. Das in der Bundesrepublik weit verbreitete Programm „Gesamt-Emissions-Modell Integrierter Systeme" (GEMIS) steht seit 1990, mehrfach aktualisiert und erweitert, zur Verfügung /GEMIS 1995/. Dieses Modell basiert auf umfangreichen Literaturrecherchen und Betreiberdaten aus dem In- und Ausland. Aus den in Kapitel 5 dargestellten Gründen sind die Emissionsfaktoren mit zum Teil deutlichen Unsicherheiten behaftet. So stammen die ausgewerteten Messungen häufig aus den 80er Jahren; Fortschritte bei der Emissionsminderung an bestehenden Anlagen wurden durch Abschätzungen berücksichtigt, um für die frühen 90er Jahre typische bzw. repräsentative Daten zu erhalten. Die Schadstoffpalette in /GEMIS 1995/ ist im wesentlichen auf die Stoffe beschränkt, die durch gesetzliche Regelungen erfaßt bzw. klimarelevant sind.

In der aktuellen GEMIS-Version wird zwischen den Datensätzen *Ist*, *Standard* und *Zukunft* unterschieden. *Ist* repräsentiert den Bestand des Jahres 1989, *Standard* Neuanlagen aus den späten 80er Jahren, *Zukunft* neue Technologien, die nach dem Jahr 2000 relevant werden. In *Ist*, in einigen wenigen Fällen auch in *Standard*, wird ferner zwischen Ost- und Westdeutschland unterschieden. Die Datensätze enthalten damit eine unterschiedliche Anzahl von Einträgen, sind in Teilen aber auch identisch. Während für die einzelnen Kraftwerkstypen – die entsprechenden Daten werden hier nicht verwendet – Unterschiede zwischen den Datensätzen bestehen, werden die Emissionen von Industriefeuerungen je nach Brennstoff häufig gleich angesetzt.

Zur näherungsweisen Berücksichtigung unterschiedlicher Emissionsstandards in verschiedenen Ländern haben wir die Daten für hier relevante Industriefeuerungen aus den Datensätzen *Ist* und *Standard* zu zwei Gruppen zusammengefaßt, die wir Westeuropa (EU, Skandinavien usw.) bzw. allen übrigen Ländern, insbesondere denen des ehemaligen Ostblocks, zuordnen (Tabelle 6-12 bzw. Tabelle 6-13).

Emissionsfaktoren der Schadstoffe, die nicht in /GEMIS 1995/ enthalten sind, leiten wir aus verschiedenen anderen Quellen ab.

- Für die Emissionen von Benzol aus Kohlefeuerungen und Formaldehyd aus Gasfeuerungen liegen uns Angaben zu den Anteilen dieser Verbindungen an der Summe der Methan- und NMHC-Emissionen vor /SEIER 1995/. Für die anderen Brennstoffe schätzen wir aus dieser Basis ohne weitere Differenzierungen Faktoren ab.

- Für Benzo(a)pyren übernehmen wir die Emissionsfaktoren für mit Erdgas und leichtem Heizöl betriebene Feuerungen aus /KALTSCHMITT & REINHARDT 1997/. Den Faktor für leichtes Heizöl setzen wir hilfsweise auch für die anderen Brennstoffe an. Für Schweröl, Stein- und Braunkohle dürfte der Wert am unteren Ende des wahrscheinlichen Bereichs liegen. Eine Differenzierungen nach Ländern nehmen wir nicht vor.

Tabelle 6-12 Emissionsfaktoren für Kesselfeuerungen nach /GEMIS 1995/ und Dieselmotoren im Bergbau (Rechenwerte) in westlichen Ländern

DS in /GEMIS 1995/	Einheit	Schweröl Stand/West	Erdgas Stand/West	Steinkohle Stand/West	Braunkohle Stand/West	Diesel
CO_2	g/MJ	78,8	55,2	93,3	112	74,4
CH_4	g/MJ	0,0030	0,0025	0,00038	0,00044	0,0032
N_2O	g/MJ	0,0020	0,0010	0,050	0,044	0,0034
SO_2	g/MJ	0,49	0,00043	0,092	0,057	0,021
CO	g/MJ	0,043	0,014	0,095	0,044	0,25
NO_X	g/MJ	0,11	0,028	0,076	0,065	0,81
NMHC	g/MJ	0,0030	0,0025	0,0019	0,0044	0,13
Partikel	g/MJ					0,070
Staub	g/MJ	0,011	0,00014	0,0095	0,0087	
HCl	g/MJ	0	0	0,028	0,023	0,00044
NH_3	g/MJ					0,0027
Formaldehyd	g/MJ	0,000060	0,000091	0,000023	0,000048	0,011
Benzol	g/MJ	0,000060	0,000050	0,000028	0,000060	0,0025
Benzo(a)pyren	ng/MJ	30	2,8	30	30	181
TCDD	ng/MJ	0,029	0,028	0,038	0,044	0,0014

DS: Datensatz; Stand/West: Standard/West in /GEMIS 1995/
Quellen: /SEIER 1995/: Anteil von (NMHC+CH_4) Formaldehyd (Gase): 1,8%, Benzol (Kohle): 1,25%; daraus Abschätzung: Formaldehyd (Schweröl, Stein- und Braunkohle): 1%, Benzol (Schweröl, Erdgas): 1%; Benzo(a)pyren: /KALTSCHMITT & REINHARDT 1997/; TCDD: /UBA 1995c/, /GEMIS 1995/

Tabelle 6-13 Emissionsfaktoren für Kesselfeuerungen nach /GEMIS 1995/ und Dieselmotoren im Bergbau (Rechenwerte) in osteuropäischen Ländern

DS in /GEMIS 1995/	Einheit	Schweröl GUS/Alle	Erdgas GUS/Alle	Steinkohle Ist/West	Braunkohle Ist/West	Diesel
CO_2	g/MJ	78,3	55,4	93,3	112	74,4
CH_4	g/MJ	0,0030	0,0025	0,0050	0,0065	0,0032
N_2O	g/MJ	0,0020	0,0011	0,010	0,010	0,0034
SO_2	g/MJ	0,88	0,00040	0,24	0,40	0,021
CO	g/MJ	0,072	0,070	0,088	0,087	0,25
NO_X	g/MJ	0,14	0,11	0,14	0,13	0,81
NMHC	g/MJ	0,0030	0,0025	0,0050	0,0065	0,13
Partikel	g/MJ					0,070
Staub	g/MJ	0,043	0,0014	0,018	0,022	0
HCl	g/MJ	0	0	0,028	0,041	0,00044
NH_3	g/MJ					0,0027
Formaldehyd	g/MJ	0,000060	0,000090	0,00010	0,00013	0,011
Benzol	g/MJ	0,000060	0,000050	0,00013	0,00016	0,0025
Benzo(a)pyren	ng/MJ	30	2,8	30	30	181
TCDD	ng/MJ	0,029	0,028	0,035	0,044	0,0014

DS: Datensatz; Ist/West: Ist/West in /GEMIS 1995/
Quellen: /SEIER 1995/: Anteil von (NMHC+CH_4) Formaldehyd (Gase): 1,8%, Benzol (Kohle): 1,25%; daraus Abschätzung: Formaldehyd (Schweröl, Stein- und Braunkohle): 1%, Benzol (Schweröl, Erdgas): 1%; TCDD: /UBA 1995c/; Benzo(a)pyren: /KALTSCHMITT & REINHARDT 1997/, /GEMIS 1995/

- Informationen zur Ableitung von Emissionsfaktoren für TCDD-Toxizitätsäquivalente enthält /UBA 1995c/. Dort werden Näherungswerte – Obergrenzen bzw. Bandbreiten – für die Emissionskonzentrationen in der Abluft in ng TÄ/m^3 ausgewiesen. Für kohle-, öl- und gasbetriebene Feuerungsanlagen und chemische Anlagen wird jeweils < 0,1 ng TÄ/m^3 angegeben, bei den hier nicht explizit betrachteten Chemieanlagen mit der Einschränkung „meist". Die Verknüpfung mit den energiebezogenen Abluftmengen von Feuerungsanlagen nach /GEMIS 1995/ ergibt energiebezogene Emissionsfaktoren. Gemäß /UBA 1995c/ liegen die so erhaltenen Emissionsfaktoren im oberen Bereich der für Kesselfeuerungen zu erwartenden Emissionen. Eine Differenzierung nach Ländern führen wir nicht durch.

Die mit dem Einsatz von Dieselkraftstoff in der Produktion, z. B. beim Abbau von Erzen, verbundenen Emissionen beschreiben wir durch die im Exkurs „Ausbringung" abgeleiteten Faktoren (gewichtetes Mittel des 5-Punkte-Tests). Auf eine Länderdifferenzierung verzichten wir dabei.

Prozeßspezifische Emissionen

Bei den prozeßspezifischen Emissionen handelt es sich um Freisetzungen von Stoffen, die den stofflichen Input des Prozesses bilden, um Zwischen- bzw. Nebenprodukte oder um die Endprodukte der Prozesse. Sie können z. B. durch Leckagen, beim Beschicken von Anlagen oder beim Verpacken des Produktes auftreten. Bei einer Reihe von Prozessen werden als spezifische Emissionen Stoffe freigesetzt, die auch bei der energetischen Nutzung fossiler Brennstoffe emittiert werden. Beispiele sind NO_X bei der N-Düngerproduktion oder CO_2 beim Kalkbrennen. Für diese Emissionen werden massenbezogene Faktoren abgeleitet bzw. dokumentiert.

Faktoren der prozeßspezifischen Emissionen leiten wir aus drei Quellen ab.

- Die für einige Prozesse und Schadstoffe vorliegenden prozeßspezifischen Emissionsdaten nach /UBA 1995d/ wurden im wesentlichen auf Basis der TA Luft berechnet. Den Bezug bildet „Westdeutschland 1991 bzw. 1992". Diese Daten übernehmen wir ohne Modifikationen.

- In den VDI-Richtlinien /VDI 1990/ und /VDI 1988/ werden Emissionsmassenströme für verschiedene Anlagen bzw. Prozeßschritte der Düngemittelproduktion angegeben. Die Richtlinien beziehen sich auf Neuanlagen; die Daten werden überwiegend als Bandbreiten ausgewiesen. Die Ableitung von Emissionsfaktoren aus den VDI-Daten erfordert daher einige Zusatzannahmen, z. B. die Festlegung der Mittelwerte der Bandbreiten als Rechenwerte.

- In /EFMA 1995/ sind als für westeuropäische Anlagen typisch bezeichnete Emissionsfaktoren zusammengestellt. Sofern die Angaben in Bandbreiten erfolgen, setzen wir die Mittelwerte als Rechenwerte an. Teilweise sind auch hier weitere Zusatzannahmen erforderlich, etwa wenn die Daten sich auf das Abluftvolumen beziehen.

Für Schadstoffe, für die aus zwei oder allen der genannten Quellen Daten vorliegen, werden die Faktoren nach Kriterien wie Bezug (Neuanlagen oder Bestand), Aktualität oder Umfang der Zusatzannahmen festgelegt. Die auf der Basis von /UBA 1995d/, /VDI 1990/, /VDI 1988/ und /EFMA 1995/ abgeleiteten Rechenwerte sind in Tabelle 6-14 zusammengefaßt.

Tabelle 6-14 Faktoren prozeßspezifischer Emissionen (Rechenwerte)

Produkt	Schadstoff	g/kg	Bezug	Anmerkung/Quelle
NH_3	NH_3	0,8	Produkt	/UBA 1995d/
	NO_2	0,9	Produkt	/EFMA 1995/
HNO_3	N_2O	8,4	Produkt	Abschätzung nach /EFMA 1995/
	N_2O	5,5*	Produkt	/UBA 1995d/
	NO_2	4,2	Produkt	/EFMA 1995/
	NO_2	4*	Produkt	/UBA 1995d/
CAN	Staub	0,5	Produkt	/EFMA 1995/
	Staub	0,16*	Produkt	berechnet nach /VDI 1990/
	NH_3	0,2*	Produkt	/EFMA 1995/
	NH_3	1,5	Produkt	berechnet nach /VDI 1990/
Harnstoff	CO_2	-367	Produkt	berechnet nach /VDI 1990/
	CH_4	0,36	Produkt	berechnet nach /VDI 1990/
	CO	1,32	Produkt	berechnet nach /VDI 1990/
	Staub	1,5	Produkt	berechnet nach /EFMA 1995/
	Staub	0,41*	Produkt	berechnet nach /VDI 1990/
	NH_3	0,8*	Produkt	berechnet nach /EFMA 1995/
	NH_3	1,2	Produkt	berechnet nach /VDI 1990/
MAP/DAP	Staub	0,05	Produkt	Abschätzung nach /VDI 1988/
Nur N-Anteil	NH_3	2,5	Produkt	Abschätzung nach /VDI 1988/
ANP	NO_2	2,8	Produkt	Abschätzung nach /VDI 1988/
Nur N-Anteil	Staub	0,12	Produkt	Abschätzung nach /VDI 1988/
ANP	NH_3	2,5	Produkt	Abschätzung nach /VDI 1988/
H_2SO_4	SO_2	6,75	Produkt	berechnet nach /EFMA 1995/
H_2SO_4	SO_2	4*	Produkt	/UBA 1995d/
Rohphosphat	Staub	0,072	Produkt	Abschätzung nach /VDI 1988/
SSP	Staub	0,072	Produkt	Abschätzung nach /VDI 1988/
TSP	Staub	0,072	Produkt	Abschätzung nach /VDI 1988/
MAP/DAP	Staub	0,19	Produkt	Abschätzung nach /VDI 1988/
ANP	Staub	0,12	Produkt	Abschätzung nach /VDI 1988/
H_3PO_4	Staub	0,65	Produkt	Abschätzung nach /EFMA 1995/
Kali	Staub	0,5	Produkt	Abschätzung
	HCl	0,029	Produkt	Abschätzung nach /VDI 1988/
Kalkstein	Staub	0,5	Produkt	Abschätzung
Branntkalk	CO_2	760	Produkt	Stöchiometrie
	CH_4	0,02	Produkt	berechnet nach /UBA 1995d/
	SO_2	0,05	Produkt	berechnet nach /UBA 1995d/
	CO	18,7	Produkt	berechnet nach /UBA 1995d/
	NO_X	0,35	Produkt	berechnet nach /UBA 1995d/
	NMHC	0,02	Produkt	berechnet nach /UBA 1995d/
	Staub	0,19	Produkt	berechnet nach /UBA 1995d/

*: Nachrichtlich
Berechnet nach /EFMA 1995/ bzw. /VDI 1990/: Verwendung von Mittelwerten der Bandbreiten nach /EFMA 1995/ bzw. /VDI 1990/
Abschätzung nach /EFMA 1995/ bzw. /VDI 1988/: Verwendung von Mittelwerten der Bandbreiten nach /EFMA 1995/ bzw. /VDI 1988/ und Zusatzannahmen
Berechnet nach /UBA 1995d/: berechnet aus Gesamtproduktion und -emissionen
Abschätzung: an anderen Prozessen (CAN usw.) orientierte Werte
Auf /VDI 1988/ und /VDI 1990/ basierende Werte und Abschätzungen stellen Untergrenzen der tatsächlichen Emissionen dar.

Die aus den VDI-Richtlinien berechneten bzw. abgeschätzten prozeßspezifischen Emissionen mit Bezug auf bundesdeutsche Neuanlagen sind mit Sicherheit niedriger, als es der Realität der Düngemittelproduktion etwa in Osteuropa entspricht. Zumindest ähnliches gilt für die Daten nach /EFMA 1995/ und /UBA 1995d/. Wir verzichten hier jedoch auf eine Korrektur, da wir die Unsicherheiten einer entsprechenden Abschätzung für größer als den Informationsgewinn für die Bilanzierung halten.

Alle Emissionen nicht global wirksamer Schadstoffe aus der Düngemittelproduktion fallen in der Ortsklasse 2 an; die klimarelevanten Schadstoffe werden als global wirksam keiner Ortsklasse zugeordnet. Insgesamt ist die Emissionsbilanzierung der Düngemittelproduktion mit höheren Unsicherheiten behaftet als die Energiebilanzierung.

Als prozeßspezifische Emission wird auf allen Verarbeitungsstufen der N-Düngerproduktion Ammoniak freigesetzt. Die Salpetersäureproduktion ist mit erheblichen NO_2- und N_2O-Emissionen verbunden. Bei der eigentlichen Düngemittelproduktion werden große Staubmengen freigesetzt. Spezifisch für die Harnstoffproduktion ist die Emission von CO; ferner fallen Methanemissionen an. Für das zur Harnstoffsynthese eingesetzte CO_2 setzen wir hier eine Emissionsgutschrift an. Diese Gutschrift bezieht sich nur auf die Produktion bzw. Bereitstellung, da das CO_2 bei der Hydrolyse im Boden wieder freigesetzt wird. Bei der Bilanzierung von Agrarprodukten über den gesamten Lebensweg ist damit eine entsprechende Emission im Lebenswegabschnitt „Landwirtschaft" zu berücksichtigen.

Die Ergebnisse der Emissionsbilanzierung finden sich in Kapitel 6.1.4.

6.1.4 Energie- und Stoffstrombilanzen der N-Düngerproduktion

Die Bilanz der N-Düngerproduktion differenziert nach Düngemitteln ergibt sich aus der Zusammenführung der Daten zu Energie- und Stoffeinsatz, der prozeßspezifischen Emissionen und der Verknüpfung der energieeinsatzbezogenen Faktoren mit dem Energieverbrauch.

Tabelle 6-15 weist die Bilanzen für Ammoniak, CAN und mittleren N-Dünger im Mittel der Herkunftsregionen aus. Bezug der Daten ist 1 t N. Differenziert nach Düngemitteln bzw. Zwischenprodukten und Herkunftsregionen sind die entsprechenden Daten im Anhang dokumentiert. Die Ergebnisse sind kumuliert über die gesamte Prozeßfolge dargestellt. Die Rubrik „Stoffeinsatz" enthält lediglich nachrichtlich Angaben zum stofflichen Input des letzten Prozeßschrittes. Die Bereitstellung des stofflichen Inputs – einschließlich der stofflichen Nutzung von Energieträgern (Beispiel Ammoniaksynthese) – ist in den Rubriken Energieeinsatz und Emissionen bereits berücksichtigt; der Verbrauch mineralischer Ressourcen wird in Kapitel 9.1 ausgewiesen. Alle Emissionen nicht global wirksamer Schadstoffe fallen in der Ortsklasse 2 an.

Der Vergleich der Daten für Ammoniak, CAN und mittleren Dünger zeigt zweierlei:

- Die Energiebilanz der Produktion von N-Dünger wird durch die Ammoniaksynthese dominiert. Die Produktion der eigentlichen Düngemittel aus Ammoniak und/oder Salpetersäure, die im wesentlichen aus Misch-, Granulations- und Konditionierungsprozessen besteht, ist demgegenüber mit relativ geringen Energieaufwendungen verbunden. Der Energieeinsatz der Produktion von CAN und mittlerem Dünger unterscheidet sich daher nur relativ wenig von dem der Ammoniaksynthese.

Tabelle 6-15 Energie- und Stoffstrombilanzen der Produktion von Ammoniak, CAN und mittlerem N-Dünger im Mittel der Herkunftsregionen (Bezug: 1 t N)

		NH₃	CAN	Mittlerer N-Dünger	Proz.spez. Emissionen
N-Gehalt		82,4 %	26,8%	28,6 %	
Stoffeinsatz/t N					
NH₃	t	0	0,62	0,67	
HNO₃	t	0	2,28	1,78	
Kalkstein	t	0	0,87	0,55	
PE-Wachs	t	0	0,015	0,012	
Endenergieeinsatz/t N					
Leichtes Heizöl	GJ	0	0	0	
Schweröl	GJ	6,10	6,23	6,50	
Dieselkraftstoff	GJ	0	0,027	0,017	
Erdgas	GJ	35,0	30,6	33,0	
Steinkohle	GJ	2,15	2,01	2,11	
Braunkohle	GJ	0	0	0	
Zwischensumme Fossil	*GJ*	*43,2*	*38,9*	*41,6*	
davon Dampf	*GJ*	*0*	*-5,72*	*-3,18*	
EVU-Strom	kWh	0	209	217	
Bahnstrom	kWh	0	0	0	
Emissionen/t N					
		Global	**Global**	**Global**	**Global**
CO₂	kg	2.613	2.316	2.351*	-7,4 %
CH₄	kg	0,11	0,10	0,24	55,5 %
N₂O	kg	0,13	19,3	15,09	99,2 %
CO₂-Äquivalente	*kg*	*2.656*	*8.486*	*7.186*	*64,3 %*
		OK 2	**OK 2**	**OK 2**	**OK 2**
SO₂	kg	4,11	3,75	3,99	0,0 %
CO	kg	1,66	1,48	2,06	23,2 %
NOₓ	kg	4,01	13,3	12,7	78,1 %
NMHC	kg	0,11	0,10	0,11	0,0 %
Partikel	kg	0	0,0019	0,0012	0,0 %
Staub	kg	0,18	2,48	2,26	92,3 %
HCl	kg	0,060	0,056	0,059	0,0 %
NH₃	kg	0,97	6,59	6,69	100,0 %
Formaldehyd	kg	0,0036	0,0035	0,0036	0,0 %
Benzol	kg	0,0023	0,0021	0,0022	0,0 %
Benzo(a)pyren	µg	345	318	336	0,0 %
TCDD-Tox.Äquivalente	µg	1,23	1,09	1,17	0,0 %
SO₂-Äquivalente	*kg*	*8,80*	*25,5*	*25,5*	*76,5 %*

Alle Emissionen nicht global wirksamer Schadstoffe fallen in der Ortsklasse 2 (OK 2) an.
*: Incl. Gutschrift für die CO₂-Bindung bei der Harnstoffproduktion. Ohne Gutschrift (incl. CO₂-Freisetzung bei der Harnstoffhydrolyse im Boden, siehe Text): 2.526 kg/t N
Eigene Berechnungen

- Die Emissionen weisen stärkere Unterschiede auf. Durch den großen Anteil von CAN am gesamten Absatz wird der mittlere N-Dünger durch CAN alleine gut beschrieben, während die Emissionen der Ammoniaksynthese für einige Schadstoffe deutlich niedriger sind. Dies ist eine Folge der großen Anteile prozeßspezifischer Emissionen in Prozessen im Anschluß an die Ammoniaksynthese.

Die Anteile der prozeßspezifischen Emissionen an den Gesamtemissionen der Produktion des mittleren N-Düngers sind ebenfalls in Tabelle 6-15 zusammengefaßt. Für die N-haltigen Schadstoffe dominieren die prozeßspezifischen Emissionen die Bilanz. Durch diese Emissionen werden auch die Bilanzergebnisse der aggregierten Größen CO_2- und SO_2-Äquivalente bestimmt, im ersten Fall durch N_2O, im zweiten durch NO_X und NH_3. Für die CO_2-Gutschrift durch die Harnstoffproduktion ist anzumerken, daß sie in Bilanzen von Agrarprodukten als Emission im Lebenswegabschnitt „Landwirtschaft" bzw. „Nutzung von Düngemitteln" zu berücksichtigen ist.

6.2 Phosphatdünger

Phosphatdünger wird im wesentlichen aus Rohphosphaten und in geringem Maße als Nebenprodukt bei der Eisenverhüttung aus phosphathaltigem Eisenerz gewonnen. Das wichtigste Phosphaterz ist Apatit, $Ca_{10}F_2(PO_4)_6$; die Hauptlagerstätten befinden sich in Israel, Nordafrika, den USA und der GUS. Die meisten Rohphosphate sind nur sehr wenig wasserlöslich – damit wenig pflanzenverfügbar – und müssen daher in der Regel für Düngezwecke mit chemischen Methoden in eine wasserlösliche Form gebracht werden. Eine Ausnahme bilden z. B. die sogenannten weicherdigen Rohphosphate.

6.2.1 Marktanteile und Herkunftsländer

Nach /ULLMANN 1987/ werden im wesentlichen acht Einnährstoffdünger und eine Reihe phosphathaltiger Mehrnährstoffdünger eingesetzt. Der weitaus größte Teil des in der Bundesrepublik eingesetzen Düngephosphats wird als Mehrnährstoffdünger ausgebracht. Wie im Falle der N-Düngemittel sind Zusatzannahmen notwendig zur Ableitung der Anteile bestimmter P-Düngemittelgruppen, die nicht in /STBA 1994b/ ausgewiesen sind, für die jedoch Abschätzungen des Energieaufwandes vorgenommen werden können. Die Basisdaten und die daraus abgeschätzten Anteile finden sich in Tabelle 6-16.

- Thomasphosphat und die nicht weiter differenzierten „Anderen Einfachdünger" – darunter z. B. weicherdige Rohphosphate – werden wegen ihrer geringen Anteile vernachlässigt.

- In den Gruppen Superphosphat und PK-Dünger sind mit unbekannten Anteilen einfaches und Triplesuperphosphat erfaßt sowie möglicherweise Kaliumphosphat; letzteres wird im folgenden nicht weiter betrachtet. Die Zuordnung der P_2O_5-Mengen in Superphosphat und PK-Dünger zu einfachem und Triplesuperphosphat erfolgt unter Berücksichtigung der inzwischen größeren Bedeutung von Triple- im Vergleich zu einfachem Superphosphat im Verhältnis 0,25:0,75.

- In den Gruppen NP- und NPK-Dünger sind mit unbekannten Anteilen durch chemische Umsetzungen (Ammonium- und Ammoniumnitratphosphate) oder durch gemeinsames Granulieren (z. B. Ammoniumnitrat + Superphosphat) hergestellte Düngemittel erfaßt. Wie im Falle der N-Düngemittel betrachten wir nur die chemische Umsetzung; zu den Anteilen von Ammonium- und Ammoniumnitratphosphat am abgesetzten NP-Dünger: siehe unten.

- Die Anteile von Ammonium- und Ammoniumnitratphosphat (AP, ANP) am gesamten NP(K)-Düngerabsatz werden im Abgleich mit den entsprechenden Angaben für N-Dünger festgelegt (siehe dazu Kapitel 6.1.1).

Die Zuordnung des abgesetzten P-Düngers zu Produktionsländern, ist mit den gleichen Problemen verbunden, die bereits für N-Dünger diskutiert wurden. Auch im Falle von P-Dünger ergibt sich die gesamte abgesetzte Nährstoffmenge weder in Form einzelner Dünger noch über alle Düngemittel summiert als Saldo von Produktion, Im- und Export /STBA 1994a, b/. Aus Produktion (etwa 0,17 Mio. t P_2O_5), Import (etwa 0,48 Mio. t P_2O_5) und Export (etwa 0,07 Mio. t P_2O_5) ergibt sich formal ein Saldo von 0,58 Mio. t P_2O_5. Die tatsächlich abgesetzte Menge lag jedoch bei etwa 0,41 Mio. t P_2O_5 (siehe oben). In diesen Daten sind bereits Zusatzannahmen zum Nährstoffgehalt der im- und exportierten Düngemittel enthalten. Ferner werden das Wirtschaftsjahr 1993/94 (Absatz) und das Kalenderjahr 1993 (Produktion, Außenhandel) gleichgesetzt.

Tabelle 6-16 P-Düngemittelabsatz nach Düngemittelarten im Wirtschaftsjahr 1993/94 bezogen auf den P_2O_5-Gehalt: Basisdaten nach /STBA 1994b/ und Rechenwerte (RW)

	Absatz in t P_2O_5	Anteile	RW
Superphosphat (SSP+TSP)	29.981	7,2 %	0,0 %
Singlesuperphosphat (SSP)	k. A.	k. A.	7,0 %
Triplesuperphosphat (TSP)	k. A.	k. A.	21,0 %
Thomasphosphat	9.600	2,3 %	0,0 %
Andere Phosphate	10.334	2,5 %	0,0 %
PK-Dünger	80.565	19,4 %	0,0 %
NP-Dünger	137.164	33,0 %	0,0 %
NPK-Dünger	147.789	35,6 %	0,0 %
Ammoniumphosphate (MAP, DAP)	k. A.	k. A.	16,9 %
Ammoniumnitratphosphat	k. A.	k. A.	55,1 %
Alle P-Düngemittel	**415.433**	**100,0 %**	**100,0 %**
MAP, DAP: Mono- bzw. Diammoniumphosphat			

Unabhängig von der fehlenden quantitativen Konsistenz zeigen die Daten deutlich, daß der Import bei P-Dünger im Vergleich zur gesamten inländischen Produktion sehr viel größer ist als im Falle von N-Dünger. Dies gilt auch, wenn der Überschuß im Saldo ausschließlich auf zu hohen Importdaten basieren würde. Hauptlieferland fertiger Düngemittel gemäß /STBA 1994c/, d. h. ohne Abgleich mit den übrigen Statistiken, ist die GUS, gefolgt von den Niederlanden und Österreich; Rohphosphat stammt überwiegend aus Israel, den USA und Nordafrika. Tabelle 6-17 faßt die Daten zusammen.

Gemäß einer Analyse für das Wirtschaftsjahr 1992/93 in /IVA 1994a/ stammte die abgesetzte P_2O_5-Menge zu jeweils ähnlichen Anteilen aus der Bundesrepublik, anderen Ländern der EU, aus Mittel- und Osteuropa und aus „Anderen Drittländern" (Tabelle 6-17).

Tabelle 6-17 Anteile der Hauptherkunftsländer am in die Bundesrepublik 1993 importierten P-Dünger und Rohphosphat nach /STBA 1994c/; Anteile der Herkunftsregionen am in der Bundesrepublik im Wirtschaftsjahr 1992/93 abgesetzten P-Dünger nach /IVA 1994a/ und Rechenwerte für die Bilanzierung der Produktion

| | Import /STBA 1994c/ | | Absatz /IVA 1994a/ | Rechenwerte |
	P-Erz	P-Dünger	P-Dünger	P-Dünger
P_2O_5 in t	136.228	483.003	490.000	
BRD			29,5 %	33,3 %
Westeuropa	0 %	42,6 %	26,0 %	33,3 %
Osteuropa	s. „Andere Länder"	s. „Andere Länder"	25,5 %	33,3 %**
GUS	4,6 %	25,0 %	k. A.	s. „Osteuropa"
Israel	34,3 %	0 %	k. A.	0 %
Nordafrika	23,8 %	2,2 %	k. A.	0 %
USA	30,5 %	9,2 %	k. A.	0 %
Andere Länder	6,8 %*	21,0 %*	19,0 %	0 %
Summe	**100 %**	**100 %**	**100 %**	**100 %**
*: Incl. Osteuropa ohne GUS; **: Incl. GUS				

Für die Bilanzierung der Energie- und Stoffströme der Bereitstellung von P-Düngemitteln treffen wir folgende Festlegungen:

- Der in der Bundesrepublik abgesetzte P-Dünger stammt zu je einem Drittel aus der Bundesrepublik, anderen westeuropäischen Ländern und Osteuropa. Damit übernehmen wir die Herkunftsstruktur, die wir für N-Dünger zugrunde gelegt haben. Dabei wird die P-Düngerproduktion in anderen Drittländern vernachlässigt, für die betrachteten Regionen werden die Relationen nach /IVA 1994a/ jedoch gut wiedergegeben (siehe oben).

- Für Länder ohne eigene Phosphatvorkommen, die aber erhebliche Menge P-Dünger in die Bundesrepublik importieren – dies sind die Länder der EU – gehen wir davon aus, daß das Rohphosphat anteilsmäßig aus den gleichen Ländern stammt wie das direkt in die Bundesrepublik importierte (eine solche Festlegung ist notwendig zur Bilanzierung des Transportaufwandes; siehe Kapitel 7.2.2).

Offensichtlich ist der bei unseren Festlegungen der Herkunftsanteile vernachlässigte Anteil der „Anderen Drittländer" deutlich größer als im Falle von N-Dünger. Die Festlegungen sind jedoch sowohl gerechtfertigt als auch sinnvoll. Die Rechtfertigung ergibt sich aus den großen Unsicherheiten, die mit drei Lebenswegabschnitten der P-Düngerproduktion verbunden sind. Es handelt sich dabei um den Transport von Rohphosphat und P-Dünger, die Produktion von Schwefelsäure und von Phosphorsäure (diese Prozesse werden im folgenden detailliert diskutiert). Darüber hinaus fallen in die Gruppe „Andere Drittländer" sowohl Länder mit hohen als auch niedrigen Produktionsstandards. Damit wäre die Betrachtung einer vierten Herkunftsregion allein nicht ausreichend. Eine Alternative wäre die differenzierte Zuordnung zu den zwei anderen Regionen außerhalb der Bundesrepublik, die ebenfalls noch starken Näherungscharakter hätte. Angesichts der damit verbundenen Unsicherheiten und der Unsicherheiten auf der technischen Ebene wäre eine differenziertere Herkunftsstruktur für P-Dünger bei hohem Aufwand und weiteren Zusatzannahmen mit nur geringem Informationsgewinn verbunden.

Sinnvoll ist die Zuordnung wegen des hohen Anteils von Mehrnährstoffdüngern am gesamten Absatz von P-Dünger. Die Bedeutung von NP- und NPK-Dünger macht einen Abgleich mit der Herkunftsstruktur von N-Düngemitteln notwendig. Die Anteile für N-Dünger sind jedoch deutlich belastbarer als die für P-Dünger.

Die Zuordnung von P-Düngerformen *und* Herkunftsländern unterbleibt aus den oben und für N-Dünger (Kapitel 6.2.1) diskutierten Gründen. Die mit den dargestellten Vereinfachungen verbundenen Fehler sind in ihrer Gesamtheit nach unserer Einschätzung klein gegenüber den übrigen Unsicherheiten. Eine Ausnahme könnte eventuell im Zusammenhang mit Mono- und Diammoniumphosphat (MAP, DAP) vorliegen, die gemäß der amtlichen Statistiken im wesentlichen aus den USA (MAP) und aus Rußland (DAP) importiert werden. Die grundsätzliche Richtigkeit unserer Abwägung der Unsicherheiten einzelner Parameter und der resultierenden Festlegungen bleibt davon unseres Erachtens jedoch unberührt. Eine detailliertere Untersuchung muß hier weiteren Arbeiten vorbehalten bleiben. Ausdrücklich hinzuweisen ist darauf, daß die Datendokumentation in dieser Studie so angelegt ist, daß im Bedarfsfalle mittlere Düngemittel auf der Basis anderer Herkunftsstrukturen bilanziert werden können.

6.2.2 Energie- und Stoffeinsatz

Der wesentliche Schritt bei der Bereitstellung der hier betrachteten P-Düngemittel ist der Aufschluß des Rohphophates mit einer Säure. Verwendet werden Schwefelsäure, Phosphorsäure, die ihrerseits aus Phosphaterz und Schwefelsäure dargestellt wird, sowie Salpetersäure; Verfahren, in denen Mischungen dieser Säuren eingesetzt werden, werden hier nicht betrachtet. Gemäß der Festlegung des Anteils von Ammoniumnitratphosphat am in der Bundesrepublik abgesetzten P-Dünger auf 55 % spielt hier der Aufschluß mit Salpetersäure die größte Rolle (siehe Tabelle 6-16). Sämtliche anderen Düngemittel basieren jedoch auf dem Einsatz von Schwefelsäure. Für die meisten Gegenden außerhalb Europas ist durch die geringeren Marktanteile des Ammoniumnitratphosphats der Schwefelsäureaufschluß von größerer Bedeutung als der Salpetersäureaufschluß.

Im folgenden werden zunächst Rechenwerte für die Produktion von Schwefelsäure abgeleitet und die damit verbundenen Probleme ausführlich diskutiert. Daran schließt sich die Ableitung der entsprechenden Daten für die einzelnen P-Düngemittel und P-haltige Vor- und Zwischenprodukte an. Die Bezugsgröße bildet 1 t des jeweiligen Produkts.

6.2.2.1 Schwefelsäure: Verfahrensanteile, Energie- und Stoffeinsatz

Die Produktion aller hier betrachteten P-Dünger mit Ausnahme von Ammoniumnitratphosphat ist mit dem Einsatz von Schwefelsäure (H_2SO_4) verbunden. Weltweit ist die P-Düngerproduktion der Hauptabnehmer von Schwefelsäure, die mit weitem Abstand das in der größten Menge produzierte Erzeugnis der chemischen Industrie ist. Der spezifische Energieaufwand der P-Düngerproduktion wird wesentlich durch die unterstellte Produktionsweise der Schwefelsäure bestimmt. Deren Produktion kann mit – zum Teil erheblichen – Gutschriften oder Energieaufwendungen verbunden sein, abhängig davon, mit welchem Aufwand Schwefelsäure als Hauptprodukt produziert wird, aber auch davon, ob Schwefelsäure bzw. ihre Vorstufen als Haupt- oder Nebenprodukte betrachtet werden.

Die wesentlichen Ausgangsstoffe zur Schwefelsäureproduktion sind:

- Elementarer Schwefel,

  - der als Hauptprodukt nach verschiedenen Verfahren abgebaut wird oder

  - als Nebenprodukt bei der Entschwefelung von Rohöl und Erdgas anfällt.

- Pyrit (Eisensulfid), der durch Rösten zu Schwefeldioxid (Hauptprodukt) und Eisenoxid (Nebenprodukt) umgesetzt wird.

- Schwefeldioxid (SO_2),

  - das als Nebenprodukt des Röstens bei der Produktion von z. B. Blei, Kupfer oder Zink anfällt oder

  - durch Spaltung von sogenannter Abfallsäure (bereits in chemischen Prozessen als Katalysator oder im Überschuß eingesetzte Schwefelsäure, die daher als Reststoff dieser Prozesse anfällt).

- Abfallsäure, die lediglich aufkonzentriert und gereinigt wird.

Anteile der einzelnen Verfahren

Aufgrund der erheblichen Unterschiede zwischen den Energieumsätzen und Ausgangsstoffen der einzelnen Verfahren der Schwefelsäureproduktion müssen die Verfahrensanteile für die hier betrachteten Herkunftsregionen der P-Düngemittel gesondert festgelegt werden. Die uns dazu vorliegenden Daten sind überwiegend relativ alt und weisen Widersprüche auf. Die Daten zur Schwefelproduktion sind insofern nicht ohne weiteres zu verwenden, als zwar Schwefel überwiegend zur H_2SO_4-Produktion verwendet wird, aber damit noch keine Information über den Deckungsgrad des Schwefelbedarfs der H_2SO_4-Produktion vorliegt.

In Westdeutschland stammten nach /UBA 1995c/ in den frühen 90er Jahren je etwa ein Drittel der produzierten H_2SO_4 aus der Schwefelverbrennung, aus Röstprozessen und aus der Aufarbeitung von Abfallsäure. Für den eingesetzten elementaren Schwefel kann mit hoher Wahrscheinlichkeit angenommen werden, daß er überwiegend nach dem Claus-Verfahren gewonnen wird /STBA 1994a/; für einen kleinen Teil unterstellen wir die Gewinnung nach dem Frasch-Verfahren. Für die übrigen westeuropäischen Länder übernehmen wir im wesentlichen die Verfahrensanteile der Bundesrepublik. Wir unterstellen jedoch einen kleineren Anteil der Abfallsäureaufarbeitung und einen entsprechend größeren Anteil der Schwefelsäureproduktion aus Claus-Schwefel. Damit wird der im Vergleich zur Bundesrepublik geringeren Bedeutung der chemischen Industrie und der sehr großen Bedeutung der Mineralölverarbeitung und Erdgasgewinnung in einigen dieser Länder, z. B. den Niederlanden, Rechnung getragen. Für Osteuropa gehen wir davon aus, daß praktisch keine Abfallsäureaufbereitung stattfindet und große Teile des eingesetzten Schwefels aus dem konventionellen Bergbau stammen. Die Anteile der Schwefelsäureproduktion aus Pyrit und anderen sulfidischen Erzen setzen wir für alle Regionen gleich denen in der Bundesrepublik. Die

Literaturdaten und Rechenwerte zu den Anteilen der einzelnen Produktionsverfahren bzw. Schwefel- und SO_2-Quellen sind in Tabelle 6-18 zusammengefaßt.

Offensichtlich liegen die Anteile aller Verfahren in ähnlichen Größenordnungen. Insbesondere gibt es keine eindeutig die gesamte Produktion dominierende Prozeßfolge, in der Schwefelsäure und ihre Ausgangsstoffe als Hauptprodukt hergestellt werden. Damit kann auch nicht ohne weiteres von einer *Substitution* durch Schwefelsäure, die als Nebenprodukt aus anderen Produktionslinien stammt, gesprochen werden. Aus der fehlenden Definition von „eigentlichem" Hauptverfahren und lediglich substituierendem Kuppelprozeß folgt, daß im Zusammenhang des Schwefelsäureproduktion Äquivalenzprozeßbilanzierungen nicht sinnvoll durchführbar sind.

Tabelle 6-18 Schwefel- und Schwefelsäureproduktion: Literaturdaten und Rechenwerte der Verfahrensanteile differenziert nach Ländern

	Mio. t	Schwefel Claus	Schwefel Frasch	Schwefel Bergbau	Schwefel Summe	Rösten Pyrit	Rösten Andere Sulfide	Aufarbeit. Abfallsäure
/ULLMANN 1994/ Schwefelproduktion 1992								
EU + Türkei	11				60 %			
GUS	8,3				62 %			
USA + Canada	19				84 %			
Welt	57				63 %			
/BÜCHNER 1989/ Schwefelproduktion 1985								
Polen	5,1		86%	10 %	96 %		4 %	
UDSSR	10	39 %	9 %	17 %	65 %	35 %		
USA	11		44 %		44 %	56 %		
Canada	6,7	100 %			100 %			
Welt	54	54 %	23 %	5 %	81 %	19 %		
/BÜCHNER 1989/ Rohstoffe der H_2SO_4-Produktion 1985								
Westeuropa					47 %	35 %	17 %	7 %
USA					82 %	2 %	10 %	6 %
/UBA 1995c/ Rohstoffe der H_2SO_4-Produktion in den frühen 90er Jahren								
WestD					35 %	11 %	23,5 %	30 %
Rechenwerte								
BRD		30 %	5 %		35 %	11 %	24 %	30 %
Westeuropa		40 %	5 %		45 %	11 %	24 %	20 %
Osteuropa		40 %	5 %	20 %	65 %	11 %	24 %	
Mittel		37 %	5 %	7 %	49 %	11 %	24 %	16 %
Mittel: Je 33,3 % BRD, West- und Osteuropa								

Energie- und Stoffeinsatz

Im folgenden werden die einzelnen Prozeßschritte der verschiedenen Verfahren der Schwefelsäureproduktion beginnend mit der Schwefelgewinnung dargestellt und Rechenwerte zur Bilanzierung abgeleitet.

Frasch-Verfahren: Der Schwefel wird mit überhitztem Wasser (etwa 165 °C, 25 bis 30 bar) in Tiefen bis zu 800 m aufgeschmolzen und anschließend mit Druckluft an die Erdoberfläche befördert. Abbau des Schwefelerzes und Anreicherung des Schwefels finden in einem Schritt statt. Das Verfahren setzt besondere geologische Formationen voraus und wurde ursprünglich vor allem am Golf von Mexiko eingesetzt. Heute wird es auch in Polen, dem Hauptproduktionsland von Schwefel in Europa, und der GUS angewendet. Der Energieeinsatz liegt nach /ECOINVENT 1994/ bei etwa 5 GJ Erdgas/t Schwefel; nach /ULLMANN 1994/ werden 3 bis 38 t Wasser (165 °C, 2,5 bis 3 bar) benötigt.

Konventioneller Bergbau: Schwefelhaltige Gesteine nahe der Erdoberfläche werden im Tagebau abgebaut. Daran schließt sich gegebenenfalls eine Anreicherung des Schwefels durch Flotation auf 70 bis 90 % und in der Regel Ausschmelzen oder – seltener – Destillieren des Schwefels aus bzw. von der Gangart an. Die Kombination aus Flotation und Ausschmelzen wird vor allem in Polen angewendet. Für die Destillation wird in /ULLMANN 1994/ ein Einsatz von 12 GJ/t Schwefel (0,41 t Kohle/t Schwefel) angegeben. Für das heute meist mit Dampf durchgeführte Ausschmelzen liegen nur unvollständige Angaben vor. Wir schätzen den Dampfeinsatz auf 1 GJ/t Schwefel.

Entschwefelung von Erdöl und Erdgas: Die Schwefelgewinnung aus Erdöl und Erdgas erfolgt durch (I) Hydrierung aller S-haltigen Verbindungen zu Schwefelwasserstoff (H_2S), (II) dessen Abtrennung und teilweise Verbrennung zu SO_2 und (III) Umsetzung des SO_2 mit dem restlichen H_2S in einer katalytischen Reaktion; II und III bilden den sogenannten Claus-Prozeß.

$$\text{I} \qquad R_2S + 2\,H_2 \longrightarrow H_2S + 2\,RH \qquad\qquad R = \text{Organische Reste}$$

$$\text{II} \qquad 2\,H_2S + 3\,O_2 \longrightarrow 2\,SO_2 + 2\,H_2O \qquad \Delta H = -1.038 \text{ kJ/mol}$$

$$\text{III} \qquad 2\,H_2S + SO_2 \longrightarrow 3\,S + 2\,H_2O \qquad\quad \Delta H = -147 \text{ kJ/mol}$$

$$\text{II + III} \qquad 3\,H_2S + 1{,}5\,O_2 \longrightarrow 3\,S + 3\,H_2O \qquad \Delta H = -664 \text{ kJ/mol}$$

Bei nicht eindeutiger Abgrenzung des erfaßten Prozesses wird in /DGMK 1992/ für die Mitteldestillatentschwefelung (MDE) eine Energiefreisetzung von 0,09 GJ/t Durchsatz angegeben. Der Wasserstoff stammt dabei aus einem mit 0,7 GJ/t Durchsatz endothermen Prozeß (Reforming). Je Tonne Schwefel werden etwa 0,12 t Wasserstoff eingesetzt, die je zur Hälfte an die organischen Reste und Schwefel gebunden werden. Damit ergibt sich ein Energieaufwand von etwa 0,094 GJ zur Wasserstoffbereitstellung pro t Schwefel. Bezogen auf den Durchsatz ist der Gesamtprozeß der Entschwefelung (Reforming + MDE) damit mit 0,004 GJ endotherm, d. h. praktisch energieneutral. Zu betonen ist, daß es sich hierbei um eine Abschätzung handelt; der Prozeß kann unseres Erachtens durchaus etwas stärker endotherm oder leicht exotherm sein. In jedem Fall ist der Energieumsatz aber relativ gering.

Der Bezug auf den Durchsatz entspricht einer Allokation des Energieaufwandes für die Kuppelprodukte Mitteldestillat und Schwefel nach Masse. Aus dem Produktionszusammenhang wäre eine Allokation nach den Kriterien Energieinhalt oder Markpreis unseres Erachtens sinnvoller (Schwefel: 9 GJ/t, 45 DM/t; Mitteldestillate: 42,7 GJ/t, 500 bis 800 DM/t). Unabhängig von der Richtigkeit des oben abgeleiteten Wertes, wäre der dann auf Schwefel entfallende Anteil deutlich geringer. Pragmatisch kann damit die Schwefelgewinnung aus Erdöl als näherungsweise energieneutral betrachtet und daher vernachlässigt werden.

Ein anderer Ansatz führt zu dem gleichen Ergebnis: Dabei wird Schwefel als Nebenprodukt betrachtet, das weit überwiegend anfällt, weil Umweltauflagen zu erfüllen sind; geringere

Mengen sind auf die Notwendigkeit der Entfernung des Katalysatorgiftes Schwefel vor bestimmten Raffinerieprozessen zurückzuführen. Ohne Vorschriften zum Schwefelgehalt von Kraftstoffen und bei einer Nachfragestruktur, die keine Schwefel-empfindlichen Prozesse erfordert, bestünde seitens der Mineralölwirtschaft kein Interesse an der Schwefelgewinnung. Der Energieeinsatz wird daher vollständig den Mineralölprodukten zugeordnet. Das gleiche gilt damit für den Energieeinsatz vorgelagerter Prozesse.

Für die Entschwefelung von Erdgas liegen uns keine Daten vor; in /GEMIS 1995/ wird die Entschwefelung als Teil der Aufbereitung betrachtet (siehe dazu auch Kapitel 8.3). Wir betrachten die Argumentation für Erdöl als auf Erdgas übertragbar. Anzumerken ist, daß nach /WEG 1994/ und /STBA 1994a/ in der Bundesrepublik 1993 etwa 85 % des Schwefels aus der Entschwefelung fossiler Brennstoffe aus Erdgas und lediglich der Rest aus Erdöl stammte. In anderen Ländern können die Verhältnisse aufgrund anderer Schwefelgehalte des Erdgases – in der Bundesrepublik besteht etwa 50 % der Förderung aus stark schwefelhaltigem „Sauergas" – oder Emissionsstandards deutlich anders sein.

Schwefelsäureproduktion aus elementarem Schwefel: Die eigentliche Schwefelsäureproduktion aus elementarem Schwefel beginnt mit der stark exothermen Verbrennung von Schwefel zu SO_2; der Schwefel wird dazu als Schmelze in eine Brennkammer eingespritzt. Die bei einer Temperatur von etwa 1.100 °C freiwerdende Energie wird in großem Umfang zur Dampferzeugung genutzt:

$$S + O_2 \longrightarrow SO_2 \qquad \Delta H = -290 \text{ kJ/mol } SO_2$$

Daran schließt sich die Oxidation von SO_2 zu SO_3 an, die deutlich weniger stark exotherm ist als der erste Reaktionsschritt. Die Reaktion findet bei 400 bis 500 °C statt und erfordert den Einsatz von Katalysatoren. Im heute fast ausschließlich angewendeten Kontaktverfahren handelt es sich dabei überwiegend um Vanadiumverbindungen.

$$2\,SO_2 + O_2 \longrightarrow 2\,SO_3 \qquad \Delta H = -99 \text{ kJ/mol } SO_3$$

Abschließend wird das SO_3 in konzentrierter H_2SO_4 gelöst und das dabei entstehende sogenannte Oleum auf die für Folgeprozesse erforderliche Konzentration verdünnt.

$$SO_3 + H_2SO_4 \longrightarrow H_2SO_4{*}SO_3$$
$$H_2SO_4{*}SO_3 + H_2O \longrightarrow 2\,H_2SO_4$$

Für die Schwefelsäureproduktion aus elementarem Schwefel wird nach /ULLMANN 1994/ eine Gutschrift von etwa 3,6 GJ/t H_2SO_4 realisiert (1,35 t Dampf, 40 bar, 400 °C). Der Oxidation von Schwefel zu SO_2 können dabei formal – die Angaben beziehen sich auf eine integrierte Anlage – etwa 2 GJ/t H_2SO_4 zugeordnet werden, den folgenden Prozessen die übrigen 1,6 GJ. Zu beachten ist dabei, daß damit keine primärenergetische Bewertung des Schwefels erfolgt; falls Schwefel als Energieträger betrachtet würde, fiele keine Netto-Gutschrift an, sondern ein Energieeinsatz von 0,4 GJ/t H_2SO_4 bei Berücksichtigung der Dampferzeugung (mit etwa 0,33 t Schwefel/t H_2SO_4 und etwa 12 GJ/t Schwefel bei Bezug auf SO_3 als Verbrennungsprodukt). Wir wählen die oben dargestellte Betrachtungsweise, da üblicherweise Schwefel nicht als Brennstoff mit dem Ziel der Produktion von Endenergieträgern eingesetzt wird.

Schwefelsäureproduktion aus Röstabgasen: Alternativ zum ersten Reaktionsschritt (siehe vorstehender Absatz) kann das SO_2 aus der Abluft des stark exothermen Röstens von sulfidischen Erzen erhalten werden.

$$4\,FeS_2 + 11\,O_2 \longrightarrow 2\,Fe_2O_3 + 8\,SO_2 \qquad \Delta H = -3.320\ kJ$$

$$2\,ZnS + 3\,O_2 \longrightarrow 2\,ZnO + 2\,SO_2 \qquad \Delta H = -440\ kJ$$

Der hohe Staubgehalt der Abluft erfordert jedoch einen sehr großen Reinigungsaufwand. Die Schwefelsäureproduktion aus Röstgas hat daher heute im wesentlichen Bedeutung im Zusammenhang mit der Gewinnung von Metallen wie z. B. Kupfer, Blei oder Zink aus sulfidischen Erzen. Das Rösten von Pyrit zur SO_2-Darstellung ist von nur noch geringer bzw. abnehmender Bedeutung, da die Nutzung des Abbrandes zur Eisenherstellung nicht ausreichend rentabel ist. Bei den beiden dargestellten Röstprozessen werden nach /ULLMANN 1994/ 1,5 t Dampf/t Pyrit und 1 t Dampf/t Zinkblendekonzentrat (je 40 bar, 400 °C, etwa 3,2 GJ/t Dampf) erzeugt.

Die Zuordnung dieser Energiemengen kann mit Bezug auf die direkten Röstprodukte und die Endprodukte der Verhüttung bzw. Schwefelsäure und nach den Allokationskriterien Masse und Marktpreis durchgeführt werden. Ferner kann der Energieumsatz dem Hauptprodukt allein zugewiesen werden. Wir wählen hier für Pyrit und Erze anderer Metalle verschiedene Vorgehensweisen.

Für Pyrit ordnen wir den Energieumsatz nach Marktpreisen gemäß /STBA 1994a/ den Endprodukten einer Anlage zur Schwefelsäureproduktion aus Pyrit zu; diese Endprodukte sind der Pyrit-Abbrand (50 DM/t) und Schwefelsäure (60 DM/t). Mit dem Bezug auf Abbrand – statt z. B. auf Roheisen (460 DM/t) – wird berücksichtigt, daß Schwefelsäure das Hauptprodukt darstellt. Die Preise der Abbrände liegen zwar in der gleichen Größenordnung wie die üblicher Eisenerze, der Anteil von Abbränden bei der Eisenerzeugung liegt jedoch nur im Prozentbereich. Die geringe Rentabilität der Abbrandnutzung wurde bereits erwähnt.

Für andere sulfidische Erze bilden die Metalle den Bezug, da der Abbrand das Hauptprodukt darstellt. Ein Vergleich der Marktpreise von Blei (750 DM/t), Kupfer (3200 DM/t) und Zink (1650 DM/t) mit dem von Schwefelsäure zeigt zwischen den Metallen und Schwefelsäure größenordnungsmäßige Unterschiede. Unseres Erachtens ist eine Verteilung des Energieumsatzes auf Haupt- und Nebenprodukt hier nicht mehr gerechtfertigt. Die Preisrelationen zeigen eindeutig, daß die Metallproduktion das intendierte Ziel ist. Ohne Auflagen zur Begrenzung der SO_2-Emissionen würde keine Schwefelsäureproduktion erfolgen. Wir weisen daher den gesamten Energieeinsatz der Metallproduktion zu. Daß dies sinnvoll ist, wird besonders deutlich bei Betrachtung der vorgelagerten Prozesse, für die der Energieeinsatz wie für den Röstprozeß und die Schwefelsäuregewinnung zu verteilen ist. Nach /KRÜGER 1995/ sind Abbau und Anreicherung von Kupfererzen mit Primärenergieaufwendungen zwischen 13,1 und 41,4 GJ/t Kupfersulfid verbunden. Daß angesichts der Verfügbarkeit anderer Quellen für Schwefel bzw. SO_2 die Schwefelsäureproduktion als Motivation keinerlei Bedeutung hat, ist offensichtlich.

Falls für die Nichteisenmetallsulfide andere Zuordnungen gewählt werden, kann sich die Datenlage als problematisch erweisen. Wie das Beispiel Kupfer zeigt, sind Abbau und Aufbereitung energetisch relevantere Schritte als das Rösten und die Schwefelsäureproduktion. Für die Aufbereitung der Erze anderer Metalle liegen uns jedoch keine Daten vor. Die Grössenordnung dürfte für Blei und Zink gleich sein, jedoch eher im unteren Bereich der Werte für Kupfer liegen, da die unbehandelten Roherze zum Teil höhere Metallsulfidgehalte aufweisen als Kupfererze. Daten zur Dampferzeugung durch den Röstprozeß liegen uns nur für Zinkerz vor (siehe oben). In einigen neueren Energiebilanzen zur Darstellung von Nichteisenmetallen werden die Energiefreisetzungen des Röstprozesses nicht explizit ausgewiesen, sondern mit dem Energieeinsatz in anderen Prozessen (Trocknung, Luftvorheizen) verrechnet. Zu den Anteilen der Erze verschiedener Metalle in einzelnen Ländern liegen uns ebenfalls keine Informationen vor. Das gleiche gilt für den tatsächlichen Umfang der Dampferzeugung. Die eigentliche Schwefelsäureerzeugung aus der Abluft des Röstens ist mit zusätzlichem Energieeinsatz verbunden, der zum Betrieb von Filtern und Gebläsen, zum Wiederaufheizen des Röstgases nach dem Filter, zum Beheizen der Kontakte usw. erforderlich ist /KRÜGER 1996/, /MORI 1996/. Nach /ULLMANN 1994/ ist eine umfangreiche Dampferzeugung bei der Weiterverarbeitung zu Schwefelsäure noch nicht Standard; eventuell anfallende Energiemengen werden vermutlich mit den Energieaufwendungen für andere Teilprozesse verrechnet (siehe oben).

Abfallsäureaufarbeitung: Die Aufarbeitung von gebrauchter Schwefelsäure kann auf zwei grundsätzlich verschiedene Arten erfolgen. Die meist verdünnte Schwefelsäure wird in verschiedenen Verdampfertypen bei Normaldruck oder im Vakuum unter Erhitzen auf die gewünschte Konzentration gebracht. Organische Verunreinigungen werden dabei zersetzt, anorganische Salze lassen sich abfiltrieren. Druck und Temperatur und damit die Anlagentechnik unterscheiden sich nach Ausgangs- und Zielkonzentration ($< 25\%$ auf etwa 75% und $< 75\%$ auf $> 95\%$); die Aufkonzentration von sehr verdünnter zu konzentrierter Säure erfolgt daher in zwei Stufen. Der Energieaufwand liegt je nach Verdampfertyp bei etwa 2 bis 4 GJ/t Wasser. Für die Abschätzung eines Rechenwertes mit Bezug auf Schwefelsäure nehmen wir eine Ausgangskonzentration von 30% und eine Endkonzentration von 70% Schwefelsäure an – dies entspricht einer zu verdampfenden Wassermenge von 1,9 t/t H_2SO_4 (100%) – sowie einen Energieaufwand von 2,5 GJ Dampf/t Wasser. Damit ergibt sich ein Gesamteinsatz von 4,75 GJ Dampf/t H_2SO_4 (1,4 t 70%ige H_2SO_4).

Stärker verunreinigte Schwefelsäure wird durch Einspritzen in Flammen bei etwa 1.000 °C in SO_2, Sauerstoff und Wasser zerlegt. Die Konzentration sollte mindestens 70% betragen. Für diese Ausgangskonzentration läßt sich ein Energieaufwand von etwa 6,4 GJ/t H_2SO_4 für die Verdampfung des Wassers und die eigentliche Reaktion berechnen. Zwischen Reaktionskammer und Filteranlage wird der Gasstrom in einem Wärmetauscher auf etwa 350 °C abgekühlt. Dabei wird Dampf erzeugt, der z. B. zum Aufkonzentrieren der Rohsäure genutzt werden kann. Wir setzen daher den oben genannten Wert von 6,4 GJ/t H_2SO_4 als Rechenwert des Gesamtprozesses inklusive Aufkonzentrieren an. Anlagen zur Spaltung von Abfallsäure sind meist integraler Bestandteil von Kontakt-Anlagen; das bei der Aufarbeitung entstehende SO_2 wird direkt zu Schwefelsäure weiterverarbeitet (siehe oben). Wir verzichten hier auf eine Gutschrift.

Wegen der großen Unsicherheiten im Zusammenhang mit den beiden Aufarbeitungsverfahren setzen wir für die weiteren Rechnungen einen gemeinsamen Rechenwert von 5 GJ Dampf/t H_2SO_4 an.

Auf eine Anpassung der von uns oben abgeleiteten bzw. angegebenen Energie-Rechenwerte, die auf moderne Anlagen Bezug nehmen, an die durchschnittlichen Anlagen des Bestandes verzichten wir. Bei größenordnungsmäßig korrekt abgeschätzten Energieumsätzen ist die Größe der Anteile einzelner Verfahren an der Produktion der hier betrachten H_2SO_4 mit Sicherheit relevanter, als die Berücksichtigung der Unterschiede zwischen Alt- und Neuanlagen. Anschaulich: Das Frasch-Verfahren oder die Aufarbeitung von H_2SO_4 sind immer mit erheblichem Energieaufwand verbunden, die Schwefeloxidation ist – praktisch – immer mit Dampfgewinnung verbunden. Die Umrechnung des Dampfeinsatzes in Brennstoff führen wir allerdings – wie für N-Dünger dargestellt – aus Konsistenzgründen mit verschiedenen Wirkungsgraden für die Bundesrepublik und Westeuropa einerseits und Osteuropa andererseits durch. Tabelle 6-19 faßt die Daten zu den Energieumsätzen wichtiger Prozeßschritte der H_2SO_4-Produktion zusammen; die relativ kleinen Diesel- und Stromverbräuche sind nicht dargestellt. Die mit diesen Energieumsätzen und den Anteilen der Verfahren berechneten Werte gehen in die Bilanzierung der P-Düngerproduktion ein.

Tabelle 6-19 Energieumsätze der Schwefelsäureproduktion: Rechenwerte für einzelne Verfahren und mittlere in der P-Düngerproduktion eingesetzte Schwefelsäure

Prozeß	Produkt	Energieeinsatz	Einheit	Energieträger	Bezug
Claus	Schwefel	0			
Frasch	Schwefel	5,00	GJ/t	Dampf	Schwefel
		35,0	kWh/t	Strom	Schwefel
Bergbau	Schwefel	0,17	GJ/t	Diesel	Schwefel
		1,00	GJ/t	Dampf	Schwefel
		35,0	kWh/t	Strom	Schwefel
$S \Rightarrow H_2SO_4$	H_2SO_4	-3,60	GJ/t	Dampf	H_2SO_4
		45,0	GJ/t	Strom	H_2SO_4
Pyritabbau	Pyrit	0,14	GJ/t	Diesel	Schwefel
		56,2	kWh/t	Strom	Schwefel
Pyritrösten	SO_2	-3,21	GJ/t	Dampf	SO_2
		22,5	kWh/t	Strom	SO_2
Sulfidabbau	Sulfid	0			
Sulfidrösten	SO_2	0			
$SO_2 \Rightarrow H_2SO_4$	H_2SO_4	0			
Aufbereitung	H_2SO_4	5,00	GJ/t	Dampf	H_2SO_4
Rechenwerte		-0,12	GJ/t	Schweröl	H_2SO_4
H_2SO_4-Produktion		0,009	GJ/t	Diesel	H_2SO_4
im Mittel der Verfahren		-1,04	GJ/t	Erdgas	H_2SO_4
und Produktionsländer		-0,10	GJ/t	Steinkohle	H_2SO_4
		30,7	kWh/t	Strom	H_2SO_4
		1,26	*GJ/t*	*Summe Fossil*	*H_2SO_4*
		-1,03	*GJ/t*	*Dampf*	*H_2SO_4*

Bei den eingesetzten materiellen Ressourcen handelt es sich um Schwefel, organische Schwefelverbindungen, Pyrit und um andere sulfidische Erze. Sauerstoff und Wasser werden nicht berücksichtigt. Da uns keine Informationen über die Anteile des Claus-Schwefels, die aus Erdöl bzw. aus Erdgas stammen (Ausnahme: Bundesrepublik), sowie über die Anteile einzelner Nichteisenmetallerze vorliegen, weisen wir nur die Schwefelgehalte als

„organisch gebundenen Schwefel" bzw. „sulfidischen Schwefel" aus. Für Abfallsäure gehen wir davon aus, daß die einzige Alternative zur Aufarbeitung in der Entsorgung durch Deponierung besteht. Damit kann der Ressourcenverbrauch ausschließlich dem Prozeß zugeschrieben werden, aus dem die Säure als Abfall hervorgegangen ist. Der aufbereiteten Abfallsäure wird daher kein Ressourcenverbrauch zugeordnet.

6.2.2.2 P-Düngemittel

Im folgenden werden die eigentliche Produktion von P-Düngemitteln und des Zwischenprodukts Phosphorsäure beginnend mit dem Phosphaterzabbau dargestellt und für die einzelnen Prozesse Rechenwerte zur Bilanzierung abgeleitet.

Phosphaterz (Rohphosphat): Der maximale P_2O_5-Gehalt der Erze liegt bei etwa 32 %; Apatit ($Ca_{10}F_2(PO_4)_6$), das wichtigste Phosphat-Mineral, hat als Reinstoff einen P_2O_5-Gehalt von 42 %. Ab einem P_2O_5-Gehalt von 10 % ist der Abbau rentabel. Zur Weiterverarbeitung bzw. zur Vermarktung des Erzes sind jedoch P_2O_5-Anteile von über 30 % notwendig. An den Abbau des Erzes schließt sich daher meist eine Anreicherung durch Flotation an. Darüber hinaus sind mit der Bereitstellung von Rohphosphat (hier als zu Dünger verarbeitbares Erz zu verstehen) üblicherweise ein oder mehrere Mahlprozesse und die Trocknung des Erzes verbunden. Die Trocknung, die im wesentlichen der Minderung des Transportgewichts dient, aber auch für einige sich anschließende Prozesse eine Rolle spielt (dry rock und wet rock, siehe unten), kann verschieden intensiv sein und ist insbesondere nach der Flotation zwingend.

Bei der Abschätzung von Rechenwerten unterscheiden wir nicht zwischen armen Erzen die angereichert werden müssen, und reichen Erzen, die direkt verarbeitet werden können, und nicht zwischen dry rock und wet rock. Den mittleren Energieaufwand für die Produktion von durchschnittlichem Rohphosphat schätzen wir aus den Angaben in /MUDAHAR 1987/ ab (Tabelle 6-20); wir nehmen dazu an, daß der Abbau mit dieselbetriebenen Maschinen erfolgt und Flotationsanlagen und Mahlwerke elektrisch betrieben werden (Vorkettenwirkungsgrade: Dieselkraftstoff: 90 %, Strom: 33 %). Für die Stoffstrombilanzierung nehmen wir an, daß der P_2O_5-Gehalt der Erzes bei 25 %, der des angereicherten Rohphosphats bei 32 % liegt.

Tabelle 6-20 Phosphatabbau und -anreicherung: Literaturdaten und Rechenwerte des spezifischen Energieeinsatzes

Quelle, Prozeß/Produkt, Anmerkungen	Input/t Produkt	Einheit	Stoff/Endenergieträger
/MUDAHAR 1987/, USA 1983			
Abbau	0,22	GJ	Primärenergie/t Erz
Anreicherung	0,24	GJ	Primärenergie/t Erz
Trocknung	0,50	GJ	Primärenergie/t Erz
/IFDC/ USA 1993, Anreicherung	75,0	kWh	Strom
Rechenwerte	1,28	t	Phosphaterz, 25 % P_2O_5
Rohphosphat, 32% P_2O_5	0,20	GJ	Diesel
	50,0	kWh	Strom
	0,43	GJ	Dampf

Einfaches oder Singlesuperphosphat (SSP): Das in der Vergangenheit wichtigste P-Düngemittel wird durch Umsetzung von Phosphaterz mit Schwefelsäure nach folgender Summengleichung dargestellt:

$$Ca_{10}F_2(PO_4)_6 + 4\,H_2SO_4 \longrightarrow 6\,CaHPO_4 + 2\,HF + 4\,CaSO_4$$

Die Temperatur steigt dabei auf etwa 80 bis 100 °C. Bereits wenige Minuten nach dem Mischen der Ausgangsstoffe verfestigt sich die Masse. Das Granulieren erfolgt erst nach einer mehrtägigen „Reifungsphase". Der P_2O_5-Gehalt des Produktes liegt bei 18 bis 22 %. Als Rechenwerte übernehmen wir im wesentlichen die Daten aus /UHDE 1990/ (Tabelle 6-21).

Tabelle 6-21 Singlesuperphosphat-Produktion: Literaturdaten und Rechenwerte des spezifischen Stoff- und Energieeinsatzes

Quelle, Prozeß/Produkt, Anmerkungen	Input/t Produkt	Einheit	Stoff/Endenergieträger
/MUDAHAR 1987/			
USA 1983, 20 % P_2O_5 im SSP	0,63	t	Rohphosphat, 33% P_2O_5
Reaktion	0,41	GJ	Primärenergie
Granulation	0,70	GJ	Primärenergie
/UHDE 1990/ Neuanlage 1990	0,569	t	Rohphosphat, 33,7% P_2O_5
19 % P_2O_5 im SSP	0,365	t	H_2SO_4, 100%
	0,63	GJ	Schweröl
	0,26	GJ	Dampf, 0,1 t/t (Ann.: 2,6 GJ/t)
	30	kWh	Strom
Rechenwerte	0,626	t	Rohphosphat, 32 % P_2O_5
SSP: 20 % P_2O_5	0,384	t	H_2SO_4
	4	kg	Polyethylenwachs
BRD, EU	0,91	GJ	Dampf
Osteuropa	1,03	GJ	Dampf
	30,0	kWh	Strom

Phosphorsäure: Sowohl die Darstellung von Triplesuperphosphat wie auch von Mono- und Diammoniumphosphat (MAP, DAP) basieren auf Phosphorsäure als Zwischenprodukt. Diese wird prinzipiell ähnlich wie SSP aus H_2SO_4 und Rohphosphat hergestellt.

$$Ca_{10}F_2(PO_4)_6 + 10\,H_2SO_4 \longrightarrow 6\,H_3PO_4 + 2\,HF + 10\,CaSO_4$$

Dabei ist im wesentlichen zwischen dem Dihydrat- und dem Hemihydrat-Verfahren zu unterscheiden; ein drittes, das sogenannte Hemihydrat-Dihydrat-Verfahren hat nur geringe Bedeutung. Die Bezeichnungen leiten sich vom Kristallwassergehalt des entstehenden Gipses ab (2 bzw. 0,5 mol Wasser pro mol $CaSO_4$).

Das Dihydrat-Verfahren ist energetisch aufwendiger. Die Phosphorsäure fällt mit einem P_2O_5-Gehalt von etwa 28 % an, so daß meist zwei Verdampfungsstufen zum Erreichen der gewünschten Konzentration notwendig sind. Beim Hemihydrat-Verfahren liegt die Konzentration der Rohsäure bei etwa 42 % P_2O_5; hier ist lediglich eine Verdampfungsstufe erforderlich. Im Dihydrat-Verfahren werden Rohphosphate mit unterschiedlichem Wassergehalt eingesetzt (dry rock, wet rock), im Hemihydrat-Verfahren nur dry rock. Die Vorlasten sind damit bei differenzierter Betrachtung unterschiedlich.

Aufgrund der – trotz einer zweiten Verdampfungsstufe – weniger komplexen Anlagentechnik und der damit geringeren Investitionskosten sowie geringerer Ansprüche an die Qualität des Rohphosphats wird weit überwiegend das Dihydrat-Verfahren angewandt. Die tendenziell bessere Nutzbarkeit des Hemihydrats ($CaSO_4*0,5\ H_2O$) als Baustoff spielt dagegen nur eine relativ geringe Rolle. Tatsächlich fällt sehr viel mehr Gips an, als abgesetzt werden kann, so daß die Entsorgung der Normalfall ist /EFMA 1995/.

Zur Abschätzung der Rechenwerte (Tabelle 6-22) setzen wir den Anteil des Dihydrat-Verfahrens, das als das überwiegend eingesetzte gilt, gleich 80 % und den des Hemihydrat-Verfahrens gleich 20 %. Bei Annahme eines Energiegehaltes von 2,8 GJ/t Dampf ergeben die Daten nach /MCKETTA 1990/, dort in t Dampf/ t P_2O_5 ausgewiesen, ein ähnliches Ergebnis wie die Daten nach /MUDAHAR 1987/ (Zusatzannahme für das Dihydrat-Verfahren: wet rock/dry rock 1:1; Aufteilung der Primärenergiedaten: 90 % als Dampf, 10 % als Strom; Vorkettenwirkungsgrade: 90 bzw. 33 %; damit ergeben sich Endenergieträgeranteile von 97 % Dampf und 3 % Strom). Die in ihren Bezügen unklaren Angaben nach /ECOINVENT 1994/ liegen ebenfalls in der gleichen Größenordnung. Problematisch bei der Festlegung der Rechenwerte sind vor allem die fehlenden Kenntnisse zu den Verfahrensanteilen.

Tabelle 6-22 Phosphorsäureproduktion: Literaturdaten und Rechenwerte des spezifischen Stoff- und Energieeinsatzes

Quelle, Prozeß/Produkt, Anmerkungen	Input/t Produkt	Einheit	Stoff/Endenergieträger
/MCKETTA 1990/			
Dihydrat-Verfahren	4,20	GJ	Dampf (Ann.: 2,8 GJ/t Dampf)
Hemihydrat-Dihydrat-Verfahren	0,73	GJ	Dampf (Ann.: 2,8 GJ/t Dampf)
Hemihydrat-Verfahren	1,66	GJ	Dampf (Ann.: 2,8 GJ/t Dampf)
/MUDAHAR 1987/, USA 1983	1,18	GJ	Rohphosphat
MW „Di+Hemihydrat, dry+wet rock"	-3,29	GJ	H_2SO_4
Reaktion	1,13	GJ	Primärenergie/t H_3PO_4
Eindampfen: 28 % -> 42 % P_2O_5	2,20	GJ	Primärenergie/t H_3PO_4
Eindampfen: 42 % -> 54 % P_2O_5	0,86	GJ	Primärenergie/t H_3PO_4
/ECOINVENT 1994/ Bezüge unklar	2,43	t	Calciumphosphat
	1,86	t	H_2SO_4
	6,16	GJ	Schweröl
	160	kWh	Strom
/ULLMANN 1994/ 54 % P_2O_5	-0,27	GJ	H_2SO_4
MW „Di+Hemihydrat, dry+wet rock"	6,74	GJ	Primärenergie/t H_3PO_4
/IFDC 1995/ USA 1993	1,89	t	Rohphosphat
	1,45	t	H_2SO_4
	71,8	kWh	Strom
Rechenwerte	1,77	t	Rohphosphat, 32 % P_2O_5
H_3PO_4: 54 % P_2O_5	1,46	t	H_2SO_4
BRD, EU	4,50	GJ	Dampf
Osteuropa	5,18	GJ	Dampf
	100	kWh	Strom

Eine Gutschrift für den anfallenden Gips halten wir aufgrund des geringen Umfangs der Nutzung für nicht angebracht. Den Energieverbrauch der Entsorgung vernachlässigen wir hier ebenfalls. Die Deponierung erfolgt meist auf fabriknahen Halden, die über Förderbänder aufgeschüttet werden, oder durch Einleiten des suspendierten Gips in einen Vorfluter /EFMA 1995/. Für beide Prozesse liegen uns keine Daten vor; wir schätzen den Aufwand jedoch als relativ gering ein.

Triplesuperphosphat (TSP): TSP wird aus Phosphorsäure und Rohphosphat dargestellt.

$$Ca_{10}F_2(PO_4)_6 + 4\,H_3PO_4 \longrightarrow 10\,CaHPO_4 + 2\,HF$$

Abb. 6-3 enthält ein Fließschema der Bereitstellung von TSP. Nach /ULLMANN 1987/ verläuft der Prozeß analog der SSP-Produktion und kann in den gleichen Anlagen durchgeführt werden. Als Rechenwerte übernehmen wir im wesentlichen die Daten aus /UHDE 1990/ (Tabelle 6-23).

Tabelle 6-23 Triplesuperphosphat-Produktion: Literaturdaten und Rechenwerte des spezifischen Stoff- und Energieeinsatzes

Quelle, Prozeß/Produkt, Anmerkungen	Input/t Produkt	Einheit	Stoff/Endenergieträger
/UHDE 1990/ Neuanlage 1990	0,42	t	Phosphaterz, 33,7% P_2O_5
48 % P_2O_5 im TSP	0,636	t	H_3PO_4, 54 % P_2O_5
	0,63	GJ	Schweröl
	0,26	GJ	Dampf, 0,1 t/t, 5 bar (Ann.: 2,6 GJ/t)
	30	kWh	Strom
/MUDAHAR 1987/ MW USA 1983	0,37	GJ	Phosphaterz
MW „Di+Hemihydrat, dry+wet rock"	1,47	GJ	H_3PO_4
Reaktion	1,11	GJ	Primärenergie
Granulation	0,46	GJ	Primärenergie
/ULLMANN 1994/			
MW „Di+Hemihydrat, dry+wet rock"	1,63	GJ	Primärenergie
/IFDC 1995/ USA 1993	0,437	t	Phosphaterz
	0,358	t	H_3PO_4 als P_2O_5
	0,54	GJ	Diesel
	64	kWh	Strom
Rechenwerte			
TSP: 43 % P_2O_5 Erz: 32 % P_2O_5	0,442	t	Rohphosphat, 32 % P_2O_5
	0,636	t	H_3PO_4
	4	kg	Polyethylenwachs
BRD, EU	0,91	GJ	Dampf
Osteuropa	1,03	GJ	Dampf
	30,0	kWh	Strom

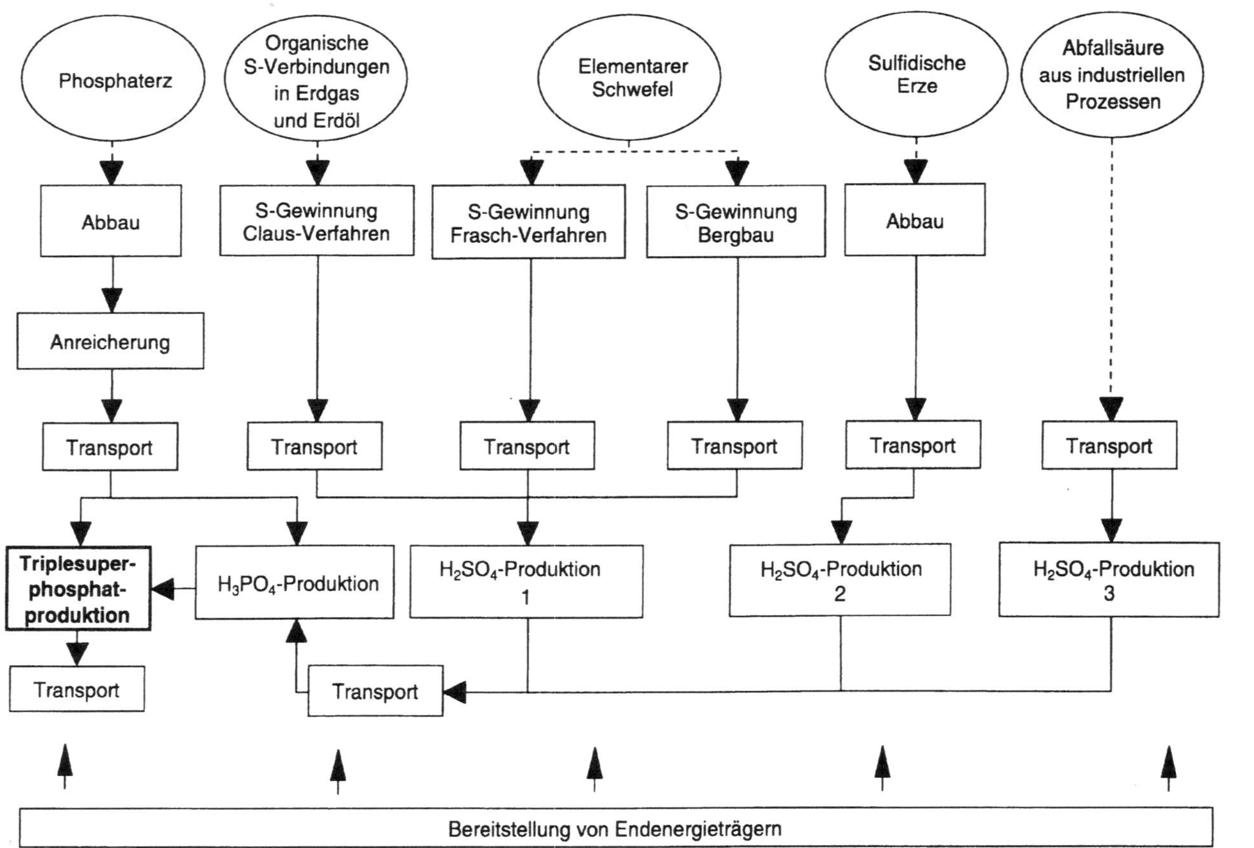

Abb. 6-3 Fließschema der Bereitstellung von Triplesuperphophat (TSP)

Mono- und Diammoniumphosphat (MAP, DAP) und **Ammoniumnitratphosphat** (ANP) wurden bereits als N-Dünger behandelt. Wir verweisen deshalb hier nur auf die in diesem Zusammenhang bereits gemachten Anmerkungen zur Ableitung der Rechenwerte auf Basis der Daten aus /IFDC 1995/ und /UHDE 1994b/ (Tabelle 6-24 und Tabelle 6-25).

Die Basisdaten zur Produktion der einzelnen Düngemittel umfassen die Granulation und Trocknung. Die Umrechnung des Dampfeinsatzes in Brennstoff führen wir – wie für N-Dünger dargestellt – mit verschiedenen Wirkungsgraden für die Bundesrepublik und Westeuropa einerseits und Osteuropa andererseits durch.

Tabelle 6-24 Ammoniumphosphat-Produktion: Literaturdaten und Rechenwerte des spezifischen Stoff- und Energieeinsatzes

Quelle, Prozeß/Produkt, Anmerkungen	Input/t Produkt	Einheit	Stoff/Endenergieträger
/MUDAHAR 1987/ USA 1983	1,30 / 1,11	t	H_3PO_4, 42 % P_2O_5
MAP, 54 % P_2O_5 / DAP, 46 % P_2O_5	0,14 / 0,22	t	NH_3
	0,84 / 0,97	GJ	Prozeßenergie
/UHDE 1990/ Neuanlage 1990	1,035	t	H_3PO_4, 45 % P_2O_5
DAP, 46 % P_2O_5	0,221	t	NH_3
Incl. Granulation und Konditonierung	0,075	GJ	LP-Dampf, 0,03 t/t (Ann.: 2,6 GJ/t)
	35	kWh	Strom
/IFDC 1995/ USA 1993	0,97 / 0,88	t	H_3PO_4, 54 % P_2O_5
MAP/DAP	0,137 / 0,22	t	NH_3
	0,237 / 0,24	GJ	Erdgas
	0,00 / 0,15	GJ	Diesel
	35,3 / 34,0	kWh	Strom
Rechenwerte Mittelwert MAP/DAP	0,926	t	H_3PO_4, 54 % P_2O_5
Granulat, 50 % P_2O_5	k.A.	t	NH_3
Nur P_2O_5-Anteil	3	kg	Polyethylenwachs
BRD, EU	0,194	GJ	Dampf
Osteuropa	0,222	GJ	Dampf
	27,1	kWh	Strom

Der zu bilanzierende Stoffeinsatz umfaßt neben Schwefelsäure Phosphaterz bzw. Rohphosphat und das Konditionierungsmittel. Der Schwefelsäureeinsatz ergibt sich im wesentlichen aus der Stöchiometrie; sofern in der Literatur Überschüsse angegeben werden, übernehmen wir diese Daten. Der Verbrauch der Ressource Schwefel ergibt sich daraus mit den Verfahrensanteilen. Der Verbrauch an Phosphaterz bzw. Rohphosphat ergibt sich aus den unterstellten P_2O_5-Gehalten (25 % bzw. 32 %). Für MAP/DAP und ANP übernehmen wir die Literaturdaten zum Einsatz von Konditionierungsmitteln; für SSP und TSP nehmen wir Abschätzungen vor. Als Konditionierungsmittel unterstellen wir Polyethylenwachs, das, wie für N-Dünger beschrieben, bilanziert wird.

Tabelle 6-25 Ammoniumnitratphosphat-Produktion: Literaturdaten und Rechenwerte des spezifischen Stoff- und Energieeinsatzes

Quelle, Prozeß/Produkt, Anmerkungen	Input/t Produkt	Einheit	Stoff/Endenergieträger
/UHDE 1994b/ Neuanlage 1994	0,228	t	P_2O_5 als Erz
Gesamtprozeß incl. CAN-Produktion	0,308	t	NH_3
	0,957	t	HNO_3
	0,260	t	CO_2
	-0,675	t	NH_4NO_3
	-0,502	t	$CaCO_3$
	(-0,9)	t	CAN
	0,218	GJ	Heizöl
	1,04	GJ	Dampf, 0,37 t/t (Ann.: 2,8 GJ/t)
	193	kWh	Strom
Rechenwerte			
Basierend auf /UHDE 1994b/	0,688	t	Rohphosphat, 32 % P_2O_5
Granulat, 22 M% P_2O_5	0,083	t	CO_2
Nur P_2O_5-Anteil, ohne CAN	2	kg	Polyethylenwachs
BRD, EU	0,434	GJ	Dampf
Osteuropa	0,494	GJ	Dampf
	61,9	kWh	Strom

Zusammenführung

Der gesamte nährstoffbezogene spezifische Endenergieaufwand zur Produktion der einzelnen P-Düngemittel ergibt sich aus den auf den P_2O_5-Gehalt bezogenen Energieaufwendungen der einzelnen Produktionsschritte beginnend mit der Schwefelsäureproduktion. Die Daten sind in Tabelle 6-26 zusammengefaßt. Das Konditionierungsmittel ist darin mit seinem Energieeinsatz berücksichtigt.

Wichtige Schritte der P-Düngerproduktion sind die Schwefelsäure- und die Phosphorsäureproduktion. Wie der Darstellung zu entnehmen ist, sind gerade die Daten zu diesen Prozessen mit erheblichen Unsicherheiten verbunden. Vor allem die Tatsache, daß Phosphorsäure nach verschiedenen Verfahren produziert wird, die sich hinsichtlich des Energieaufwandes deutlich unterscheiden, stellt ein erhebliches Problem dar. Während die Angaben für die einzelnen Verfahren relativ gut übereinstimmen, sind Informationen zu Verfahrensanteilen lediglich qualitativer Art. Nach unserer Einschätzung kann der Energieeinsatz zur Produktion mittlerer Phosphorsäure bis zu 30 % kleiner oder größer sein als von uns angesetzt – abhängig davon, wie der „überwiegende" Einsatz des Dihydrat-Verfahrens konkret interpretiert wird. Da die Produktion von etwa 40 % des P-Düngers auf Phosphorsäure als Zwischenprodukt basiert, wirkt sich diese Unsicherheit – in abgeschwächter Form – auf die gesamte Bilanzierung aus. Dies gilt insbesondere deshalb, weil die Phosphorsäureproduktion mit dem Einsatz größerer Mengen thermischer Energie verbunden ist.

Die Anteile der in den Daten enthaltenen Misch-, Granulations- und Konditionierungsprozesse sind demgegenüber relativ unbedeutend; der Energieaufwand liegt nach unserer Einschätzung etwa in der Größenordnung der Unsicherheiten der Abschätzungen für die Produktionsprozesse. Wie in Kapitel 7.2.2 gezeigt wird, stellt der Transport von P-Dünger bzw. Rohphosphat einen weiteren energetisch relevanten Prozeß dar.

Tabelle 6-26 Spezifischer Energieeinsatz der Schwefelsäure-, Phosphorsäure- und P-Düngerherstellung im Mittel der Herkunftsregionen Bundesrepublik, West- und Osteuropa (Bezug: 1 t H_2SO_4 bzw. P_2O_5)

	P_2O_5-Gehalt	Schwer-öl	Diesel	Erdgas	Stein-kohle	Summe Fossil	EVU Strom
		GJ	GJ	GJ	GJ	GJ	kWh
H_2SO_4		-0,12	0,0086	-1,04	-0,10	-1,26	30,7
H_3PO_4	54,0 %	1,23	0,67	7,11	0,18	9,20	432
SSP	20,0 %	1,81	0,64	3,95	0,077	6,47	432
TTP	48,5 %	1,69	0,66	7,33	0,24	9,91	441
MAP/DAP	50,0 %	1,63	0,67	7,51	0,20	10,0	507
ANP	22,0 %	1,03	0,62	3,32	0,15	5,12	468
Mittlerer P-Dünger	**32,2 %**	**1,32**	**0,64**	**4,92**	**0,17**	**7,05**	**466**

Eigene Berechnungen

6.2.3 Emissionen

Die durch den Einsatz von fossilen Energieträgern verursachten Emissionen der P-Düngerproduktion werden, wie für N-Dünger in Kapitel 6.1.3 beschrieben, berechnet; die prozeßspezifischen Emissionen werden analog dem Vorgehen für N-Dünger abgeleitet (Tabelle 6-27). Im Falle der prozeßspezifischen Emissionen verzichten wir auf eine Differenzierung nach den Herkunftsländern der P-Düngemittel. Alle Emissionen nicht global wirksamer Schadstoffe fallen in der Ortsklasse 2 an. Die Ergebnisse der Emissionsbilanzierung finden sich in Kapitel 6.2.4.

Tabelle 6-27 Faktoren prozeßspezifischer Emissionen der P-Düngerproduktion (Rechenwerte)

Produkt	Schadstoff	g/kg	Bezug	Anmerkung/Quelle
H_2SO_4	SO_2	6,75	Produkt	berechnet nach /EFMA 1995/
	SO_2	4*	Produkt	/UBA 1995d/
Rohphosphat	Staub	0,072	Produkt	Abschätzung nach /VDI 1988/
SSP	Staub	0,072	Produkt	Abschätzung nach /VDI 1988/
TSP	Staub	0,072	Produkt	Abschätzung nach /VDI 1988/
MAP/DAP	Staub	0,19	Produkt	Abschätzung nach /VDI 1988/
ANP	Staub	0,12	Produkt	Abschätzung nach /VDI 1988/
H_3PO_4	Staub	0,65	Produkt	Abschätzung nach /EFMA 1995/

*: Nachrichtlich
Berechnet nach /EFMA 1995/: Verwendung von Mittelwerten der Bandbreiten nach /EFMA 1995/
Abschätzung nach /EFMA 1995/ bzw. /VDI 1988/: Verwendung von Mittelwerten der Bandbreiten nach /EFMA 1995/ bzw. /VDI 1988/ und Zusatzannahmen.
Auf /VDI 1988/ basierende Abschätzungen stellen Untergrenzen der tatsächlichen Emissionen dar.

Mit prozeßspezifischen Emissionen ist vor allem die Schwefelsäureproduktion verbunden (SO_2); wir setzten hier konservativ den im Vergleich zu /UBA 1995d/ höheren Emissionsfaktor nach /EFMA 1995/ an. Bei der eigentlichen P-Düngerproduktion fallen Staubemissionen an. Die NO_2-Emissionen der ANP-Produktion werden dem N-Anteil dieses Düngemittels zugeordnet. Darüber hinaus ist die P-Düngerproduktion mit HF-Emissionen verbunden, die hier jedoch nicht bilanziert werden.

6.2.4 Energie- und Stoffstrombilanzen der P-Düngerproduktion

Die Bilanz der P-Düngerproduktion differenziert nach Düngemitteln ergibt sich aus der Zusammenführung der Daten zu Energie- und Stoffeinsatz, der prozeßspezifischen Emissionen und der Verknüpfung der energieeinsatzbezogenen Faktoren mit dem Energieverbrauch.

Tabelle 6-28 weist die Bilanzen für SSP, TSP, AP und ANP, Tabelle 6-29 für Schwefelsäure, Phosphorsäure und mittleren P-Dünger im Mittel der Herkunftsregionen aus. Bezug der Daten ist 1 t P_2O_5 bzw. 1 t H_2SO_4. Differenziert nach Düngemitteln bzw. Zwischenprodukten und Herkunftsregionen sind die entsprechenden Daten im Anhang dokumentiert. Die Ergebnisse sind kumuliert über die gesamte Prozeßfolge dargestellt. Die Rubrik Stoffeinsatz enthält lediglich nachrichtlich Angaben zum stofflichen Input des letzten Prozeßschrittes. Die Bereitstellung des stofflichen Inputs ist in den Rubriken Energieeinsatz und Emissionen bereits berücksichtigt; der Verbrauch mineralischer Ressourcen wird in Kapitel 9.2 ausgewiesen. Alle Emissionen nicht global wirksamer Schadstoffe fallen in der Ortsklasse 2 an.

Die Energie- und Emissionsbilanzen der Produktion der einzelnen P-Dünger unterscheiden sich deutlich voneinander. Die auf Phosphorsäure basierenden Düngemittel TSP und AP erfordern den höchsten, ANP den geringsten Energieeinsatz. Für ANP ist die in Kapitel 6.1.2 diskutierte Allokationsproblematik zu beachten.

In Tabelle 6-29 sind die Anteile der prozeßspezifischen Emissionen an den Gesamtemissionen der Produktion des mittleren P-Düngers zusammengefaßt. Lediglich im Falle von SO_2 aus der Schwefelsäureproduktion und Staub aus der eigentlichen Düngemittelproduktion dominieren die prozeßspezifischen Emissionen die Bilanz. Die SO_2-Emissionen aus der Schwefelsäureproduktion bestimmen auch das Bilanzergebnis für die SO_2-Äquivalente als aggregierte Größe.

Tabelle 6-28 Energie- und Stoffstrombilanzen der Produktion von SSP, TSP, AP und ANP im Mittel der Herkunftsregionen (Bezug: 1 t P_2O_5)

		SSP	TTP	MAP/DAP	ANP
P_2O_5-Gehalt		20,0 %	48,5 %	50,0 %	22,0 %
Stoffeinsatz/t P_2O_5					
Rohphosphat	t	3,13	0,91	0	3,13
H_2SO_4	t	1,92	1,92	2,70	0
H_3PO_4	t	0	1,31	1,85	0
PE-Wachs	t	0,020	0,0082	0,0062	0,0091
Endenergieeinsatz/t P_2O_5					
Leichtes Heizöl	GJ	0	0	0	0
Schweröl	GJ	1,81	1,69	1,63	1,03
Dieselkraftstoff	GJ	0,64	0,66	0,67	0,62
Erdgas	GJ	3,95	7,33	7,51	3,32
Steinkohle	GJ	0,077	0,24	0,20	0,15
Braunkohle	GJ	0	0	0	0
Zwischensumme Fossil	GJ	*6,47*	*9,91*	*10,0*	*5,12*
davon Dampf	GJ	*4,10*	*7,56*	*7,76*	*3,40*
EVU-Strom	kWh	432	441	507	468
Bahnstrom	kWh	0	0	0	0
Emissionen/t P_2O_5					
		Global	**Global**	**Global**	**Global**
CO_2	kg	343	579	590	292
CH_4	kg	0,015	0,025	0,026	0,012
N_2O	kg	0,011	0,021	0,020	0,012
CO_2-Äquivalente	*kg*	*347*	*587*	*597*	*296*
		OK 2	**OK 2**	**OK 2**	**OK 2**
SO_2	kg	10,1	10,4	14,3	0,42
CO	kg	0,34	0,49	0,50	0,31
NO_X	kg	0,86	1,13	1,15	0,78
NMHC	kg	0,10	0,11	0,11	0,091
Partikel	kg	0,045	0,046	0,047	0,043
Staub	kg	0,61	1,27	1,84	0,79
HCl	kg	0,0024	0,0069	0,0060	0,0044
NH_3	kg	0,0017	0,0018	0,0018	0,0017
Formaldehyd	kg	0,0073	0,0079	0,0080	0,0070
Benzol	kg	0,0019	0,0021	0,0022	0,0018
Benzo(a)pyren	µg	155	186	189	144
TCDD-Tox.Äquivalente	µg	0,14	0,25	0,26	0,12
SO_2-Äquivalente	*kg*	*10,7*	*11,2*	*15,1*	*0,97*

Alle Emissionen nicht global wirksamer Schadstoffe fallen in der Ortsklasse 2 (OK 2) an.
Eigene Berechnungen

Tabelle 6-29 Energie- und Stoffstrombilanzen der Produktion von Schwefelsäure, Phosphorsäure und mittlerem P-Dünger im Mittel der Herkunftsregionen (Bezug: 1 t P_2O_5 bzw. H_2SO_4) und Anteile der prozeßspezifischen Emissionen an den Gesamtemissionen der Produktion des mittleren P-Düngers

		H_2SO_4	H_3PO_4	Mittl. P-Düng.	Proz.sp. Em.
P_2O_5-Gehalt		0,0 %	54,0 %	32,2 %	
Stoffeinsatz/t P_2O_5 bzw. H_2SO_4					
Rohphosphat	t	0	3,28	2,13	
H_2SO_4	t	0	2,70	0,99	
H_3PO_4	t	0	0	0,59	
PE-Wachs	t	0	0	0,0092	
Endenergieeinsatz/t P_2O_5 bzw. H_2SO_4					
Leichtes Heizöl	GJ	0	0	0	
Schweröl	GJ	-0,12	1,23	1,32	
Dieselkraftstoff	GJ	0,0086	0,67	0,64	
Erdgas	GJ	-1,04	7,11	4,92	
Steinkohle	GJ	-0,10	0,18	0,17	
Braunkohle	GJ	0	0	0	
Zwischensumme Fossil	*GJ*	*-1,26*	*9,20*	*7,05*	
davon Dampf	*GJ*	*-1,03*	*7,35*	*5,06*	
EVU-Strom	kWh	30,7	432	466	
Bahnstrom	kWh	0	0	0	
Emissionen/t P_2O_5 bzw. H_2SO_4					
		Global	**Global**	**Global**	**Global**
CO_2	kg	-76,0	557	406	-51,4 %
CH_4	kg	-0,0032	0,024	0,017	0,0 %
N_2O	kg	-0,0050	0,019	0,015	0,0 %
CO_2-Äquivalente	*kg*	*-77,7*	*563*	*412*	*-50,7 %*
		OK 2	**OK 2**	**OK 2**	**OK 2**
SO_2	kg	4,87	14,2	5,53	89,1 %
CO	kg	-0,048	0,48	0,38	0,0 %
NO_X	kg	-0,076	1,11	0,92	0,0 %
NMHC	kg	-0,0022	0,11	0,10	0,0 %
Partikel	kg	0,00061	0,047	0,045	0,0 %
Staub	kg	-0,0045	1,47	1,05	97,6 %
HCl	kg	-0,0028	0,0055	0,0051	0,0 %
NH_3	kg	0,000024	0,0018	0,0017	0,0 %
Formaldehyd	kg	-0,000013	0,0080	0,0074	0,0 %
Benzol	kg	-0,000044	0,0022	0,0019	0,0 %
Benzo(a)pyren	µg	-8,08	184	161	0,0 %
TCDD-Tox.Äquivalente	µg	-0,036	0,24	0,17	0,0 %
SO_2-Äquivalente	*kg*	*4,81*	*15,0*	*6,18*	*79,7 %*

Alle Emissionen nicht global wirksamer Schadstoffe fallen in der Ortsklasse 2 (OK 2) an.
Eigene Berechnungen

6.3 Kaliumdünger

K-Dünger werden durch Abbau und Aufbereitung kaliumsalzhaltiger Gesteine (Kali) herge-stellt. Die größten Kalilagerstätten befinden sich in der Bundesrepublik, Frankreich, der GUS, den USA und Kanada. In den meisten Lagerstätten treten die Kalisalze als komplexe Verbindungen mit verschiedene Kationen und/oder Anionen oder vergesellschaftet mit ande-ren Salzen auf; Steinsalz (NaCl) findet sich in den meisten Lagerstätten. Die in der Bundes-republik wichtigsten Mineralien sind Sylvinit (KCl + NaCl) und sogenannte Hartsalze, die meist aus Sylvin (KCl), Kieserit ($MgSO_4$) und Carnallit ($KCl*MgCl_2$) sowie Steinsalz be-stehen. Die KCl-Gehalte abbaubarer Erze in der Bundesrepublik liegen zwischen 12 und 18 % (8 bis 30 % K_2O) /ULLMANN 1993/.

Aktuelle Daten zu den Anteilen der einzelnen Mineralien an der abgebauten Kalimenge lie-gen uns nicht vor. Bereits 1985 lag jedoch bei steigender Tendenz der Anteil carnallitischer Hartsalze bei über 50 % der Förderung in Westdeutschland. Der weitverbreitete Carnallitit ($KCl*MgCl_2$ + NaCl + weitere Salze) – ebenfalls ein Mischsalz, jedoch kein Hartsalz – wird aus technischen Gründen inzwischen nicht mehr abgebaut. Tabelle 6-30 faßt Daten zu den typischen Zusammensetzungen wichtiger Rohsalzarten zusammen /TIEDEMANN 1990/.

Tabelle 6-30 Typische Zusammensetzungen wichtiger Rohsalzarten nach / TIEDEMANN 1990/

Rohsalzart	Anteil an Rohsalz					Anteil an Förde-rung WestD 1985
	Sylvin KCl	Steinsalz NaCl	Carnallit $KCl*MgCl_2$	Kieserit $MgSO_4$	Übrige	
Sylvinit	25,0 %	71,5 %	1,5 %		2,0 %	14,0 %
Carnallitit	12,0 %	45,0 %	33,0 %	8,0 %	2,0 %	9,0 %
Kieserit. Hartsalz	19,0 %	59,0 %		20,0 %	2,0 %	22,0 %
Carnallit. Hartsalz	13,0 %	60,0 %	10,0 %	14,5 %	2,5 %	55,0 %

6.3.1 Markanteile und Herkunftsländer

Die Kaliproduktion der Bundesrepublik liegt um einen Faktor 5 höher als der Inlandsabsatz; der Importanteil am Absatz ist vernachlässigbar gering. Die größten Teile des in der Bun-desrepublik eingesetzen Düngekalis werden als KCl und Mehrnährstoffdünger ausgebracht (Tabelle 6-31). Wir werden hier lediglich KCl betrachten; diese Vereinfachung ist aus zwei Gründen – neben dem fehlender technischer Daten (siehe unten) – zulässig:

- Nach /ULLMANN 1987/ liegt Kali in in PK- und NPK-Dünger meist als KCl vor; das glei-che gilt wahrscheinlich für den mengenmäßig unbedeutenden NK-Dünger. Für gemein-same Granulierprozesse – die hier nicht explizit betrachtet werden – können nährstoffbe-zogen die gleichen Energieaufwendungen angesetzt werden wie für die Einzelsubstanzen.

- Für Rohkali und K_2SO_4, die in vergleichbaren Mengen abgesetzt werden, kann nähe-rungsweise von einer Kompensation von Minderaufwand der Rohsalzbereitstellung und Mehraufwand der Sulfatbereitstellung – jeweils im Vergleich zur KCl-Bereitstellung –

ausgegangen werden. Aufgrund der kleinen Anteile von Rohkali und K_2SO_4 am gesamten Kaliabsatz dürfte der damit verbundene Fehler vernachlässigbar sein.

Tabelle 6-31 K-Düngemittelabsatz nach Düngemittelarten im Wirtschaftsjahr 1993/94 bezogen auf den K_2O-Gehalt: Basisdaten nach /STBA 1994b/ und Rechenwerte (RW)

Düngemittel	Absatz in t K_2O	Anteil	RW
Rohkali	27.493	4,3 %	
KCl	286.771	44,5 %	100 %
K_2SO_4	19.257	3,0 %	
PK-Dünger	127.425	19,8 %	
NK- + NPK-Dünger	183.754	28,5 %	
Alle K-Dünger	**644.700**	**100 %**	**100 %**

6.3.2 Energie- und Stoffeinsatz

Aufgrund der sehr ungünstigen Datenlage skizzieren wir zunächst kurz die einzelnen Prozeßschritte, ohne Rechenwerte festzulegen. Die Rechenwerte werden anschließend basierend auf sehr verschieden strukturierten Basisdaten abgeleitet.

Abbau von Kalisalzen: Der Abbau von Kalisalzen erfolgt entweder im konventionellen Untertagebergbau bis etwa 1.500 m Tiefe oder, vor allem in Nordamerika, durch Extraktion mit heißem Wasser oder verdünnten KCl-Lösungen. Beim konventionellen Abbau werden sowohl dieselbetriebene wie elektrische Maschinen eingesetzt. Die Zerkleinerung erfolgt mit elektrisch betriebenen Mahlwerken; die angestrebte Korngröße hängt von den folgenden Aufbereitungsverfahren ab.

KCl-Anreicherung: Zur KCl-Anreicherung werden im wesentlichen drei verschiedene Verfahren angewendet, die alle bis zu KCl-Gehalten im Produkt von über 95 % (60 % K_2O) führen:

- Flotation,
- Heißlöse-Verfahren, die die unterschiedliche Löslichkeit von KCl und den Begleitsalzen ausnutzen, und
- elektrostatische Trennverfahren (nur in der Bundesrepublik), die auf den unterschiedlichen Dielektrizitätskonstanten der zu trennenden Stoffe beruhen.

Weltweit ist die Flotation das wichtigste Verfahren. Für die Bundesrepublik liegen uns widersprüchliche Aussagen vor (siehe unten). Die konkrete, meist mehrstufige Ausführung hängt bei allen Verfahren unter anderem stark von der Zusammensetzung des Rohsalzes ab. Üblich sind auch Kombinationen der Verfahren.

Granulation: Für diesen Prozeßschritt sind zwei Verfahren üblich: Eine Möglichkeit ist die Kompaktierung mit Walzenpressen. Dieses Verfahren, das das weiter verbreitete ist, erfordert die Trocknung von KCl, das durch Flotation bzw. Heißlöse-Verfahren angereichert wurde. Das zweite Verfahren ist die eigentliche Granulation; die Trocknung findet im Anschluß statt.

Konditionierung: Die Konditionierung bildet den Abschluß der Produktion und erfolgt wie für N- und P-Dünger dargestellt (N-Dünger: Kapitel 6.1.2).

Die Qualität der Datenbasis zum Energieeinsatz der K-Düngerproduktion ist gering. Obwohl die gesamte Produktion von Dünge-KCl weniger Prozeßschritte umfaßt als die Produktion von N- oder P-Dünger, ist eine näherungsweise geschlossene Beschreibung der Prozeßkette nicht möglich. Sowohl technische Daten als auch Angaben zu den Anteilen der Verfahren liegen nur in unzureichendem Umfang vor. Besonders problematisch ist, daß auch die Verwendung höher aggregierter Daten nur mit Zusatzannahmen von sehr begrenzter Plausibilität möglich ist. Die uns vorliegenden Daten sind in Tabelle 6-32 zusammengefaßt. Wir beschränken uns im folgenden auf Anmerkungen zu drei Datensätzen.

/TIEDEMANN 1990/ enthält – mit Verweis auf die unzulängliche Datenlage – die umfangreichste Zusammenstellung von Daten zum Energieeinsatz einzelner Aufbereitungsverfahren

Tabelle 6-32   K-Düngerproduktion: Literaturdaten und Rechenwerte des spezifischen Energieeinsatzes

Quelle, Prozeß/Produkt, Anmerkungen	Input/t K$_2$O	Einheit	Stoff/Endenergieträger
/LEACH 1976/ UK 1976	0,42	GJ	Abbau, Diesel
	4,5	GJ	Anreicherung Dampf (2,5 GJ/t)
	79	kWh	Anreicherung Strom
/TIEDEMANN 1990/			
Heißlösen carnallitischer Hartsalze	2,55-3,65	GJ	Dampf
Kieseritische Hartsalze			
Umkristalisieren. 63 ⇒ 95 %	5,14	GJ	Dampf
Direktes Lösen 95% KCl	4,35	GJ	Dampf
Deckverfahren 63 ⇒ 95% KCl	3,16	GJ	Dampf
Trocknung	0,77	GJ	Dampf
/MUDAHAR 1987/, USA 1983			
Anreicherung	4,97	GJ	Primärenergie
Kompaktierung	0,83	GJ	Primärenergie
/BRAND 1993/	2,6	GJ	Bezug unklar
/ULLMANN 1993/	10	kWh	
/BAD 1994/ Flotation pro t Erz	4-8	GJ	Bezug unklar
/STBA 1994a, d/ (Basis)	0,018	GJ	Leichtes Heizöl
Mittlerer spezifischer Energieeinsatz	0,073	GJ	Schweröl
zur Produktion 1 t K$_2$O bzw. 1 t Neben-	3,54	GJ	Erdgas
produkt (siehe Text)	0,51	GJ	Steinkohle
	0,18	GJ	Braunkohle
	4,32	*GJ*	*Summe Fossil*
	106	kWh	Strom (Import aus öffent. Netz)
/KALI & SALZ 1995/	8	GJ	Erdgas
Rechenwerte	10,5	t	Rohkali, 10 % K$_2$O
Granulat	6,7	kg	Polyethylenwachs
60 % K$_2$O	0,40	GJ	Diesel
	6,5	GJ	Erdgas
	0,7	GJ	Steinkohle
	100	kWh	Strom

bzw. einzelner Schritte bestimmter Verfahren. Als Obergrenze für den Dampfeinsatz bei der Anreicherung und Trocknung lassen sich etwa 4,5 GJ/t K_2O für carnallitische und knapp 6 GJ/t K_2O für kieseritische Hartsalze abschätzen. Für elektrostatische Verfahren wird ein gegenüber Löse-Verfahren um etwa 80 % geringerer Energiebedarf angegeben. Unklar sind hier die damit erfaßten Trennleistungen und Bezüge (eine Anreicherungsstufe oder Gesamtprozeß „Rohkali zu K-Dünger", End- oder Primärenergie).

/STBA 1994d/ enthält Angaben zum Energieeinsatz im Kali- und Steinsalzbergbau, wobei die Anreicherung, die in den Bergwerksbetrieben erfolgt, bereits miterfaßt ist; /STBA 1994a/ enthält Daten zu den produzierten Mengen. Die zumindest näherungsweise Abschätzung des Energieeinsatzes im Kalibergbau allein erfordert Zusatzannahmen. Wir nehmen hier an, daß alle Produkte des Kali- und Steinsalzbergbaus den jeweils gleichen spezifischen Energieeinsatz erfordern, legen dabei aber als Produkt des Kalibergbaus das Rohsalz zugrunde. Dies ist notwendig, da Steinsalz meist sehr rein abgebaut wird, also praktisch kein Aufbereitungsaufwand anfällt. Aus diesem Grund wird auch in /STBA 1994a/ für Steinsalz nur die Produktion marktfähiger Produkte, für Kali dagegen die von Roh- und von angereichertem Salz ausgewiesen. Der Energieverbrauch des Kalibergbaus wird ohne weitere Differenzierung der gesamten Produktion von – angereicherten – Kalisalzen und Nebenprodukten zugeordnet. Bei den Nebenprodukten handelt es sich wahrscheinlich im wesentlichen um Kieserit, der als Magnesiumdünger und zur Umsetzung von KCl in Kaliumsulfat eingesetzt wird. Unter die Kalisalze fallen sowohl KCl als auch Kaliumsulfat. Mit diesem Vorgehen wird KCl tendenziell zu hoch, die Nebenprodukte zu niedrig belastet, da die Kieseritanreicherung mit zusätzlichem Aufwand verbunden ist. Der Einsatz fossiler Energieträger liegt bei 4,3 GJ/t K_2O bzw. Nebenprodukt; darin enthalten ist bereits der Brennstoff, der in grubeneigenen Kraftwerken verstromt wird. Der Netto-Stromimport aus dem EVU-Netz (Bezug – Abgabe an das Netz) liegt bei etwa 100 kWh/t.

Vom einzigen Betreiber von Kalibergwerken und Anreicherungsanlagen in der Bundesrepublik wird mit Verweis auf /OHEIMB 1987/ ein Wert von 8 GJ Erdgas/t K_2O für den nicht eindeutig abgegrenzten Gesamtprozeß der K-Düngerproduktion angegeben /KALI & SALZ 1995/. Zu den Anteilen der drei angewandten Verfahren liegt uns nur die qualitative Information „Vorrang der Heißlöse-Verfahren" vor. In /KALI 1994/ findet sich dagegen die Angabe, daß Anfang der 90er Jahre etwa 17 Mio. t Rohsalz jährlich, also mehr als die Hälfte der Gesamtförderung, elektrostatisch aufbereitet werden. Möglicherweise bezieht sich die Aussage zum Heißlösen auf die angereicherte und nicht auf die durchgesetzte Menge.

Im Vergleich der Quellen ist folgendes festzuhalten: Die Anteile der Löse- und elektrostatischen Verfahren, die sich energetisch um fast eine Größenordnung unterscheiden, sind nicht bekannt. Für die Löse-Verfahren liegt die relative Bandbreite des Energieeinsatzes bei 2 (Maximum/Minimum nach /TIEDEMANN 1990/). Nach /TIEDEMANN 1990/ und /STBA 1994a, d/ sowie weiterer Quellen können spezifische Energieaufwendungen von 4 bis 6 GJ Dampf bzw. Brennstoff als wahrscheinlich betrachtet werden. Der marktbeherrschende Hersteller gibt einen um ein Drittel höheren bzw. doppelt so hohen Wert an.

Die Rechenwerte zum Energieeinsatz setzen wir folgendermaßen fest: Das Datum nach /KALI & SALZ 1995/ wird *näherungsweise* als Summenwert des gesamten Primärenergieeinsatzes betrachtet. D. h., daß wir den Einsatz fossiler Brennstoffe zur Anreicherung an diesem Wert orientiert unter Berücksichtigung des Dieselverbrauchs beim Abbau und des gesamten Stromverbrauchs abschätzen. Die Art und Anteile der fossilen Energieträger legen wir in Anlehnung an die amtlichen Statistiken fest. Den Einsatz von Dieselkraftstoff schätzen wir nach /LEACH 1976/, den von Strom nach /STBA 1994a, d/ ab.

Wie im Falle von N- und P-Dünger gehen wir für K-Dünger davon aus, daß die Konditionierung mit Polyethylenwachs erfolgt. Die Menge schätzen wir aus Angaben für N- und P-Dünger ab.

Der zu bilanzierende Stoffeinsatz umfaßt Rohkali und das Konditionierungsmittel. Für Rohkali nehmen wir einen K_2O-Gehalt von 10 % an. Das Konditionierungsmittel wird wie für N-Dünger beschrieben behandelt (Kapitel 6.1.2).

6.3.3 Emissionen

Die durch den Einsatz von fossilen Energieträgern verursachten Emissionen der K-Düngerproduktion werden wie für N-Dünger in Kapitel 6.1.3 beschrieben berechnet; die prozeßspezifischen Emissionen werden analog dem Vorgehen für N-Dünger abgeleitet.

Als prozeßspezifische Emissionen werden Staub und HCl freigesetzt. Für Staub setzen wir orientiert an den Emissionen anderer Prozesse der Düngemittelproduktion 0,5 kg/t Produkt (0,83 kg/t K_2O) an, für HCl 0,029 kg/t Produkt (0,048 kg/t K_2O) basierend auf /VDI 1988/.

Alle Emissionen nicht global wirksamer Schadstoffe fallen in der Ortsklasse 2 an. Die Ergebnisse der Emissionsbilanzierung finden sich in Kapitel 6.3.4.

6.3.4 Energie- und Stoffstrombilanzen der K-Düngerproduktion

Die Bilanz der K-Düngerproduktion ergibt sich aus der Zusammenführung der Daten zu Energie- und Stoffeinsatz, der prozeßspezifischen Emissionen und der Verknüpfung der energieeinsatzbezogenen Faktoren mit dem Energieverbrauch. Die Bilanzen sind in Tabelle 6-33 zusammengefaßt. Bezug der Daten ist 1 t K_2O. Alle Emissionen nicht global wirksamer Schadstoffe fallen in der Ortsklasse 2 an.

Tabelle 6-33 Energie- und Stoffstrombilanzen der Produktion von mittlerem K-Dünger (KCl, Bezug: 1 t K_2O)

		Mittlerer K-Dünger	Proz.spez. Emissionen
K_2O-Gehalt		60,0 %	
Stoffeinsatz/t K_2O			
Rohkali	t	10,5	
PE-Wachs	t	0,0067	
Endenergieeinsatz/t K_2O			
Leichtes Heizöl	GJ	0	
Schweröl	GJ	0,37	
Dieselkraftstoff	GJ	0,40	
Erdgas	GJ	6,50	
Steinkohle	GJ	0,70	
Braunkohle	GJ	0	
Zwischensumme Fossil	*GJ*	*7,97*	
davon Dampf	*GJ*	*0*	
EVU-Strom	kWh	122	
Bahnstrom	kWh	0	
Emissionen/t K_2O			
		Global	**Global**
CO_2	kg	459	0,0 %
CH_4	kg	0,018	0,0 %
N_2O	kg	0,043	0,0 %
CO_2-Äquivalente	*kg*	*473*	*0,0 %*
		OK 2	**OK 2**
SO_2	kg	0,11	0,0 %
CO	kg	0,26	0,0 %
NO_x	kg	0,57	0,0 %
NMHC	kg	0,070	0,0 %
Partikel	kg	0,028	0,0 %
Staub	kg	0,84	99,0 %
HCl	kg	0,068	70,8 %
NH_3	kg	0,0011	0,0 %
Formaldehyd	kg	0,0049	0,0 %
Benzol	kg	0,0014	0,0 %
Benzo(a)pyren	µg	113	0,0 %
TCDD-Tox.Äquivalente	µg	0,21	0,0 %
SO_2-Äquivalente	*kg*	*0,57*	*7,5 %*

Alle Emissionen nicht global wirksamer Schadstoffe fallen in der Ortsklasse 2 (OK 2) an.
Eigene Berechnungen

6.4 Düngekalk

Düngekalk ist kein Düngemittel im eigentlichen Sinn, sondern ein Bodenverbesserer, der zur pH-Wert-Erhöhung eingesetzt wird. Düngekalk wird überwiegend aus natürlich vorkommendem Kalk, entweder aus Kalkstein oder aus Dolomit, und zu einem geringen Teil aus Abfallkalken, z. B. Hüttenkalk aus der Stahlproduktion, gewonnen.

6.4.1 Marktanteile und Herkunftsländer

Der Anteil des in der Landwirtschaft genutzten Kalks an der insgesamt in der Bundesrepublik produzierten Menge liegt im %-Bereich /STBA 1994a/. Der Außenhandel spielt praktisch keine Rolle /STBA 1994c/. Andere Produktionsländer als die Bundesrepublik werden hier daher nicht betrachtet.

In der Bundesrepublik sind nach dem Kalkabkommen als Düngemittel elf verschiedene Rezepturen zugelassen /ULLMANN 1987/, die im wesentlichen Kohlensauren Kalk (Kalkstein, $CaCO_3$), Branntkalk (CaO), Löschkalk ($Ca(OH)_2$), Hüttenkalk (CaO) oder Mischkalk ($CaCO_3 + CaO/Ca(OH)_2$) enthalten oder aus einer Kalkart allein bestehen. Tabelle 6-34 enthält die Daten zum Absatz in der Bundesrepublik nach /STBA 1994b/. Die größte Bedeutung hat Kalkstein. Eine Unterscheidung zwischen Brannt- und Löschkalk, die unter Branntkalk zusammengefaßt sind, ist nicht möglich; Informationen über ihre Anteile an den „Anderen Kalkdüngern" in Form von Mischdüngern sind dort ebenfalls nicht enthalten.

Tabelle 6-34 Düngekalkabsatz nach Kalkarten im Wirtschaftsjahr 1993/94 bezogen auf den CaO-Gehalt: Basisdaten nach /STBA 1994b/ und Rechenwerte (RW)

	Absatz in t CaO	Anteil	RW
Kalkstein	1 087.003	69,7 %	85,0 %
Branntkalk	120.861	7,7 %	15,0 %
Hüttenkalk	115.656	7,4 %	0,0 %
Andere Kalkdünger	236.818	15,2 %	0,0 %
Alle Kalksorten	**1.560.338**	**100 %**	**100 %**

Wir werden daher nur die Herstellung des mengenmäßig besonders wichtigen Kalksteins und des relativ energieaufwendigen Branntkalks behandeln. Diese Vereinfachung und die sich daraus ergebenden Rechenwerte der Anteile lassen sich im einzelnen wie folgt begründen:

- Den im Vergleich zum Branntkalk zusätzlichen Energieaufwand der Löschkalkproduktion durch den Betrieb von Mischanlagen, Trocknung und einen weiteren Mahlvorgang betrachten wir als klein und damit in erster Näherung vernachlässigbar. Wir setzen Brannt- und Löschkalk daher gleich. Für die Anderen Kalksorten nehmen wir einen Anteil von 50 % Brannt- oder Löschkalk an.

- Hüttenkalk setzen wir energetisch Kalkstein gleich: Abbau und Mahlen des in der Stahlindustrie eingesetzten Kalksteins entspricht dem der Düngekalkproduktion und wird dieser zugeordnet. Die Konditionierung des Hüttenkalks, die durch die vorherige Verwendung in der Stahlindustrie notwendig wird, wird der Stahlindustrie zugeordnet. Angesichts des Mengenanteils von Hüttenkalk und der geringen absoluten Energieaufwendungen dürfte der daraus resultierende Fehler relativ klein sein.

Tabelle 6-35 Düngekalkproduktion: Literaturdaten und Rechenwerte des spezifischen Energieeinsatzes

Quelle, Prozeß/Produkt, Anmerkungen	Input/t Produkt	Einheit	Stoff/Endenergieträger
Kalkstein – Abbau und Mahlen			
/LEACH 1976/	0,367	GJ	
/ECOINVENT 1994/ USA 1987	0,03	GJ	Dieselkraftstoff
	0,02	GJ	Kohle, Erdgas, Schweröl
	3,50	kWh	Strom
/SCHOLZ 1994/ Reinstein	0,032	GJ	Brennstoff (Dieselkraftstoff?)
Brechen, Klassieren	3,6	kWh	Strom
Mahltrocknung	49,7	kWh	Strom
Rechenwerte Kalkstein	0,03	GJ	Diesel
55 % CaO	50	kWh	Strom
Branntkalk – Brennen			
/ECOINVENT 1994/ USA 1987	2	t	Kalkstein
	2,8	GJ	Kohle
	2,2	GJ	Erdgas
	0,076	GJ	HS
	0,15	GJ	HL
	35,7	kWh	Strom
/INDUSTRIE 1994/	4,0	GJ	Fossiler Brennstoff
/SCHOLZ 1994/	1,755	t	Kalkstein
Brennen	3,645	GJ	Erdgas
Brennen	22,2	kWh	Strom
Mahlen des Branntkalks	23,1	kWh	Strom
Rechenwerte Branntkalk	1,80	t	Kalkstein
98 % CaO	1,94	GJ	Erdgas
	0,61	GJ	Steinkohle
	1,46	GJ	Braunkohle
	45,0	kWh	Strom
Rechenwerte Mittlerer Düngekalk	0,06	GJ	Diesel
Bezug: 1 t CaO	0,30	GJ	Erdgas
	0,09	GJ	Steinkohle
	0,23	GJ	Braunkohle
	99	kWh	Strom

6.4.2 Energie- und Stoffeinsatz

Der Kalkabbau erfolgt im Tagebau durch Sprengung des Gesteins. Die Aufbereitung, die meist nahe dem Steinbruch erfolgt, umfaßt entweder nur das Mahlen des Gesteins (Kohlensaurer Kalk), Mahlen und Brennen (Branntkalk) oder Mahlen, Brennen und Löschen mit Wasser (Löschkalk). In den beiden letzten Fällen schließt sich noch ein Mahlvorgang an.

Beim Kalkbrennen wird Kalkstein in Öfen verschiedener Bauarten durch Erhitzen auf 900 bis 1.200 °C unter CO_2-Abspaltung in Branntkalk überführt. Dabei werden pro Tonne Branntkalk etwa 760 kg CO_2 abgespalten.

Die uns vorliegenden Daten, insbesondere für den Brennprozeß, stimmen relativ gut überein. Bei der Abschätzung der Rechenwerte haben wir uns im wesentlichen an /SCHOLZ 1994/ (Abbau, Mahlen), /UBA 1995d/ (Energieträger beim Brennen) und /INDUSTRIE 1994/ (Energieverbrauch des Brennens) orientiert. Die Daten sind in Tabelle 6-35 zusammengefaßt.

Der zu bilanzierende Stoffeinsatz umfaßt lediglich Kalkstein, für den wir einen $CaCO_3$-Gehalt von 97 % annehmen.

6.4.3 Emissionen

Die Emissionen des Kalkbrennens werden im wesentlichen aus Daten nach /UBA 1995d/ abgeleitet, die sich auf die Emissionen der gesamten Branntkalkproduktion in Westdeutschland beziehen. Prozeßspezifisch für das Brennen sind die Emissionen des aus dem Kalkstein abgespaltenen CO_2; sie liegen nach /UBA 1995d/ bei etwa 760 kg CO_2/t CaO. Dazu ist anzumerken, daß auch aus Kalkstein nach der Ausbringung im Laufe der Zeit unter der Wirkung der Bodenacidität CO_2 weitgehend vollständig abgespalten wird. Über den gesamten Lebensweg von Düngekalk, d. h. die Bereitstellung und Nutzung, besteht somit hinsichtlich des Carbonat-CO_2 kein Unterschied zwischen Branntkalk und Kalkstein. Die für Kalkstein hier nicht bilanzierte CO_2-Abspaltung ist daher bei der Bilanzierung von Agrarprodukten über den gesamten Lebensweg im Lebenswegabschnitt „Landwirtschaft" zu berücksichtigen (siehe dazu Kapitel 14 im Anhang).

Tabelle 6-36 Emissionsfaktoren Düngekalkproduktion (Rechenwerte)

Produkt	Schadstoff	g/kg	Bezug	Anmerkung/Quelle
Kalkstein	Staub	0,5	Produkt	Abschätzung
Branntkalk	CO_2	760	Produkt	berechnet nach /UBA 1995d/
	CH_4	0,02	Produkt	berechnet nach /UBA 1995d/
	SO_2	0,05	Produkt	berechnet nach /UBA 1995d/
	CO	18,7	Produkt	berechnet nach /UBA 1995d/
	NO_X	0,35	Produkt	berechnet nach /UBA 1995d/
	NMHC	0,02	Produkt	berechnet nach /UBA 1995d/
	Staub	0,19	Produkt	berechnet nach /UBA 1995d/

Berechnet nach /UBA 1995d/: berechnet aus Gesamtproduktion und -emissionen
Abschätzung: an anderen Prozessen (CAN usw.) orientierte Werte

Durch die hohe CO_2-Konzentration in den Brennöfen ist die Verbrennung unvollständig, was zu CO-Emissionen führt, die deutlich höher als die von Kesselfeuerungen sind. Für Schadstoffe, für die nach /UBA 1995d/ keine Emissionsfaktoren vorliegen, setzen wir die in Kapitel 6.1.3 dokumentierten energieeinsatzbezogenen Daten an. Für den Kalksteinabbau schätzen wir Staubemissionen ab. Die Daten sind in Tabelle 6-36 zusammengefaßt.

Alle Emissionen nicht global wirksamer Schadstoffe fallen in der Ortsklasse 2 an. Die Ergebnisse der Emissionsbilanzierung finden sich in Kapitel 0.

6.4.4 Energie- und Stoffstrombilanzen der Düngekalkproduktion

Die Bilanz der Düngekalkproduktion ergibt sich aus der Zusammenführung der Daten zu Energie- und Stoffeinsatz, der prozeßspezifischen Emissionen und der Verknüpfung der energieeinsatzbezogenen Faktoren mit dem Energieverbrauch. Die Bilanzen sind für Kalkstein, Branntkalk und mittlerem Düngekalk in Tabelle 6-37 zusammengefaßt. Bezug der Daten ist 1 t CaO. Alle Emissionen nicht global wirksamer Schadstoffe fallen in der Ortsklasse 2 an.

Es ist offensichtlich, daß die Energie- und Emissionsbilanz für mittleren Düngekalk vollständig durch den Branntkalkanteil dominiert wird. Die geringe Größe dieses Anteils wird durch den im Vergleich zum Abbau und Mahlen von Kalkstein erheblichen Energieverbrauch und die damit verbundenen Emissionen weit überkompensiert. Im Falle der Emissionen kommt die prozeßspezifische CO_2-Abspaltung hinzu sowie die erhöhten CO-Emissionen; letztere betrachten wir allerdings nicht als prozeßspezifische, da sie aus der energetischen Nutzung von Brennstoffen unter lediglich speziellen Bedingungen resultieren. Nur die Staubemissionen fallen fast vollständig prozeßspezifisch beim Kalksteinabbau an.

Im Zusammenhang mit dem Carbonatgehalt von als Düngekalk ausgebrachtem Kalkstein ist anzumerken, daß die durch die Bodenacidität verursachte CO_2-Abspaltung in Bilanzen von Agrarprodukten als Emission im Lebenswegabschnitt „Landwirtschaft" zu berücksichtigen ist (siehe dazu Kapitel 14 im Anhang).

Tabelle 6-37 Energie- und Stoffstrombilanzen der Produktion von Kalkstein, Branntkalk und mittlerem Düngekalk (Bezug: 1 t CaO)

		Kalkstein	Branntkalk	Mittlerer Düngekalk	Proz.spez. Emissionen
CaO-Gehalt		54,3 %	97,0 %	60,7 %	
Stoffeinsatz/t CaO					
Kalkstein	t	1,84	1,84	1,84	
Endenergieeinsatz/t CaO					
Leichtes Heizöl	GJ	0	0	0	
Schweröl	GJ	0	0	0	
Dieselkraftstoff	GJ	0,055	0,055	0,055	
Erdgas	GJ	0	1,99	0,30	
Steinkohle	GJ	0	0,63	0,094	
Braunkohle	GJ	0	1,50	0,23	
Zwischensumme Fossil	*GJ*	*0,055*	*4,18*	*0,67*	
davon Dampf	*GJ*	*0*	*0*	*0*	
EVU-Strom	kWh	92,0	139	99,0	
Bahnstrom	kWh	0	0	0	
Emissionen/t CaO					
		Global	**Global**	**Global**	**Global**
CO_2	kg	4,11	1.125	172	68,2 %
CH_4	kg	0,00018	0,023	0,0037	0,0 %
N_2O	kg	0,00019	0,10	0,015	0,0 %
CO_2-Äquivalente	*kg*	*4,17*	*1.157*	*177*	*66,3 %*
		OK 2	**OK 2**	**OK 2**	**OK 2**
SO_2	kg	0,0012	0,056	0,009	0,0 %
CO	kg	0,014	19,2	2,90	0,0 %
NO_X	kg	0,045	0,40	0,10	0,0 %
NMHC	kg	0,0072	0,030	0,011	0,0 %
Partikel	kg	0,0039	0,0039	0,004	0,0 %
Staub	kg	0,92	1,12	0,95	96,9 %
HCl	kg	0,00002	0,053	0,0079	0,0 %
NH_3	kg	0,00015	0,00015	0,00015	0,0 %
Formaldehyd	kg	0,00060	0,00086	0,00064	0,0 %
Benzol	kg	0,00014	0,00035	0,00017	0,0 %
Benzo(a)pyren	µg	9,98	9,98	9,98	0,0 %
TCDD-Tox.Äquivalente	µg	0,00008	0,15	0,022	0,0 %
SO_2-Äquivalente	*kg*	*0,033*	*0,38*	*0,086*	*0,0 %*

Alle Emissionen nicht global wirksamer Schadstoffe fallen in der Ortsklasse 2 (OK 2) an.
In den CO_2-Emissionen ist die CO_2-Abspaltung aus Kalkstein beim Kalkbrennen, nicht aber die aus ausgebrachtem Kalkstein infolge der Bodenacidität erfaßt (siehe dazu Kapitel 14).
Eigene Berechnungen

7 Bilanzierung: Transportprozesse

Mit der Bereitstellung von Düngemitteln sind zahlreiche Transporte verbunden, die bei der Energie- und Emissionsbilanzierung berücksichtigt werden müssen. Dazu gehören der Transport der Düngemittel selbst, ihrer Rohstoffe und der eingesetzten Energieträger. Die Bilanzierung umfaßt drei Schritte. Zunächst werden die spezifischen Energieverbräuche und Emissionsfaktoren für die einzelnen Transportmittel abgeleitet. Bezugsgröße ist die Transportleistung in tkm. Als zweite Gruppe von Input-Größen werden die Transportentfernungen ermittelt bzw. festgelegt. Schließlich werden die absoluten Energieverbräuche und Emissionen durch den Transport aus den spezifischen Energieverbräuchen und Emissionen und den Transportweiten bestimmt. Für den Transport der Düngemittel selbst werden der zweite und dritte Schritt in diesem Kapitel dokumentiert. Für den Transport der bei der Düngemittelproduktion eingesetzten Energieträger erfolgt die Bilanzierung in Kapitel 8.

7.1 Spezifischer Energieverbrauch und Emissionen von Transportmitteln

Gegenstand dieses Kapitels ist die Ableitung von spezifischen (transportleistungsbezogenen) Energieverbräuchen und Emissionsfaktoren der Transportmittel *LKW, Bahn, Binnen-* und *Seeschiff* sowie *Pipeline*. Die Differenzierungstiefe richtet sich nach der Datenlage. Mit Ausnahme der Emissionen von Seeschiffen und off shore-Pipelines werden die Emissionen nicht global wirksamer Schadstoffe aller Transportmittel der Ortsklasse 2 zugeordnet (siehe Kapitel 4.2.7). Eine Differenzierung in länderspezifische Werte wird nicht durchgeführt. Eine detaillierte Darstellung zum spezifischen Energieverbrauch und den Emissionen von Transportmitteln findet sich in /IFEU 1997c/.

7.1.1 LKW

In einer Reihe von Forschungsprojekten im Auftrag des Umweltbundesamtes wurden stark differenzierte repräsentative Basisdaten zu Kraftstoffverbrauch und Emissionen limitierter Schadstoffe durch den Straßengüterverkehr ermittelt; insbesondere /TÜVRL 1995/ bildet eine wesentliche Quelle dieser Studie. Unter dem Begriff LKW werden hier sogenannte Solo-LKW, Last- und Sattelzüge zusammengefaßt. Da LKW bereits ab einem Gesamtgewicht von 2 t fast ausschließlich von Dieselmotoren angetrieben werden, hier aber nur schwerere LKW betrachtet werden, beziehen sich Verbrauchsangaben im folgenden stets auf Dieselkraftstoff.

Spezifischer Kraftstoffverbrauch

Der spezifische Kraftstoffverbrauch von LKW in MJ/tkm hängt unter anderem von ihrem Zulässigen Gesamtgewicht (ZGG) und ihrer Auslastung – dem Verhältnis von tatsächlicher Zuladung zu Maximaler Nutzlast (MNL) – ab. Die Abhängigkeit vom ZGG ergibt sich daraus, daß der Anteil des LKW-Eigengewichts am ZGG mit zunehmendem ZGG sinkt; anschaulich: Ein leerer LKW mit 15 t ZGG wiegt weniger als zwei leere LKW mit 7,5 t ZGG. Die Abhängigkeit von der Auslastung besteht darin, daß das LKW-Eigengewicht mit zunehmender Auslastung über eine größere Masse an Transportgut „abgeschrieben" wird.

Im Kontext dieser Studie spielen lediglich Last- bzw- Sattelzüge, zwischen denen nicht weiter unterschieden wird, eine Rolle; Solo-LKW werden zum Transport von Massengütern wie Düngemitteln kaum eingesetzt. Für die weitaus meisten Ökobilanzen reicht eine Unterteilung aller LKW in einige typische Größenklassen zur hinreichend genauen Beschreibung der Realität aus; ferner genügt meist die Annahme von einigen Standardwerten für den Auslastungsgrad. Im Rahmen der Arbeiten zu /KALTSCHMITT & REINHARDT 1997/ haben wir spezifische Daten zu fünf Größenklassen und zwei Auslastungen abgeleitet, die wir auch hier verwenden (für Details siehe /IFEU 1997c/).

Die Einteilung des LKW-Bestandes in ZGG-Klassen erfolgt basierend auf den Gesamtbeständen der LKW, Sattelzugmaschinen, Anhänger und Aufleger nach /KBA 1993/ und zusätzlichen Informationen aus /LKW/ und /KNISCH 1992/. Die Bestandsstruktur legt eine Aggregation zu fünf Klassen nahe. Die Charakteristika der zur Beschreibung gewählten Fahrzeuge und der damit beschriebenen Fahrzeugklassen finden sich in Tabelle 7-1. Für diese fünf Klassen wurden die über alle Straßenkategorien gemittelten Kraftstoffverbräuche bei verschiedenen Auslastungen aus /TÜVRL 1995/ und /LKW/ abgeleitet. Daraus lassen sich unter der Annahme einer linearen Verbrauchszunahme bei steigender Auslastung Geradengleichungen ableiten, die den Verbrauch als Funktion der tatsächlichen Zuladung in t beschreiben. Tabelle 7-1 faßt die Rechenwerte der spezifischen Verbräuche in MJ/tkm zusammen. Die Daten beziehen sich auf Massenauslastungen von 100 bzw. 50 % auf der Hinfahrt und Leerfahrten (Auslastungsgrad = 0 %) auf dem Rückweg; für den Rückweg wird die gleiche Weglänge wie für den Hinweg angenommen.

Tabelle 7-1 Spezifische Verbräuche der LKW-Klassen in MJ/tkm differenziert nach Zulässigem Gesamtgewicht und Auslastung

Klasse	A	B	C	D	E
Beschriebene LKW-Klassen					
Betriebsart	Solo	Solo	Solo	Zug	Zug
ZGG in t	≤ 10	10 - 20	≥ 20	≤ 32	≥ 32
Zur Klassenbeschreibung gewählte LKW					
ZGG, erfaßt in t	7 - 7,5	16 - 18	22 - 24	30	40
ZGG, gew. Mittel in t	7,5	16,5	23	30	40
MNL in t	3,75	10,5	15,3	20,5	28,0
Spezifischer Verbrauch in MJ/tkm					
ALG: Hin 100 %, Rück 0 %	3,41	1,53	1,20	1,02	0,88
ALG: Hin 50 %, Rück 0 %	6,44	2,84	2,21	1,86	1,59

ZGG: Zulässiges Gesamtgewicht, MNL: Maximale Nutzlast, ALG: Auslastungsgrad
Quellen: /KBA 1993/, /LKW/, /TÜVRL 1995/, eigene Berechnungen

Emissionen

Die verbrauchsbezogenen Emissionsfaktoren für CO_2 und SO_2 ergeben sich aus der Kraftstoffzusammensetzung. Die Faktoren für die limitierten Schadstoffe CO, HC, NO_X und Partikel werden aus /TÜVRL 1995/ abgeleitet. Die NMHC-Emissionsfaktoren ergeben sich aus der Differenz der HC- und Methan-Faktoren. Die Emissionsfaktoren für Methan, Benzol und Formaldehyd leiten wir aus den in /IFEU 1995b/ ermittelten Anteilen in Massen% dieser Verbindungen an den HC-Emissionen von Diesel-KFZ und den HC-Emissionen nach /TÜVRL 1995/ ab. Für N_2O, NH_3, HCl und die TCDD-Toxizitätsäquivalente führen wir Grobabschätzungen auf der Basis von LKW- und PKW-Daten nach /CARBOTECH 1994/ und einer Reihe von Zusatzannahmen durch. Für Benzo(a)pyren setzen wir die Mittelwerte der Daten nach /WÖRGETTER 1990/, /WÖRGETTER 1993/, /KRAHL 1993/ und /GRÄF 1994/ für Ackerschlepper als Rechenwerte an.

Die transportleistungsbezogenen Emissionsfaktoren ergeben sich aus der Verknüpfung der verbrauchsbezogenen Faktoren mit dem transportleistungsbezogenen Verbrauch. Tabelle 7-2 faßt die Daten zusammen; die transportleistungsbezogenen Daten beziehen sich auf Lastzüge mit 40 t ZGG (Auslastung: Hin 100 %, Rück 0 %). Andere LKW treten entlang der Lebenswege von Düngemitteln gemäß unseren Annahmen nicht auf. Die Emissionen der anderen LKW-Klassen können im Bedarfsfalle jedoch mit den hier dokumentierten Daten berechnet werden.

Tabelle 7-2 Verbrauchsbezogene Emissionsfaktoren für LKW in (n)g/MJ Dieselkraftstoff und transportleistungsbezogene Faktoren in (n)g/tkm für Lastzüge mit 40 t ZGG (Auslastungsgrad: Hin 100 %, Rück 0 %)

EEnergieeinsatz				
Diesel	MJ	1	MJ/tkm	0,88
Emissionen				
		Global		**Global**
CO_2	g/MJ	74,4	g/tkm	65,1
CH_4	g/MJ	0,0028	g/tkm	0,0025
N_2O	g/MJ	0,0034	g/tkm	0,0029
		OK 2		**OK 2**
SO_2	g/MJ	0,023	g/tkm	0,021
CO	g/MJ	0,23	g/tkm	0,21
NO_x	g/MJ	0,94	g/tkm	0,82
NMHC	g/MJ	0,11	g/tkm	0,10
Partikel	g/MJ	0,052	g/tkm	0,045
Staub	g/MJ	0	g/tkm	0
HCl	g/MJ	0,00044	g/tkm	0,00038
NH_3	g/MJ	0,0027	g/tkm	0,0024
Formaldehyd	g/MJ	0,0095	g/tkm	0,0080
Benzol	g/MJ	0,0022	g/tkm	0,0019
Benzo(a)pyren	ng/MJ	181	ng/tkm	158
TCDD-Tox.Äquivalente	ng/MJ	0,0014	ng/tkm	0,0012

Alle Emissionen nicht global wirksamer Schadstoffe fallen in der Ortsklasse 2 (OK 2) an.
Quellen: /IFEU 1995b/, KBA 1993/, /LKW/, /TÜVRL 1995/, eigene Berechnungen

7.1.2 Bahn

Der Gütertransport der Bahn erfolgt mit verschiedenen Zuggattungen und Triebfahrzeugen. Außer im Falle der sogenannten Ganzzüge bestehen Güterzüge in der Regel sowohl aus leeren als auch mit verschiedenen Güterarten beladenen Wagen, die unterschiedlich ausgelastet sind. Im Rahmen dieser Studie ist eine detaillierte Berücksichtigung dieser Gegebenheiten jedoch nicht notwendig. Daher werden hier lediglich durchschnittliche spezifische Energieverbräuche und Emissionen für den gesamten Güterverkehr der Deutschen Bahn abgeleitet. Speziell für den Transport von Steinkohle (siehe Kapitel 8.2) wird eine Abschätzung des Energieverbrauchs von Ganzzügen vorgenommen, die jedoch auf der Ableitung für den gesamten Güterverkehr basiert (für Details siehe /IFEU 1997c/).

Spezifischer Endenergieverbrauch

Züge werden entweder elektrisch oder mit Dieselkraftstoff betrieben. Der spezifische Endenergieverbrauch wird für die beiden Traktionsarten „Diesel" und „Elektro" im Mittel aller Güterzuggattungen aus Angaben der Deutschen Bahn zu Endenergieverbrauch und Verkehrsleistung abgeleitet /DB 1991a, b/. Dazu ist eine Reihe von Zusatzannahmen notwendig, um den Energieverbrauch durch Nebenleistungen (Rangieren, Leerfahrten usw.) zwischen dem Personen- und dem Güterverkehr und zwischen den beiden Traktionsarten aufzuteilen. Das Gleiche gilt für die Aufteilung der Transportleistung zwischen den Traktionsarten. Der Quotient aus Energieverbrauch und Transportleistung ergibt den spezifischen Endenergieverbrauch (Tabelle 7-3).

Tabelle 7-3 Spezifischer Endenergieverbrauch im Güterverkehr der DB 1990

Hauptlauf	Elektro-traktion	Diesel-traktion	Durch-schnitt*
Mittlere Güterzüge			
Hauptlauf			
kWh/tkm	0,051		0,046
MJ/tkm		0,51	0,047
Übrige**			
kWh/tkm	0,0013	0,00050	0,0013
MJ/tkm	0,060	0,12	0,064
Summe			
kWh/tkm	0,052	0,00050	0,047
MJ/tkm	0,060	0,63	0,11
Ganzzüge			
kWh/tkm	0,031		
MJ/tkm		0,38	

*: 90,6 % Elektrotraktion und 9,4 % Dieseltraktion
**: Lokleerfahrten, Rangieren, Übergabezüge;
Quellen: /DB 1991a, b/, Abschätzungen und eigene Berechnungen

Für Ganzzüge, die zum Transport von Massengütern wie Kohle und Erzen eingesetzt werden, nehmen wir an, daß insgesamt etwa 60 % des mittleren Energieeinsatzes im Güterverkehr der Deutschen Bahn notwendig sind. Weiter wird davon ausgegangen, daß in der Bundesrepublik Ganzzüge nur mit Elektro-, in den übrigen relevanten Ländern wie der GUS nur mit Dieseltraktion betrieben werden.

Emissionen

Zur Bestimmung der Schadstoffemissionen der Elektrotraktion wird der Bahnstrommix nach Kapitel 8.5 zugrunde gelegt. Zu den Emissionen von Diesellokomotiven liegen bislang nur wenige Messungen vor, die sich vor allem auf die Standardschadstoffe wie z. B. NO_X beziehen. Tabelle 7-4 faßt die hier verwendeten Rechenwerte zusammen /IFEU 1994b, c/. Mangels anderer Informationen setzen wir für Methan, N_2O, Benzol, Formaldehyd, Benzo(a)pyren und TCDD-Toxizitätsäquivalente die entsprechenden Faktoren für LKW an. Die Rechenwerte für Diesellokomotiven sind tendenziell unsicherer als die für LKW.

Tabelle 7-4 Emissionsfaktoren für Diesellokomotiven im Güterverkehr in (n)g/MJ Dieselkraftstoff und in (n)g/tkm für Ganzzüge mit Dieseltraktion und im Mix von Diesel- und Elektrotraktion (E/D-Mix, durchschnittliche Güterzüge, nur Dieselanteil)

		Diesel		**Diesel**	**E/D-Mix***
Energieeinsatz					
Diesel	MJ	1	MJ/tkm	0,38	0,11
Emissionen					
		Global		**Global**	**Global**
CO_2	g/MJ	74,4	g/tkm	28,6	8,41
CH_4	g/MJ	0,0037	g/tkm	0,0014	0,00041
N2O	g/MJ	0,0034	g/tkm	0,0013	0,00038
		OK 2		**OK 2**	**OK 2**
SO_2	g/MJ	0,023	g/tkm	0,0090	0,0027
CO	g/MJ	0,42	g/tkm	0,16	0,048
NO_X	g/MJ	1,29	g/tkm	0,50	0,15
NMHC	g/MJ	0,15	g/tkm	0,057	0,017
Partikel	g/MJ	0,070	g/tkm	0,027	0,0080
Staub	g/MJ	0	g/tkm	0	0
HCl	g/MJ	0,00044	g/tkm	0,00017	0,00005
NH_3	g/MJ	0,0027	g/tkm	0,0010	0,00031
Formaldehyd	g/MJ	0,012	g/tkm	0,0047	0,0014
Benzol	g/MJ	0,0029	g/tkm	0,0011	0,00033
Benzo(a)pyren	ng/MJ	181	ng/tkm	69,5	20,5
TCDD-Tox.Äquivalente	ng/MJ	0,0014	ng/tkm	0,00054	0,00016

*: nur Dieselanteil
Alle Emissionen nicht global wirksamer Schadstoffe fallen in der Ortsklasse 2 (OK 2) an.
Quellen: /IFEU 1994b, c/, /IFEU 1995b/, eigene Berechnungen

7.1.3 Schiffe

Hier ist zwischen Binnen- und Seeschiffen zu unterscheiden. Für Seeschiffe ist eine weitere Unterteilung in „mittelgroße" Massengutschiffe und „große" Tanker notwendig.

Treibstoffverbrauch von Binnenschiffen

Binnenschiffe werden nahezu ausschließlich mit Dieselkraftstoff betrieben. Die Abschätzung des Rechenwertes des spezifischen Verbrauchs orientiert sich an folgenden Angaben mit verschiedenen Abgrenzungen:

- Nach /IIASA 1991/ für das Gesamtgebiet Bundesrepublik (alt), Frankreich und Niederlande einschließlich Küstenschiffahrt im Jahr 1984: 12,4 g/tkm.

- Nach Ministerium für Verkehrswesen der DDR /MVWDDR 1989/ für die DDR im Jahr 1988: 9,8 g/tkm.

Zu berücksichtigen ist die heute veränderte Flottenzusammensetzung (größere Einheiten, höhere motorische Wirkungsgrade) für den gesamten Bezugsraum nach /IIASA 1991/ wie die vermutlich deutlich geringere Auslastung als in der DDR 1988 nach /MVWDDR 1989/. Ein gegenüber /IIASA 1991/ niedriger, an /MVWDDR 1989/ orientierter Rechenwert des spezifischen Verbrauchs von 10 g/tkm (0,43 MJ/tkm) kann damit als realistisch gelten (siehe dazu auch /IFEU 1992/).

Treibstoffverbrauch von Seeschiffen

Die Größe von Seeschiffen unterscheidet sich sehr stark nach ihrer Einsatzart. Die größten Einheiten sind die vorwiegend zum Erdöltransport eingesetzten Tankschiffe mit einer Tragfähigkeit von über 50.000 bis 200.000 t. Massengutschiffe haben im Durchschnitt eine Tragfähigkeit von rund 40.000 t, Stückgut und Containerschiffe zwischen 9.000 und 23.000 t /BIALONSKI 1990/. Als Treibstoff wird hier Heizöl S (Bunker C) angenommen; Dieselkraftstoff („marines Gasöl" und „marines Dieselöl"; zu den Unterschieden: /DGMK 1992/) wird nur auf relativ kleinen – hier nicht betrachteten – Seeschiffen eingesetzt.

Der spezifische Treibstoffverbrauch von Seeschiffen wird basierend auf verschiedenen Quellen abgeschätzt:

- Nach /IEA 1992/ weltweit im Jahr 1988: große Tankschiffe: 1,6-2,7 g/tkm, Massengutschiffe: 2,2-4 g/tkm, allgemeine Frachtschiffe: 8,4-9,6 g/tkm.

- Nach UN-Energie- und Seetransport-Statistiken weltweit im Jahr 1985: 3,6 g/tkm.

- Nach /BUWAL 1991/: Frachter: 4,9 g/tkm, Tanker: 2,6 g/tkm.

- Nach /MVWDDR 1989/ und /STATDDR 1989/ für die Flotte der DDR (fast ausschließlich Trockenfrachter, zur Hälfte Stückgutfrachter) im Jahr 1988: 6,7 g/tkm.

Aus diesen gut miteinander übereinstimmenden Angaben schätzen wir einen mittleren spezifischen Energieverbrauch für den Seetransport mit Massengutschiffen von 5 g/tkm (0,20 MJ/tkm) und für den mit Tankern von 2,5 g/tkm (0,10 MJ/tkm) ab.

Emissionen von Schiffen

Über die Emissionen von Schiffen ist nur wenig bekannt. In Tabelle 7-5 (Binnenschiffe) und Tabelle 7-6 (Seeschiffe) sind die hier verwendeten Faktoren zusammengefaßt, die im wesentlichen auf /IFEU 1994b, c/ bzw. /LLOYDS 1990/ und /LLOYDS 1991/ basieren. Während der SO_2-Emissionsfaktor für Seeschiffe näherungsweise einen internationalen Mittelwert darstellt, bezieht sich der Binnenschiffsfaktor auf den Schwefelgehalt von westdeutschem Dieselkraftstoff. Zu den Faktoren für Methan, N_2O, Benzol, Formaldehyd, Benzo(a)pyren und TCDD-Toxizitätsäquivalente: siehe LKW. Die Rechenwerte für Schiffe sind ähnlich denen für Diesellokomotiven unsicherer als die für LKW.

Für den Seeschifftransport werden die Partikelemissionen und die der partikelgebundenen Schadstoffe Benzo(a)pyren und Dioxine der Ortsklasse 3 zugeordnet; Emissionen im Hafenbereich werden damit vernachlässigt und auch für die küstennahe Fahrt wird Partikeldeposition ausschließlich über dem Meer angenommen. Für die übrigen nicht partikelgebundenen Schadstoffe wird eine Verteilung auf die Ortsklassen 2 und 3 im Verhältnis 1 zu 3 angesetzt.

Tabelle 7-5 Emissionsfaktoren für Binnenschiffe in (n)g/MJ Dieselkraftstoff und (n)g/tkm

Energieeinsatz				
Diesel	MJ	1	MJ/tkm	0,43
Emissionen				
		Global		**Global**
CO_2	g/MJ	74,4	g/tkm	31,8
CH_4	g/MJ	0,0028	g/tkm	0,0012
N_2O	g/MJ	0,0034	g/tkm	0,0014
		OK 2		**OK 2**
SO_2	g/MJ	0,023	g/tkm	0,010
CO	g/MJ	0,28	g/tkm	0,12
NO_X	g/MJ	1,41	g/tkm	0,60
NMHC	g/MJ	0,11	g/tkm	0,049
Partikel	g/MJ	0,047	g/tkm	0,020
Staub	g/MJ	0	g/tkm	0
HCl	g/MJ	0,00044	g/tkm	0,00019
NH_3	g/MJ	0,0027	g/tkm	0,0012
Formaldehyd	g/MJ	0,0095	g/tkm	0,0041
Benzol	g/MJ	0,0022	g/tkm	0,0010
Benzo(a)pyren	ng/MJ	181	ng/tkm	77,2
TCDD-Tox.Äquivalente	ng/MJ	0,0014	ng/tkm	0,00060

Alle Emissionen nicht global wirksamer Schadstoffe fallen in der Ortsklasse 2 (OK 2) an.
Quellen: /IFEU 1994b, c/, /IFEU 1995b/, Abschätzungen und eigene Berechnungen

Tabelle 7-6 Emissionsfaktoren für Seeschiffe (Frachter und Tanker) in (n)g/MJ Kraftstoff und (n)g/tkm

		Seeschiffe		Frachter	Tanker	Seeschiffe
Energieeinsatz						
Schweröl	MJ	1	MJ/tkm	0,20	0,10	
Emissionen						
		Global		**Global**	**Global**	
CO_2	g/MJ	77,6	g/tkm	15,9	7,94	
CH_4	g/MJ	0,0015	g/tkm	0,00030	0,00015	
N_2O	g/MJ	0,0035	g/tkm	0,00072	0,00036	
		OK 2 + 3		**OK 2 + 3**	**OK 2 + 3**	**OK 2**
SO_2	g/MJ	1,96	g/tkm	0,40	0,20	25 %
CO	g/MJ	0,22	g/tkm	0,045	0,023	25 %
NO_X	g/MJ	2,05	g/tkm	0,42	0,21	25 %
NMHC	g/MJ	0,060	g/tkm	0,012	0,0061	25 %
Partikel	g/MJ	0,15	g/tkm	0,030	0,015	0 %
Staub	g/MJ	0	g/tkm	0	0	
HCl	g/MJ	0,00046	g/tkm	0,00009	0,00005	25 %
NH_3	g/MJ	0,0028	g/tkm	0,00058	0,00029	25 %
Formaldehyd	g/MJ	0,0050	g/tkm	0,0010	0,00051	25 %
Benzol	g/MJ	0,0012	g/tkm	0,00024	0,00012	25 %
Benzo(a)pyren	ng/MJ	189	ng/tkm	38,6	19,3	0 %
TCDD-Tox.Äquivalente	ng/MJ	0,0015	ng/tkm	0,00030	0,00015	0 %

OK: Ortsklasse
Quellen: /IFEU 1994b, c/, /IFEU 1995b/, /LLOYDS 1990/, / LLOYDS 1991/, Abschätzungen und eigene Berechnungen

7.1.4 Pipeline

Der Transport in Rohrleitungen spielt vor allem für Erdgas und Rohöl eine große Rolle. Wir setzen hier im wesentlichen die Daten nach /GEMIS 1995/ an.

Die Verdichter von Gaspipelines werden mit Gasturbinen betrieben; der Energieeinsatz liegt bei 0,75 MJ/tkm (15,0 MJ/TJkm). Die Emissionen des Erdgastransports ergeben sich aus den Emissionen von Gasturbinen nach /GEMIS 1995/; dabei wird zwischen dem Transport in der Bundesrepublik bzw. Westeuropa und in der GUS unterschieden (Tabelle 7-7). Für den Transport mit See-Pipelines nehmen wir die Verteilung der Emissionen auf Ortsklassen wie für Seeschiffe dargestellt vor (siehe Kapitel 7.1.3).

Die Pumpen von Ölpipelines werden mit Elektromotoren angetrieben; der Energieeinsatz beträgt etwa 0,02 kWh/tkm (0,47 kWh/TJkm). Die Emissionen des Rohöltransports ergeben sich aus den Emissionen der Stromerzeugung in den Kraftwerken der öffentlichen Versorgung.

Tabelle 7-7 Emissionsfaktoren für Gasturbinenverdichter in g/MJ Erdgas (verbrannt) und g/TJkm Erdgas (transportiert)

		BRD	**GUS**		**BRD**	**GUS**
Energieeinsatz						
Erdgas	MJ	1	1	MJ/TJkm	15,0	15,0
Emissionen						
		Global	**Global**		**Global**	**Global**
CO_2	g/MJ	55,2	55,4	g/TJkm	827	830
CH_4	g/MJ	0,0042	0,0084	g/TJkm	0,063	0,13
N_2O	g/MJ	0,0025	0,0025	g/TJkm	0,038	0,038
		OK 2	**OK 2**		**OK 2**	**OK 2**
SO_2	g/MJ	0,00043	0,00040	g/TJkm	0,0064	0,0060
CO	g/MJ	0,084	0,17	g/TJkm	1,26	2,51
NO_X	g/MJ	0,29	0,33	g/TJkm	4,41	5,01
NMHC	g/MJ	0,0084	0,021	g/TJkm	0,13	0,31
Partikel	g/MJ	0	0	g/TJkm	0	0
Staub	g/MJ	0,0042	0,0042	g/TJkm	0,063	0,063
HCl	g/MJ	0	0	g/TJkm	0	0
NH_3	g/MJ	0	0	g/TJkm	0	0
Formaldehyd	g/MJ	0,00023	0,00053	g/TJkm	0,0034	0,0034
Benzol	g/MJ	0,00013	0,00029	g/TJkm	0,0019	0,0044
Benzo(a)pyren	ng/MJ	0	0	ng/TJkm	0	0
TCDD-Tox.Äquivalente	ng/MJ	0,084	0,084	ng/TJkm	1,26	1,25

Alle Emissionen nicht global wirksamer Schadstoffe fallen in der Ortsklasse 2 (OK 2) an
(diese Tabelle; für See-Pipelines: siehe Text).
Quellen: /GEMIS 1995/, eigene Berechnungen

7.2 Transportentfernungen im Düngemitteltransport

Im folgenden werden Rechenwerte für die mittleren Transportentfernungen beim Transport von Düngemitteln und – unter dem Aspekt der eingesetzten Mengen – wichtiger Rohstoffe abgeleitet. Die Transportentfernungen werden differenziert nach Transportmitteln, Nährstoffen und Herkunftsländern bestimmt. Nicht betrachtet wird wegen seines geringen Aufkommens der Transport des Konditionierungsmittels von seiner Produktionsstätte zur Düngemittelfabrik. Ebenfalls nicht bilanziert wird der Transport von Schwefelsäure und ihren Vorprodukten (zur Begründung siehe Kapitel 7.2.2).

Die Transportentfernungen lassen sich aus Angaben in /STBA 1991/ mit Bezug auf Westdeutschland 1990 ableiten (Ausnahme: Seetransport von Rohphosphat). Dort finden sich für den Binnen- und den Gesamtverkehr für die Transportmittel LKW, Bahn und Binnenschiff differenziert nach Gütergruppen Daten zu Transportaufkommen und -leistung. Daraus lassen sich mittlere aufkommensgewichtete Transportentfernungen berechnen. Auf der Ebene der Gütergruppe stellt der „durchschnittliche" Dünger den Bezug dar; eine Differenzierung nach Nährstoffen liegt nicht vor.

Wir übernehmen hier die Anteile der einzelnen Transportmittel am Düngemitteltransport, wie sie sich aus /STBA 1991/ ergeben, setzen jedoch andere Transportentfernungen an. Für den Binnenverkehr ergeben sich nach /STBA 1991/ Transportentfernungen – in der Summe über alle Transportmittel 255 km –, die unseres Erachtens unrealistisch niedrig sind. Wir halten das Zweifache dieser Werte für eine der Realität nähere Abschätzung, die wir für in der Bundesrepublik produzierte Düngemittel ansetzen. Aus den Daten zum Gesamtverkehr schätzen wir die Transportentfernungen für den Import ab. Hier ist eine Abweichung von /STBA 1991/ notwendig, weil im Gesamtverkehr zwar die Transportleistung des Imports miterfaßt ist, jedoch nur soweit sie auf dem Gebiet Westdeutschlands anfiel. Als Rechenwerte setzen wir daher Vielfache der Werte nach /STBA 1991/ an, wie im Falle des Binnenverkehrs unter Beibehaltung der Transportmittelanteile.

Angesichts der mit diesen Abschätzungen verbundenen Unsicherheiten ist eine gesonderte Betrachtung der regionalen bzw. lokalen Logistik verzichtbar. Hierunter fallende Transporte z. B. von Großhändlern zu landwirtschaftlichen Betrieben spielen unseres Erachtens absehbar keine Rolle bei der Düngemittelbereitstellung.

Die Ergebnisse der Ableitung der Transportentfernungen sind in Tabelle 7-8 für die einzelnen Nährstoffe – jeweils im Mittel des in der Bundesrepublik abgesetzten Düngers – nach Transportmitteln differenziert zusammengefaßt. Erläuterungen finden sich in den folgenden Unterkapiteln zu den einzelnen Nährstoffen.

Tabelle 7-8 Durchschnittliche Entfernungen des Düngemitteltransports im Mittel der Herkunftsregionen, differenziert nach Verkehrsträgern, und durchschnittlicher Nährstoffgehalt von Düngemitteln (Rechenwerte)

		N	P_2O_5	K_2O	CaO
Nährstoffgehalt		32,5 %	46,7 % (32 %)*	60,0 %	61,5 %
LKW	km	182	182	79	79
Bahn	km	520	520	291	291
Binnenschiff	km	607	607	141	141
Seeschiff	km	0	4.235**	0	0

Die Nährstoffgehalte für N- und P-Dünger enthalten Korrekturen für Mehrnährstoffdünger.
*: Rohphosphat
**: Nur Rohphosphat in die BRD und übrige EU, ungewichtet: 6350 km
N, P: 1/3*2*BVK + 1/3*4*GVK + 1/3*8*GVK; K, CaO: 2*BVK
BVK, GVK: Binnen- bzw. Gesamtverkehr nach /STABA 1991/
Quellen: /STBA 1991/, eigene Abschätzungen und Berechnungen

7.2.1 Stickstoffdünger

Für N-Dünger unterscheiden wir bei der Festlegung von Transportweiten zwischen den drei Produktionsländern bzw. -gruppen Bundesrepublik, EU/Westeuropa und Osteuropa. Für den in der Bundesrepublik produzierten Dünger setzen wir die zweifachen aufkommensgewichteten Entfernungen des Binnenverkehrs mit den Transportmitteln LKW, Bahn und Binnenschiff in der Gütergruppe Düngemittel nach /STBA 1991/ an, für den in der EU produzierten die vierfachen und den in Osteuropa produzierten die achtfachen Entfernungen des Gesamtverkehrs (Tabelle 7-8).

7.2.2 Phosphatdünger

Der Transport von P-Dünger besteht im wesentlichen aus dem internationalen Transport von Rohphosphat auf dem Seeweg. Die mittlere Transportweite ergibt sich aus den Anteilen der Hauptlieferländer am Gesamtimport nach /STBA 1994c/ und ihren Entfernungen von der Bundesrepublik (siehe dazu auch Kapitel 6.2.1). Dabei wird die Summe der Anteile der wichtigsten Lieferländer auf 100 % normiert. Tabelle 7-9 faßt die Daten zusammen. Für die Länder der EU setzen wir die gleichen Herkunftsländer und damit die gleiche mittlere Entfernung an. Für Osteuropa, insbesondere die GUS, unterstellen wir, daß nur Rohphosphat aus inländischer Förderung nahe dem Förderort verarbeitet wird. Für den P_2O_5-Gehalt des Rohphosphats nehmen wir 32 % an.

Tabelle 7-9 Anteile der Hauptherkunftsländer am in der Bundesrepublik abgesetzten Rohphosphat und Transportentfernungen im internationalen Seetransport von Rohphosphat aus diesen Ländern in die Bundesrepublik: Literaturdaten und Rechenwerte

	Israel	**GUS**	**USA**	**Marokko**	**Summe**
Herkunft	Anteil	Anteil	Anteil	Anteil	Anteil
/STBA 1994c/	34,3 %	4,6 %	30,5 %	23,8 %	93,2 %
Rechenwerte	36,8 %	5,0 %	32,7 %	25,5 %	100 %
Entfernung	km	km	km	km	km
Rechenwerte	6.700	3.200	8.900	3.200	6.350

Für den Transport der in der Bundesrepublik produzierten P-Düngemittel setzen wir die zweifachen aufkommensgewichteten Entfernungen des Binnenverkehrs mit den Transportmitteln LKW, Bahn und Binnenschiff in der Gütergruppe Düngemittel nach /STBA 1991/ an. Für P-Dünger aus der EU setzen wir die vierfachen, für die aus Osteuropa die achtfachen Entfernungen des Gesamtverkehrs in der Bundesrepublik nach /STBA 1991/ an (Tabelle 7-8).

Den Transport von Schwefelsäure bzw. ihren Ausgangsstoffen bilanzieren wir hier nicht; eine angemessene Beschreibung kann im Rahmen dieser Studie nicht geleistet werden. Bereits die Ableitung der Anteile einzelner Produktionsverfahren in den drei Herkunftsregionen von P-Dünger ist mit hohen Unsicherheiten behaftet. Für jedes Verfahren in jeder Region wären Schätzungen zu Transportmitteln und Entfernungen notwendig. Zwar enthält die gesamte Bilanzierung der Energie- und Stoffströme der Düngemittelbereitstellung zahlreiche Abschätzungen; diese orientieren sich jedoch überwiegend an in irgend einer Weise erhobenen Daten. Solche Anhaltswerte liegen hier kaum vor. Darüber hinaus können einzelne Transporte aus Plausibilitätsgründen vernachlässigt werden. Schließlich sind einige Transporte nicht zu bilanzieren, weil die Energieaufwendungen und Emissionen aller Schritte der betrachteten Bereitstellungskette einem anderen Produkt zugeordnet werden.

Der Transport von Schwefelsäure erfolgt in der Regel nur über kurze bis mittlere Entfernungen. Für Schwefel selbst gehen wir davon aus, daß der Transport ebenfalls nur über kurze Entfernungen erfolgt. Der Ferntransport des Schwefelinventars von Erdöl und sulfidischen Erzen – außer Pyrit – wird den jeweiligen Hauptprodukten zugeordnet. Erdgas wird zur Vermeidung der Korrosion der Leitungen nahe dem Förderort entschwefelt. Hauptlieferland von Pyrit mit fast 100 % des gesamten Imports der Bundesrepublik ist Finnland; für andere

Länder liegen uns keine Informationen über die Herkunft bzw. Transportentfernungen vor. Die Entfernung Finnland-Bundesrepublik ist kurz im Vergleich zu anderen Entfernungen im Zusammenhang der P-Düngerbereitstellung (Annahme: Seetransport über die Ostsee).

Die Vernachlässigung des Transports von Schwefelsäure und ihren Vorprodukten ist damit vertretbar. Im Rahmen zukünftiger Arbeiten zur Düngemittelproduktion ist eine detailliertere Untersuchung jedoch sinnvoll.

7.2.3 Kaliumdünger

Für K-Dünger setzen wir die zweifachen aufkommensgewichteten Entfernungen des Binnenverkehrs mit den Transportmitteln LKW, Bahn und Binnenschiff in der Gütergruppe Düngemittel nach /STBA 1991/ an (Tabelle 7-8). Der vernachlässigbar geringe Import von K-Dünger wird in dieser Studie nicht betrachtet (siehe dazu auch Kapitel 6.3.1).

7.2.4 Düngekalk

Für Düngekalk setzen wir die zweifache aufkommensgewichteten Entfernungen des Binnenverkehrs aus /STBA 1991/ für die Gütergruppe Düngemittel an (Tabelle 7-8). In der Statistik fallen Kalkstein, Branntkalk usw. zwar in die Kategorie „Steine und Erden"; den relativ kleinen in der Landwirtschaft abgesetzten Anteil des insgesamt produzierten und transportierten Kalks betrachten wir hier als Düngemittel. Diese Umdefinition ist – im Rahmen der Näherungen – zulässig, da nicht bekannt ist, wie weit „Steine und Erden" durch Zement, Gips und andere Stoffe bestimmt sind. Der vernachlässigbar geringe Import von Düngekalk wird in dieser Studie nicht betrachtet (siehe dazu auch Kapitel 6.4.1).

7.3 Zusammenführung

Die mit dem Transport von Düngemitteln und Düngekalk verbundenen Energieaufwendungen und Emissionen bezogen auf eine Tonne Nährstoff werden aus den Nährstoffgehalten der Düngemittel, den Transportentfernungen und den spezifischen Energieverbräuchen und Emissionsfaktoren der Transportmittel berechnet. Wir führen hier lediglich die nach Nährstoffen differenzierte Bilanzierung für die jeweiligen mittleren in der Bundesrepublik abgesetzten Düngemittel durch. In diesem Zusammenhang weisen wir darauf hin, daß die Dokumentation in dieser Studie so angelegt ist, daß im Bedarfsfalle für einzelne Düngemittel und andere Transportweiten bzw. andere Anteile der einzelnen Transportmittel die Bilanzierungen durch den Leser selbst durchgeführt werden können.

Die mittleren Nährstoffgehalte ergeben sich aus Marktanteilen und Nährstoffgehalten der einzelnen Düngemittel, wie sie in den Kapiteln zu den Nährstoffen N, P_2O_5, K_2O und CaO zugrunde gelegt wurden. Die Mehrfacherfassung der bilanzierten Mehrnährstoffdünger Ammoniumphosphat und Ammoniumnitratphosphat wird vermieden, indem für Stickstoff und Phosphat jeweils der gesamte Nährstoffgehalt ($N + P_2O_5$) angesetzt wird.

In Tabelle 7-10 sind für die mittleren in der Bundesrepublik abgesetzten Düngemittel mit den Nährstoffen N, P_2O_5, K_2O und Düngekalk die mittleren Nährstoffgehalte und die nach Transportmitteln differenzierten nährstoffbezogenen Energieaufwendungen ausgewiesen. In Tabelle 7-11 sind die über die Transportmittel aggregierten nährstoffbezogenen Energieaufwendungen und Emissionen dokumentiert.

Für den LKW-Transport liegen den Berechnungen Fahrzeuge mit 40 t zulässigem Gesamtgewicht und im Mittel über Hin- und Rückfahrt Auslastungen von 50 % zugrunde. Die technischen Basisdaten, d. h. spezifische Energieverbräuche und Emissionsfaktoren der einzelnen Transportmittel, enthalten anders als die Transportweiten keine Differenzierungen nach Herkunftsländern.

Tabelle 7-10 Energieaufwand des Düngemitteltransports differenziert nach Transportmitteln und Energieträgern (Bezug: 1 t Nährstoff) und durchschnittlicher Nährstoffgehalt von Düngemitteln

	Energieträger	Einheit	N	P_2O_5	K_2O	CaO
Nährstoffgehalt			32,5 %	46,7 % (32 %)*	60,0 %	61,5 %
LKW	Diesel	MJ/t	287	172	58	56
Bahn	Diesel	MJ/t	106	61	27	27
	Strom	kWh/t	44	25	11	11
Binnenschiff	Diesel	MJ/t	468	303	50	49
Seeschiff	Schweröl	MJ/t	0	2.700	0	0

Die Nährstoffgehalte für N- und P-Dünger enthalten Korrekturen für Mehrnährstoffdünger.
*: Rohphosphat
Eigene Abschätzungen und Berechnungen

Tabelle 7-11 Energieaufwand und Emissionen des Düngemitteltransports (Bezug: 1 t Nährstoff)

		N	P_2O_5	P_2O_5	K_2O	CaO
Energieeinsatz/t						
Leichtes Heizöl	GJ	0	0		0	0
Schweröl	GJ	0	2,71		0	0
Dieselkraftstoff	GJ	1,56	1,02		0,27	0,27
Erdgas	GJ	0	0		0	0
Steinkohle	GJ	0	0		0	0
Braunkohle	GJ	0	0		0	0
EVU-Strom	kWh	0	0		0	0
Bahnstrom	kWh	83,0	52,6		22,9	22,6
Emissionen/t						
		Global	**Global**		**Global**	**Global**
CO_2	kg	116	286		20	20
CH_4	kg	0,0045	0,0069		0,00081	0,00080
N_2O	kg	0,0052	0,013		0,00091	0,00090
CO_2-Äquivalente	*kg*	*117*	*290*		*20,4*	*20,2*
		OK 2	**OK 2+3**	**OK 2**	**OK 2**	**OK 2**
SO_2	kg	0,036	5,32	25,3 %	0,0063	0,0063
CO	kg	0,44	0,88	49,5 %	0,078	0,077
NO_X	kg	1,92	6,82	38,9 %	0,32	0,32
NMHC	kg	0,18	0,28	57,1 %	0,033	0,032
Partikel	kg	0,080	0,45	11,7 %	0,014	0,014
Staub	kg	0	0		0	0
HCl	kg	0,00068	0,0017	44,9 %	0,00012	0,00012
NH_3	kg	0,0042	0,010	44,9 %	0,00074	0,00073
Formaldehyd	kg	0,015	0,023	57,1 %	0,0027	0,0027
Benzol	kg	0,0036	0,0055	57,1 %	0,00064	0,00063
Benzo(a)pyren	µg	281	695	26,5 %	48,9	48,3
TCDD-Tox.Äquivalente	µg	0,0022	0,0054	26,5 %	0,00038	0,00038
SO_2-Äquivalente	*kg*	*1,38*	*10,1*	*31,7 %*	*0,23*	*0,23*

Außer im Falle von P-Dünger fallen alle Emissionen nicht global wirksamer Schadstoffe in der Ortsklasse 2 (OK 2) an. Beim P-Düngertransport fallen die Emissionen zum Teil in OK 3 an.
Eigene Berechnungen

8 Bilanzierung: Energieträger

Zur Düngemittelbereitstellung werden – wie in jedem technischen Prozeß – fossile Energieträger sowie Dampf und Strom eingesetzt, die ihrerseits bereitgestellt werden müssen („Vorkette"). Die Bereitstellung fossiler Energieträger umfaßt den Einsatz sehr unterschiedlicher bergbaulicher Verfahren und Fördertechniken, chemischer oder physikalischer Trenn- und Anreicherungsverfahren und Transportprozesse. Die Stromerzeugung stellt bereits – soweit sie nicht durch Kern- oder Wasserkraft usw. erfolgt – eine Nutzung fossiler Energieträger dar. Gemeinsam ist der Bereitstellung von Strom – auch der aus Kern- oder Wasserkraft usw. – und von fossilen Energieträgern, daß sie meist räumlich getrennt von der Nutzung in industriellen Prozessen – oder durch andere Abnehmer wie Haushalte – sowie durch andere Unternehmen erfolgt.

Im folgenden werden Mineralölprodukte, Stein-und Braunkohle, Erdgas, Uran und Strom in je eigenen Unterkapiteln behandelt. Die Erzeugung von Dampf kann wie die von Strom durch andere Unternehmen als die Nutzung erfolgen (Beispiel Fernwärme). Wir gehen hier jedoch davon aus, daß die Dampferzeugung ausschließlich in den Produktionsanlagen erfolgt, in denen auch die Nutzung stattfindet. Die Dampferzeugung wird daher im Kontext der Produktionsprozesse der hier betrachteten Düngemittel behandelt (zur Vorgehensweise siehe Kapitel 6.1.2).

Den Schwerpunkt der Darstellung bildet die Bereitstellung der Energieträger frei Abnehmer in der Bundesrepublik. Für die Produktion von N- und P-Dünger gehen wir jedoch von zwei weiteren zu berücksichtigenden Bezugsräumen, West- und Osteuropa, aus. Für diese Bezugsräume betrachten wir zwei Länder als repräsentativ, die Niederlande und die GUS. Für diese Länder leiten wir auf der Basis der Energiebereitstellung für die Bundesrepublik Rechenwerte ab, indem wir einige Parameter, die wesentliche Unterschiede zu den Verhältnissen in der Bundesrepublik bzw. zu den die Bundesrepublik betreffenden Verhältnisse in Drittländer aufweisen, modifizieren.

Dieses Vorgehen hat natürlich unter verschiedenen Aspekten Näherungscharakter. Mit der Wahl der Niederlande und der GUS als repräsentativ für West- und Osteuropa werden Bezugsräume gewählt, aus denen nur Teile der importierten Düngemittel stammen. Für Westeuropa ist diese Näherung durch den großen Anteil der Niederlande am N-Düngerimport der Bundesrepublik formal belastbarer als für Osteuropa. Grund der Betrachtung *verschiedener* Herkunfts*regionen* sind jedoch die zwischen den Regionen unterschiedlichen und innerhalb der Regionen vergleichbaren technischen Standards. Tatsächlich dürfte als Folge der Arbeitsteilung zwischen den Ländern des ehemaligen Rates für gegenseitige Wirtschaftshilfe mit hoher Wahrscheinlichkeit die Anlagentechnik in allen osteuropäischen Ländern aus dem gleichen Land stammen. Hauptlieferant von Rohstoffen ist von wenigen Ausnahmen abgesehen die GUS.

Aus internationalen Statistiken übernehmen wir Daten zum Brennstoffeinsatz in der Stromproduktion. Zu den Abschätzungen gehören Annahmen über Wirkungsgrade von Umwandlungsprozessen, Emissionsfaktoren und die Herkunft von Brennstoffen. Eine detaillierte Behandlung etwa durch die Erfassung weiterer Länder und die Ableitung spezieller Emissionsfaktoren würde natürlich exaktere Ergebnisse liefern. Bei der Bilanzierung der Energiebereitstellung ist jedoch stets die Relation ihrer Umweltauswirkungen zu denen der Nutzung zu berücksichtigen; letztere sind – wenn gleich nicht immer, so doch für die Mehrzahl der betrachteten Parameter und Prozesse – weitaus größer. In diesem Zusammenhang rechtfertigen auch die Unsicherheiten im Bereich der Nutzung die weniger detaillierte Behandlung der Bereitstellung.

Bezogen auf die Bilanzierung der mittleren in der Bundesrepublik abgesetzten N- und P-Düngemittel stellt die Erfassung verschiedener Energiebereitstellungssysteme eine erhebliche Verbesserung der Belastbarkeit der Ergebnisse dar gegenüber der Beschränkung auf eine Standardvorkette. Insbesondere halten wir das von uns gewählte Vorgehen für einen sinnvollen Kompromiß hinsichtlich des Aufwandes einer erhohten Differenzierungstiefe und dem zusätzlichen Informationsgewinn.

Über die folgende Darstellung hinausgehende Informationen finden sich in /IFEU 1997d/.

8.1 Energieträger auf Erdölbasis

Die in der Bundesrepublik abgesetzten Mineralölprodukte (1993: 133 Mio. t) werden überwiegend in der Bundesrepublik aus importiertem Rohöl (99,5 Mio. t) erzeugt. Hauptlieferant sind die Länder der OPEC, aus denen knapp die Hälfte des verarbeiteten Rohöls stammt (Tabelle 8-1). Der Export (0,11 Mio. t) von in der Bundesrepublik gefördertem Rohöl (3,1 Mio. t) spielt nur eine sehr geringe Rolle. Demgegenüber hat nicht nur der Import sondern auch der Export von Zwischen- und Endprodukten der Mineralölverarbeitung eine große Bedeutung bei allerdings deutlichem Überwiegen des Imports (45,7 Mio. t gegenüber 14,9 Mio. t im Export). Der Austausch findet im wesentlichen in Westeuropa statt, wobei der größte Anteil auf die Niederlande entfällt. Daneben liefern lediglich die Länder Osteuropas, insbesondere die GUS, noch in relevantem Umfang. Die Relationen zwischen importierten und in der Bundesrepublik produzierten Mengen sind für verschiedene Produkte sehr unterschiedlich; vor allem leichtes Heizöl wird in großem Umfang importiert (13,6 Mio. t, Produktion: 26,9 Mio. t) /MWV 1994/.

Die überwiegende Herkunft der importierten Mineralölprodukte aus westeuropäischen Ländern ist insofern von Bedeutung, als damit für alle in der Bundesrepublik abgesetzten Mineralölprodukte in guter Näherung gleiche Produktionsbedingungen, und zwar die für die Bundesrepublik typischen, angenommen werden können.

Für die Herkunft des in der Bundesrepublik verarbeiteten Rohöls setzen wir die in Tabelle 8-1 ausgewiesenen Anteile nach /MWV 1994/ an. Für die Niederlande nehmen wir an, daß zwei Drittel aus der Förderung auf der Nordsee und der Rest aus den OPEC-Ländern stammen, für die GUS, daß ausschließlich Rohöl aus inländischer Förderung verarbeitet wird.

8.1.1 Rohölbereitstellung: Förderung, Aufbereitung, Transport zur Raffinerie

Rohöl wird auf dem Festland und küstennah auf dem Meer gefördert (vor den Küsten: off shore). Während in Europa der Anteil der off shore-Förderung bei etwa 95 % liegt /ECOINVENT 1994/, ist er in Osteuropa und Nahost sehr gering; weltweit beträgt er etwa ein

Drittel /SHELL 1994/. Der Energieaufwand der Förderung hängt stark von den eingesetzten Fördertechniken ab. Dabei wird zwischen drei Kategorien unterschieden:

- Primär: Förderung durch elektrisch, mit Dieselmotoren oder Gasturbinen betriebene Pumpen.

- Sekundär: Förderung durch Einpressen von Wasser in nicht durch Pumpen ausbeutbare Vorkommen (on shore-Ölförderung).

- Tertiär: Förderung durch Einpressen von Dampf oder Kohlendioxid.

Tabelle 8-1 faßt die relativen Primärenergieaufwendungen und die Anteile der Fördertechniken nach /GEMIS 1995/ zusammen. Für die Bundesrepublik werden davon abweichend die Angaben aus /WEG 1994/ übernommen.

Im Anschluß an die Förderung werden Gas und Wasser aus dem Rohöl enfernt (Aufbereitung). Dazu wird das Öl entweder erhitzt, chemisch behandelt, der Schwerkraft oder elektrischen Feldern ausgesetzt. Als Energieträger wird in OPEC-Ländern und der GUS Schweröl eingesetzt, auf den Ölfeldern in der Nordsee Erdölgas.

Der Transport aus den OPEC-Staaten erfolgt mit Großtankern. Nordseeöl und Öl aus der GUS werden überwiegend über Pipelines importiert; innerhalb der Bundesrepublik erfolgt der Transport des hier geförderten und importierten Rohöls praktisch ausschließlich über Pipelines. Die Pumpen der Pipelines sind in der Regel elektrisch betrieben. Die spezifischen Energieverbräuche und Emissionsfaktoren werden in Kapitel 7.1 abgeleitet bzw. dokumentiert; die Transportweiten sind in Tabelle 8-2 zusammengefaßt.

Tabelle 8-1 Energieeinsatz der Rohölförderung differenziert nach Fördertechniken und -regionen für in der Bundesrepublik, den Niederlanden und der GUS verarbeitetes Rohöl (Bezug: Energieinhalt des Rohöls)

Herkunft	Fördertechnik			Bezugsland		
	Primär	**Sekundär**	**Tertiär**	**BRD**	**NL**	**GUS**
	Anteil der Fördertechniken			Anteil Herkunft		
Nordsee	50 %	50 %		32,5 %	66,7 %	0 %
OPEC	80 %	20 %		46,2 %	33,3 %	0 %
GUS	100 %			18,1 %	0 %	100 %
Bundesrepublik	14 %	70 %	16 %	3,2 %	0 %	0 %
	PE (Förderung) / PE (Rohöl)					
Nordsee	0,33 %	1,00 %	–	0,67 %	0,67 %	–
OPEC	0,32 %	0,85 %	–	0,42 %	0,42 %	–
GUS	0,73 %	–	–	0,73 %	–	0,73 %
Bundesrepublik	0,34 %	1,02 %	32,7 %	5,99 %	–	–
Mittelwert	–	–	–	**0,74 %**	**0,59 %**	**0,73 %**

Die Anteile der Herkunft sind auf 100 % normiert.
PE (Förderung)/PE (Rohöl): Primärenergieeinsatz zur Förderung in % vom Energieinhalt des geförderten Rohöls
Quellen: /GEMIS 1995/, /MWV 1994/, eigene Berechnungen

Für die Prozeßkette „Förderung $\Rightarrow$ Aufbereitung $\Rightarrow$ Transport bis zur Raffinerie in der Bundesrepublik, den Niederlanden bzw. der GUS" ergeben sich bezogen auf den Energieinhalt des Rohöls die in Tabelle 8-1 und Tabelle 8-2 zusammengefaßten Energieaufwendungen. Für die Bundesrepublik entfällt der herkunftsgewichtete mittlere Gesamtaufwand von 3,5 % zu 29,5 % auf den Transport aus OPEC-Ländern und zu 32,3 % auf die Aufbereitung in der GUS. Aus den von uns unterstellten Anteilen der Förderländer ergibt sich unmittelbar, daß für die niederländische Vorkette auf den Transport aus den OPEC-Ländern und für die GUS-Vorkette auf die Aufbereitung jeweils noch größere Anteile entfallen.

Tabelle 8-2 Energieeinsatz der Rohölförderung, -aufarbeitung und des Transports differenziert nach Förderregionen für in der Bundesrepublik, den Niederlanden und der GUS verarbeitetes Rohöl (Bezug: Energieinhalt des Rohöls)

Herkunft	Anteil	Förderung	Aufbereitung	Transport		Summe
		PE/PE	PE/PE	km	PE/PE	PE/PE
BRD						
Nordsee	32,5 %	0,67 %	0,29 %	500	0,30 %	1,25 %
OPEC	46,2 %	0,42 %	0,31 %	8.800	2,27 %	3,00 %
GUS	18,1 %	0,73 %	6,32 %	2.500	1,49 %	8,54 %
Bundesrepublik	3,2 %	5,99 %	0,29 %	200	0,11 %	6,39 %
Gew. Mittelwert	**(100 %)**	**0,74 %**	**1,39 %**	**4.684**	**1,42 %**	**3,54 %**
Niederlande						
Nordsee	66,7 %	0,67 %	0,29 %	500	0,30 %	1,25 %
OPEC	33,3 %	0,42 %	0,31 %	8.800	2,27 %	3,00 %
Gew. Mittelwert	**(100 %)**	**0,59 %**	**0,29 %**	**3.267**	**0,95 %**	**1,83 %**
GUS	**100 %**	**0,73 %**	**6,32 %**	**1.000**	**0,60 %**	**7,65 %**

Die Anteile der Herkunft sind auf 100 % normiert.
PE/PE: Primärenergieeinsatz zu Förderung, Aufbereitung und Transport in % vom Energieinhalt des geförderten Rohöls
Quellen: /GEMIS 1995/, /MWV 1994/, eigene Berechnungen

8.1.2 Raffinerieprozeß

Der größte Teil des Energieaufwandes der Bereitstellung von Mineralölprodukten fällt in den Raffinerien an. Neben Rohöl, das den Hauptteil des sogenannten Produkten- oder Umwandlungseinsatzes in Raffinerien stellt, werden dabei eine Reihe in Raffinerien selbst erzeugter grundsätzlich absatzfähiger Endprodukte zu anderen Produkten umgesetzt. Der Energieeigenverbrauch wird im wesentlichen durch Raffinerieprodukte wie Schweröl und Raffineriegas sowie in Raffineriekraftwerken und öffentlichen Kraftwerken erzeugten Strom gedeckt.

Rohöl selbst und die meisten Mineralölprodukte sind Mischungen einer Vielzahl von Kohlenwasserstoffen. Im einfachsten Fall besteht die Produktion aus einer Trennung des Rohöls in verschiedene Fraktionen durch Destillation. Dabei können die einzelnen Fraktionen nicht unabhängig voneinander erhalten werden (Kuppelproduktion): Um eine „mittlere" Fraktion zu erhalten muß eine „leichte" entfernt und eine zurückbleibende „schwere" (Sumpf) mit erhitzt werden. In einfachen Raffinerien bestimmt die Zusammensetzung des Rohöls weitgehend die Anteile der Fraktionen an der Gesamtproduktion. Die Nachfrage nach den einzelnen Fraktionen ist allerdings unterschiedlich groß und entspricht meist nicht den Vorgaben

durch die Rohölzusammensetzung. In komplexen Raffinerien werden daher weniger nachge-
fragte Fraktionen entsprechend umgewandelt (Cracken, Reforming, Isomerisierung usw.).
Die meisten dieser Reaktionen sind relativ energieaufwendig; die Höhe des Energieeinsatzes
in einer Raffinerie hängt daher stark von der Produktpalette ab. Während einfache Raffineri-
en einen Energiebedarf von 2 bis 4 % des Inputs aufweisen, steigt der Energiebedarf bei
komplexen Raffinerien bis auf 6 bis 10 % /WEC 1988/, /SHELL 1991/, /DGMK 1992/. Im
Mittel lag nach /GEMIS 1995/ der Eigenbedarf in Westeuropa in den frühen 90er Jahren bei
5,5 % Prozeßwärme und bei 0,5 % Strom bezogen auf den Energieinhalt der Produkte.

Diese Zusammenhänge lassen sich besonders deutlich am Beispiel von Kraftstoffen illustrieren: Die Deckung der Nachfrage nach Ottokraftstoff macht in großem Umfang die Umwandlung anderer Fraktionen notwendig. Dieselkraftstoff läßt sich dagegen zu größeren
Teilen allein durch Destillation gewinnen. Dabei erfordert die Produktion von Dieselkraftstoff (Mitteldestillat) aber die Abtrennung der leichteren, vor allem in Ottokraftstoff enthaltenen Fraktionen des Rohöls. In der Realität sind tatsächlich vor allem die Nachfrage nach
Ottokraftstoff und nach Rohbenzin (Naphtha) für die chemische Industrie Ursache der hohen
Komplexizität moderner Raffinerien. Daneben spielt aber auch der generelle Trend zu
leichteren Produkten eine Rolle. Bei abnehmender Nachfrage nach Schweröl und steigender
nach leichtem Heizöl werden auch Mitteldestillate (Dieselkraftstoff, Kerosin, leichtes Heizöl) verstärkt durch Cracken hergestellt.

Der mittlere Energieaufwand zur Produktion von Mineralölprodukten läßt sich durch Divi-
sion des Saldos der Energiebilanz einer Raffinerie oder der Raffinerien eines Landes durch
den Produkt-Ausstoß bestimmen. Aufgrund der relativ umfassenden Statistikführung im
Bereich der Energiewirtschaft kann diese Rechnung für die Bundesrepublik in jährlicher
Folge durchgeführt werden. Der mittlere Energieaufwand ist jedoch nur dann, wenn die Produktion in einfachen Raffinerien erfolgt, eine plausible Kenngröße. Im Falle komplexer Raffinerien führt diese Größe zu einer unangemessenen Belastung auch „einfach" in ausreichender Menge erhältlicher Produkte (siehe oben). Wie fast stets im Zusammenhang mit
Kuppelproduktionen besteht damit auch hier ein Zuordnungsproblem bezüglich des Energieaufwandes und der damit verbundenen Emissionen. Bemerkenswert ist dabei allerdings, daß
hier anders als in den „typischen" Fällen, z. B. der NaCl-Elektrolyse oder Buntmetallverhüt-
tung mit Schwefelsäuregewinnung, der Gesamtprozeß durch entsprechenden Energieaufwand auf eine ökonomisch optimale Produktverteilung eingestellt werden kann.

Eine Lösung dieses Zuordnungsproblems findet sich in /JESS 1994/. Für die „Modell-
Raffinerie Deutschland" im Bezugsjahr 1992 wird dort die Ableitung spezifischer Energieaufwendungen für verschiedene Mineralölprodukte aus Umwandlungs- und spezifischem
Prozeßenergieeinsatz in den einzelnen Raffinerieanlagen dargestellt. Die Modell-Raffinerie
ist dabei durch die gesamte bundesdeutsche Raffinerieproduktion definiert. Die Ergebnisdaten finden sich im wesentlichen in /FFE 1995/ (Tabelle 8-3, siehe auch /IKARUS 1992/).
Andere Quellen weisen ähnliche Größenordnungen bzw. Relationen aus (relativer Eigenverbrauch US-amerikanischer Raffinerien nach /UNNASCH 1989/: 5 % für Diesel und 7 % für
Benzin; Eigenverbrauch bezogen auf das eingesetzte Rohöl nach /LOTT 1989/: 4 % für Diesel und 10 % für Benzin); die Relation Schweröl/Diesel nach /GEMIS 1995/ weicht in nicht
plausibler Weise von /FFE 1995/ bzw. /JESS 1994/ ab (2:1).

Zur Ableitung von Rechenwerten für diese Studie erstellen wir im wesentlichen basierend auf der Energiebilanz der Bundesrepublik /AGE 1996/ die primärenergiebezogene Produktbilanz der bundesdeutschen Raffinerien im Jahr 1993 (Tabelle 8-3, siehe dazu auch /IFEU 1992/). Abweichend von der Abgrenzung bzw. Terminologie der meisten Energiebilanzen werden bei der Saldierung Einsatz und Ausstoß um den Energieinhalt der in Raffinerien erzeugten *und* dort verbrauchten Produkte bereinigt. D. h., der Ausstoß umfaßt nur die Produkte, die die Raffinerien *verlassen*. Der Einsatz umfaßt das Rohöl sowie die *von außen* gelieferten Primär- und Endenergieträger für den Eigenbedarf.

Tabelle 8-3 Nach Produkten differenzierter Energieeinsatz in Raffinerien in GJ/t Produkt nach /FFE 1995/ und Gewichtungsfaktoren (diese Studie)

	/FFE 1995/ GJ/t	Gewichtungs- faktoren
Motorenbenzin	4,59	0,105
Rohbenzin	1,42	0,033
Flugbenzin		0,105
Schweres Flugbenzin		0,060
Dieselkraftstoff	2,56	0,060
Leichtes Heizöl	2,56	0,060
Schweres Heizöl	1,89	0,046
Petrolkoks	2,75	0,094
Andere Mineralölprodukte		0,069
Flüssiggas	3,74	0,082
Raffineriegas	3,36	0,069
Quellen: /AGE 1996/, /FFE 1995/, /JESS 1994/, eigene Berechnungen		

Aus den Absolutdaten nach /FFE 1995/ bzw. /JESS 1994/ werden Gewichtungsfaktoren – also Relativwerte – abgeleitet, die zur Verteilung des Energiesaldos auf die einzelnen Produkte verwendet werden. Die Notwendigkeit dieses Vorgehens ergibt sich daraus, daß zur Emissionsberechnung zwischen verschiedenen in Raffinerien eingesetzten Energieträgern unterschieden wird. Die Daten nach /FFE 1995/ bzw. /JESS 1994/ enthalten diese Unterscheidung nicht, so daß eine direkte Übernahme – statt der dargestellten Produktbilanzierung – nicht möglich ist. Gemäß /IKARUS 1992/ wird für den Stromverbrauch ein Bezug von 62 % aus dem öffentlichen Netz und 38 % Eigenerzeugung unterstellt (Stromerzeugung mit Gegendruckturbinen und Dampfbereitstellung, 30 % elektrischer Wirkungsgrad). Für die Bereitstellung von Fernwärme setzen wir den Wirkungsgrad gleich 80 % mit Erdgas als Brennstoff.

Wie bereits dargestellt, stammen importierte Mineralölprodukte im wesentlichen aus westeuropäischen Ländern. Die hier beschriebene durchschnittliche bundesdeutsche Raffinerie stellt damit eine gute Näherung dar für alle Anlagen, in denen in der Bundesrepublik abgesetzte Mineralölprodukte erzeugt wurden. Für die Raffinerieproduktion in den Niederlanden unterstellen wir die gleichen Daten, d. h. Wirkungsgrade, Brennstoffanteile usw., wie in der Bundesrepublik. Für die Produktion in der GUS nehmen wir um 15 % geringere Wirkungsgrade bei gleichen Anteilen der einzelnen Brennstoffe an.

Wie der vorangegangenen Darstellung zu entnehmen ist, basiert unsere Ableitung auf einer Analyse der gesamten Raffinerieproduktion. Im Zusammenhang der Bereitstellung von Düngemitteln spielen jedoch lediglich Dieselkraftstoff und Schweröl eine Rolle. Daher werden die Ergebnisse der Bilanzierung der Bereitstellung von Mineralölprodukten nur für diese beiden Endenergieträger in Kapitel 8.1.5 ausgewiesen.

8.1.3 Transport

Für den Transport von Mineralölprodukten innerhalb der einzelnen Länder wird wegen seines geringen Einflusses auf die Gesamtbilanz vereinfachend unterstellt, daß er für alle Produkte und in allen Ländern in gleicher Weise erfolgt (jeweils über 50 km mit Bahn, LKW und Binnenschiff).

8.1.4 Emissionen

Die spezifischen Emissionen der Bereitstellung von Mineralölprodukten ergeben sich durch Verknüpfung der Energieeinsätze in den einzelnen Schritten der Bereitstellung, differenziert nach Energieträgern, mit energieeinsatzbezogenen Emissionsfaktoren für diese Energieträger. Für die der Verarbeitung in der Raffinerie vor- und nachgelagerten Prozesse nehmen wir folgende Zuordnungen vor (Bezug: Bundesrepublik):

- Für bei der Ölförderung eingesetzten Diesel-betriebene Pumpen werden die in Kapitel 6.1.3 dokumentierten, gewichteten Mittelwerte des 5-Punkte-Tests als Emissionsfaktoren angesetzt.

- Für Gasturbinen und Kessel, die bei der Förderung, Aufbereitung und Transport eingesetzt werden, verwenden wir die Daten aus /GEMIS 1995/ (Kapitel 6.1.3 und 7.1.4).

- Für den Transport von Rohöl mit Tankern und den von Mineralölprodukten mit LKW, Bahn und Binnenschiff setzen wir die Faktoren nach Kapitel 7.1 an.

Die Verarbeitung in der Raffinerie wird ebenfalls mit Faktoren aus verschiedenen Quellen bilanziert (Bezug: Bundesrepublik):

- Die CO_2-Emissionen werden hier durch Faktoren nach /GEMIS 1995/ beschrieben. Diese weichen je nach Brennstoff um etwa 1 bis 2 % von denen nach /UBA 1994/ ab. Die Festlegung erfolgt im wesentlichen, um Konsistenz mit den Emissionen der Kesselfeuerungen in der Düngemittelproduktion zu erzielen.

- Für die Methan-, SO_2-, NO_X-, CO-, NMHC- und Staubemissionen werden für die meisten Brennstoffe die Faktoren für Westdeutschland 1990 nach /UBA 1994/ angesetzt. Für Schweröl- und Erdgasfeuerungen setzen wir die Faktoren nach /GEMIS 1995/ an. Für mit Petrolkoks und „Anderen Mineralölprodukten" betriebene Feuerungen weichen wir im Falle der SO_2- und Staubemissionen von /UBA 1994/ ab und verwenden Faktoren nach /GEMIS 1995/. Die entsprechenden Daten nach /UBA 1994/ sind unseres Erachtens zu hoch. Dazu ist auch anzumerken, daß sich diese Faktoren zur Zeit in der Überarbeitung befinden.

- Für N_2O, HCl, Benzol, Formaldehyd, Benzo(a)pyren und TCDD-Toxizitätsäquivalente werden die in Kapitel 6.1.3 abgeleiteten Emissionsfaktoren angesetzt.

- Für die Methan- und NMHC-Verdunstung sowie die SO_2-Emissionen der Entschwefelungsanlagen werden Emissionsfaktoren nach /UBA 1994/ bzw. daraus abgeleitete Daten angesetzt. Die SO_2-Emissionen der Entschwefelung weisen wir vollständig den Mineralölprodukten zu (siehe dazu Kapitel 6.2.2.1).

Die Emissionsfaktoren für die der Raffinerieproduktion in den Niederlanden und der GUS vorgelagerten Prozesse ergeben sich aus den Herkunftsregionen des Rohöls. Für den Transport der Produkte werden keine Differenzierungen durchgeführt. Für die Raffinerieproduktion in den Niederlanden setzten wir die gleichen Faktoren wie für die in der Bundesrepublik an. Für die GUS setzen wir Faktoren für Westdeutschland 1980 nach /UBA 1994/ an. Die nach Brennstoffen und Ländern differenzierten Emissionsfaktoren für Kesselfeuerungen in Raffinerien sind in Kapitel 0 (Anhang) dokumentiert.

8.1.5 Zusammenführung

Die Daten zu Energieeinsatz und Emissionen der Bereitstellung von Dieselkraftstoff und Schweröl in der Bundesrepublik, den Niederlanden und der GUS sind in Tabelle 8-4 zusammengefaßt. Leichtes Heizöl entspricht in seiner Zusammensetzung Dieselkraftstoff; damit können die gleichen Werte angesetzt werden. Die übrigen Mineralölprodukte wie etwa Ottokraftstoff spielen im Zusammenhang der Düngemittelbereitstellung keine Rolle. Die Emissionen nicht global wirksamer Schadstoffe sind als Summe über die Ortsklassen ausgewiesen. Die Anteile der Ortsklasse 2 sind in Tabelle 8-5 als Prozentwerte dargestellt. Die Anteile der Ortsklasse 3 ergeben sich als Differenz zu 100 %, da in der Ortsklasse 1 (hohe Bevölkerungsdichte, Innenstadt) keine Emissionen anfallen.

Tabelle 8-4 Spezifischer Primärenergieeinsatz und Emissionsfaktoren der Bereitstellung von Dieselkraftstoff und Schweröl frei Abnehmer in der Bundesrepublik, den Niederlanden und der GUS

Bezug		BRD Diesel	BRD Schweröl	NL Diesel	NL Schweröl	GUS Diesel	GUS Schweröl
Primärenergieeinsatz/TJ							
Erdöl	TJ	1,093	1,080	1,075	1,062	1,148	1,132
Erdgas	TJ	0,010	0,0091	0,015	0,013	0,016	0,013
Steinkohle	TJ	0,0033	0,0026	0,0044	0,0034	0,0022	0,0024
Braunkohle	TJ	0,0033	0,0026	0	0	0	0
Uran	TJ	0,0032	0,0025	0,00049	0,00037	0,0021	0,0016
Summe Erschöpfliche ET	*TJ*	*1,113*	*1,096*	*1,094*	*1,078*	*1,169*	*1,149*
Wasser	TJ	0,00036	0,00028	0	0	0,0010	0,00080
Sonst. regen. ET	TJ	0	0	0	0	0	0
Summe	**TJ**	**1,113**	**1,097**	**1,094**	**1,078**	**1,170**	**1,150**
Emissionen/TJ							
		Global	Global	Global	Global	Global	Global
CO_2	kg	8.620	7.488	6.707	5.601	14.452	13.083
CH_4	kg	12,5	11,9	7,27	6,65	40,1	38,6
N_2O	kg	0,21	0,19	0,17	0,14	0,30	0,27
CO_2-Äquivalente	*kg*	*8.994*	*7.839*	*6.939*	*5.801*	*15.530*	*14.115*
		OK 2 + 3	OK 2 + 3	OK 2 + 3	OK 2 + 3	OK 2 + 3	OK 2 + 3
SO_2	kg	47,7	44,6	30,5	27,6	104	93,3
CO	kg	7,08	6,67	5,03	4,61	9,45	9,07
NO_X	kg	36,5	34,8	27,2	25,6	30,5	28,0
NMHC	kg	15,9	15,8	11,9	11,8	61,0	60,7
Partikel	kg	1,84	1,82	1,29	1,28	0,58	0,58
Staub	kg	0,97	0,89	0,40	0,34	4,45	4,07
HCl	kg	0,050	0,041	0,031	0,026	0,030	0,027
NH_3	kg	0,043	0,043	0,030	0,030	0,024	0,024
Formaldehyd	kg	0,11	0,11	0,073	0,073	0,10	0,10
Benzol	kg	0,084	0,082	0,062	0,061	0,26	0,26
Benzo(a)pyren	µg	4.291	4.045	2.984	2.767	4.547	4.273
TCDD-Tox.Äquivalente	µg	2,76	2,34	2,44	2,02	4,43	3,92
SO2-Äquivalente	*kg*	*73,3*	*69,13*	*49,6*	*45,7*	*125*	*113*

Sonst. regen. ET: Sonstige regenerative Energieträger
OK: Ortsklasse; in OK 1 fallen keine Emissionen an.
Quellen: /AGE 1996/, /GEMIS 1995/, /JESS 1994/, /UBA 1994/, /UBA 1995c/, /SEIER 1995/

Tabelle 8-5 Anteile der Emissionen in der Ortsklasse 2 an den Gesamtemissionen der Bereitstellung von Dieselkraftstoff und Schweröl frei Abnehmer in der Bundesrepublik, den Niederlanden und der GUS

Bezug	BRD Diesel	BRD Schweröl	NL Diesel	NL Schweröl	GUS Diesel	GUS Schweröl
SO_2	66,8 %	65,0 %	60,4 %	56,9 %	100,0 %	100,0 %
CO	72,0 %	70,7 %	64,9 %	62,2 %	100,0 %	100,0 %
NO_X	53,4 %	51,9 %	50,7 %	48,4 %	100,0 %	100,0 %
NMHC	95,0 %	95,0 %	91,4 %	91,4 %	100,0 %	100,0 %
Partikel	16,7 %	16,9 %	14,0 %	14,3 %	100,0 %	100,0 %
Staub	97,4 %	97,3 %	87,5 %	86,2 %	100,0 %	100,0 %
HCl	92,8 %	91,4 %	91,5 %	90,0 %	100,0 %	100,0 %
NH_3	47,9 %	48,2 %	45,7 %	46,2 %	100,0 %	100,0 %
Formaldehyd	63,6 %	63,7 %	59,9 %	60,0 %	100,0 %	100,0 %
Benzol	87,2 %	87,2 %	84,0 %	84,0 %	100,0 %	100,0 %
Benzo(a)pyren	53,1 %	50,9 %	49,5 %	46,2 %	100,0 %	100,0 %
TCDD-Tox.Äquivalente	88,3 %	86,3 %	73,8 %	68,8 %	100,0 %	100,0 %
SO_2-Äquivalente	*62,1 %*	*60,3 %*	*56,7 %*	*53,6 %*	*100,0 %*	*100,0 %*

Die Anteile der Ortsklasse 3 ergeben sich als Differenz zu 100 %. In der Ortsklasse 1 (hohe Bevölkerungsdichte, Innenstadt) fallen keine Emissionen an.
Quellen: /AGE 1996/, /GEMIS 1995/, /JESS 1994/, /UBA 1994/, /UBA 1995c/, /SEIER 1995/, eigene Berechnungen

8.2 Stein- und Braunkohle

Der grundsätzliche Unterschied zwischen den beiden Kohlearten besteht im Kohlenstoffgehalt, der im Falle der Steinkohle höher ist. Braunkohle – hier nur für die Bundesrepublik betrachtet – wird in allen Ländern im Tagebau, Steinkohle in der Bundesrepublik nur untertage, in anderen Ländern auch im Tagebau gefördert. Als Energieträger zur Stein- und Braunkohleförderung wird sowohl im Tagebau als auch im Untertageabbau praktisch ausschließlich Strom eingesetzt, der in grubennahen Kohlekraftwerken erzeugt wird.

Der Energieaufwand der Stein- und Braunkohleförderung in der Bundesrepublik wird aus den Angaben in /KOHLE 1994/ abgeleitet. Für den Abbau in den Hauptherkunftsländern der Importsteinkohle (1993: 18 % vom Absatz) werden die Daten aus /GEMIS 1995/ übernommen. Für die in den Niederlanden eingesetzte Steinkohle übernehmen wir die Herkunftsstruktur der Bundesrepublik. Die in der GUS eingesetzte Steinkohle stammt ausschließlich aus dem Inland.

Der Überseetransport von Steinkohle aus den USA, Australien und Südafrika in die Bundesrepublik bzw. die Niederlande erfolgt mit Massengutschiffen, der Transport aus Polen per Bahn. Für inländische Transporte werden zu gleichen Teilen Binnenschiffe und die Bahn eingesetzt. In der GUS erfolgt der Transport per Bahn. Braunkohle wird in der Bundesrepublik weit überwiegend nahe dem Förderort verstromt; Transporte werden daher hier vernachlässigt.

Die Emissionen der Stein- und Braunkohlebereitstellung ergeben sich aus den Emissionen der Kraftwerke (siehe Kapitel 8.5), die den Strom zur Förderung erzeugen, und der Transportprozesse. Daneben fallen prozeßspezifische Emissionen an, im wesentlichen Staub- und Kohlenwasserstoff-Freisetzungen aus den Lagerstätten selbst, die gemäß /GEMIS 1995/ berücksichtigt werden.

Die Daten zu Energieeinsatz und Emissionen der Bereitstellung von Steinkohle in der Bundesrepublik, den Niederlanden und der GUS sind in Tabelle 8-6 und Tabelle 8-7 zusammengefaßt. Die Emissionen nicht global wirksamer Schadstoffe sind als Summe über die Ortsklassen ausgewiesen. Die Anteile der Ortsklasse 2 sind in Tabelle 8-8 als Prozentwerte ausgewiesen. Die Anteile der Ortsklasse 3 ergeben sich als Differenz zu 100 %, da in der Ortsklasse 1 (hohe Bevölkerungsdichte, Innenstadt) keine Emissionen anfallen. Die Daten für Braunkohle, die lediglich in der Bundesrepublik eingesetzt wird, finden sich in Tabelle 8-9.

Tabelle 8-6   Primärenergieeinsatz zur Bereitstellung von Steinkohle differenziert nach Förderland bzw. -region (Bezug: Energieinhalt der geförderten Kohle)

Herkunft	Anteil	Förderung	Transport				Summe
			Bahn	Schiff	Bahn	Schiff	
		PE/PE	km	km	PE/PE	PE/PE	PE/PE
BRD, NL							
BRD	81,6 %	4,72 %	80	50	0,092 %	0,079 %	4,89 %
Polen	5,78 %	1,92 %	500		0,71 %		2,64 %
USA/Kanada	1,65 %	1,10 %	500	8.000	0,71 %	5,89 %	7,70 %
Südafrika	8,23 %	1,92 %	500	15.000	0,71 %	11,0 %	13,7 %
Australien	2,72 %	1,10 %	500	25.000	0,71 %	18,4 %	20,2 %
Gew. Mittelwert	**(100 %)**	**4,17 %**	**157**	**2.088**	**0,21 %**	**1,57 %**	**5,95 %**
GUS	**100 %**	**1,92 %**	**500**		**0,71 %**		**2,64%**

PE/PE: Primärenergieeinsatz zu Förderung und Transport in % vom Energieinhalt der geförderten Steinkohle
Quellen: /GEMIS 1995/, /KOHLE 1994/, eigene Berechnungen

Tabelle 8-7 Spezifischer Primärenergieeinsatz und Emissionsfaktoren der Bereitstellung von Steinkohle frei Abnehmer in der Bundesrepublik, den Niederlanden und der GUS (Kraftwerke und Industrie)

Bezug		BRD	BRD	BRD	BRD	BRD	BRD	NL	GUS
Herkunft		BRD	Polen	USA/ Kanada	Süd- afrika	Austra- lien	Mittel	Mittel	GUS
Primärenergieeinsatz/TJ									
Erdöl	TJ	0,00081	0,0071	0,066	0,12	0,19	0,017	0,017	0,0143
Erdgas	TJ	0,00004	0	0	0	0	0,00003	0,00039	0
Steinkohle	TJ	1,048	1,019	1,011	1,019	1,011	1,042	1,044	1,023
Braunkohle	TJ	0,00012	0	0	0	0	0,00009	0	0
Uran	TJ	0,00026	0	0	0	0	0,00021	0,00004	0
$\sum$ *Erschöpfl. ET*	*TJ*	*1,049*	*1,026*	*1,077*	*1,137*	*1,202*	*1,059*	*1,061*	*1,037*
Wasser	TJ	0,00010	0	0	0	0	0,00008	0	0
Sonst. regen. ET	TJ	0	0	0	0	0	0	0	0
Summe	**TJ**	**1,049**	**1,026**	**1,077**	**1,137**	**1,202**	**1,059**	**1,061**	**1,037**
Emissionen/TJ									
		Global	Global	Global	Global	Global	Global	Global	Global
CO_2	kg	4.517	2.335	6.203	11.030	16.057	5.269	5.434	3.227
CH_4	kg	517	609	106	506	108	504	504	609
N_2O	kg	0,24	0,12	0,28	0,49	0,70	0,27	0,28	0,16
CO_2-Äquivalente	*kg*	*17.264*	*17.298*	*8.888*	*23.578*	*18.922*	*17.693*	*17.860*	*18.206*
		OK 2	OK 2	OK 2 + 3	OK 2 + 3	OK 2 + 3	OK 2 + 3	OK 2 + 3	OK 2
SO_2	kg	2,96	1,59	111	208	345	30,9	31,0	18,72
CO	kg	1,12	3,13	15,4	26,5	41,9	4,67	4,72	5,93
NO_X	kg	5,75	10,4	124	225	368	35,9	36,1	25,0
NMHC	kg	0,17	1,10	5,29	8,98	14,2	1,41	1,42	2,18
Partikel	kg	0,034	0,45	8,56	15,7	25,8	2,19	2,19	0,91
Staub	kg	0,22	0,11	0,20	0,36	0,49	0,24	0,24	1,55
HCl	kg	0,33	0,14	0,11	0,20	0,18	0,30	0,31	0,17
NH_3	kg	0,0020	0,018	0,17	0,31	0,51	0,045	0,045	0,035
Formaldehyd	kg	0,0082	0,080	0,35	0,59	0,93	0,092	0,092	0,16
Benzol	kg	0,0034	0,019	0,083	0,14	0,22	0,023	0,023	0,038
Benzo(a)pyren	µg	1.560	1.747	11.927	21.298	34.085	4.252	4.300	3.029
TCDD-Tox.Äqui.	µg	0,36	0,15	0,17	0,31	0,35	0,34	0,36	0,19
SO_2-Äquivalente	*kg*	*7,28*	*9,01*	*199*	*366*	*604*	*56,3*	*56,6*	*36,4*

Sonst. regen. ET: Sonstige regenerative Energieträger
OK: Ortsklasse; in OK 1 fallen keine Emissionen an.
Quellen: /KOHLE 1994/, /UBA 1994/, /UBA 1995c/, /SEIER 1995/, eigene Berechnungen

Tabelle 8-8 Anteile der Emissionen in der Ortsklasse 2 an den Gesamtemissionen der Bereitstellung von Steinkohle frei Abnehmer in der Bundesrepublik, den Niederlanden und der GUS

Bezug Herkunft	BRD BRD	BRD Polen	BRD USA/ Kanada	BRD Süd- afrika	BRD Austra- lien	BRD Mittel	NL Mittel	GUS GUS
SO_2	100,0 %	100,0 %	27,1 %	26,9 %	26,6 %	32,8 %	33,0 %	100,0 %
CO	100,0 %	100,0 %	40,9 %	35,4 %	32,0 %	50,0 %	50,5 %	100,0 %
NO_X	100,0 %	100,0 %	31,5 %	29,2 %	27,7 %	39,3 %	39,6 %	100,0 %
NMHC	100,0 %	100,0 %	53,3 %	48,4 %	45,7 %	55,2 %	55,3 %	100,0 %
Partikel	100,0 %	100,0 %	5,3 %	2,9 %	1,8 %	5,1 %	5,1 %	100,0 %
Staub	100,0 %	100,0 %	100,0 %	100,0 %	100,0 %	100,0 %	100,0 %	100,0 %
HCl	100,0 %	100,0 %	83,2 %	82,1 %	67,3 %	98,4 %	98,5 %	100,0 %
NH_3	100,0 %	100,0 %	32,6 %	29,2 %	27,6 %	33,1 %	33,1 %	100,0 %
Formaldehyd	100,0 %	100,0 %	42,0 %	35,2 %	31,4 %	42,6 %	42,6 %	100,0 %
Benzol	100,0 %	100,0 %	42,2 %	35,4 %	31,5 %	45,8 %	46,0 %	100,0 %
Benzo(a)pyren	100,0 %	100,0 %	12,6 %	8,2 %	4,4 %	37,2 %	37,9 %	100,0 %
TCDD-Tox.Äqui.	100,0 %	100,0 %	53,2 %	50,4 %	26,7 %	93,9 %	94,2 %	100,0 %
SO_2-Äquivalente	*100,0 %*	*100,0 %*	*29,0 %*	*27,9 %*	*27,1 %*	*36,0 %*	*36,3 %*	*100,0 %*

Die Anteile der Ortsklasse 3 ergeben sich als Differenz zu 100 %. In der Ortsklasse 1 (hohe Bevölkerungsdichte, Innenstadt) fallen keine Emissionen an.
Quellen: /KOHLE 1994/, /UBA 1994/, /UBA 1995c/, /SEIER 1995/, eigene Berechnungen

Tabelle 8-9 Spezifischer Primärenergieeinsatz und Emissionsfaktoren der Bereitstellung von Braunkohle frei Abnehmer (Kraftwerke und Industrie); als Energieträger wird nur Braunkohle eingesetzt

Bezug		BRD
Primärenergieeinsatz/TJ		
Erdöl	TJ	0
Erdgas	TJ	0
Steinkohle	TJ	0
Braunkohle	TJ	1,047
Uran	TJ	0
Summe Erschöpfliche ET	*TJ*	*1,047*
Wasser	TJ	0
Sonst. regen. ET	TJ	0
Summe	**TJ**	**1,047**
Emissionen/TJ		
		Global
CO_2	kg	5.285
CH_4	kg	1,67
N_2O	kg	0,14
CO_2-Äquivalente	*kg*	*5.371*
		OK 2
SO_2	kg	3,58
CO	kg	0,99
NO_X	kg	2,96
NMHC	kg	0,071
Partikel	kg	0
Staub	kg	0,11
HCl	kg	0,27
NH_3	kg	0
Formaldehyd	kg	0,0014
Benzol	kg	0,0018
Benzo(a)pyren	µg	1.410
TCDD-Tox.Äquivalente	µg	0,41
SO_2-Äquivalente	*kg*	*5,90*

Sonst. regen. ET: Sonstige regenerative Energieträger
Alle Emissionen nicht global wirksamer Schadstoffe fallen in der Ortsklasse 2 (OK 2) an.
Quellen: /KOHLE 1994/, /UBA 1994/, /UBA 1995c/, /SEIER 1995/, eigene Berechnungen

8.3 Erdgas

Das in der Bundesrepublik verbrauchte Erdgas wird zum überwiegenden Teil importiert. Norwegisches Erdgas wird off shore gefördert. In den anderen Lieferländern und der Bundesrepublik findet die Förderung auf dem Land statt. Zur Förderung wird praktisch ausschließlich Strom, der durch Gasturbinenkraftwerke am Förderort erzeugt wird, eingesetzt.

Zur Aufbereitung, im wesentlichen Trocknung und Entschwefelung, wird Prozeßwärme aus gasgefeuerten Anlagen eingesetzt. Eine Unterscheidung zwischen Trocknung und Entschwefelung ist anhand der uns vorliegenden Daten nicht möglich. Die Entschwefelung spielt jedoch vor allem für die Bundesrepublik eine Rolle, in der etwa die Hälfte der Förderung auf das stark schwefelhaltige „Sauergas" entfällt. Zu den prinzipiell möglichen Aufteilungen des Energieeinsatzes der Entschwefelung zwischen dem Hauptprodukt Erdgas und dem Nebenprodukt Schwefel siehe Kapitel 6.2.2.1.

Der Transport zu Großabnehmern – Industrie oder Kraftwerke – erfolgt vorwiegend per Pipeline; der Antrieb der Verdichter erfolgt durch Gasturbinen, die mit dem transportierten Gas betrieben werden.

Neben den Emissionen aus der Nutzung von Erdgas werden die bei Förderung, Aufbereitung und Transport durch Leckagen auftretenden Verluste berücksichtigt /GEMIS 1995/. Für die Bundesrepublik sind die SO_2-Emissionen der Entschwefelung mit erfaßt. Den entsprechenden Emissionsfaktor leiten wir aus Angaben nach /UBA 1994/ für die Entschwefelung in Raffinerien, der geförderten Erdgasmenge und der produzierten Schwefelmenge nach /WEG 1994/ ab. Die Emissionen stammen vor allem aus der Entschwefelung von sogenanntem Sauergas. Zumindest in den Niederlanden spielt Sauergas nach /GEMIS 1995/ keine Rolle. Für andere Herkunftsländer als die Bundesrepublik verzichten wir daher auf eine Bilanzierung der Emissionen der Entschwefelung. Die Emissionen der Entschwefelung werden vollständig dem Erdgas zugeordnet; mit den Allokationskriterien Energieinhalt und Markt-

Tabelle 8-10 Primärenergieeinsatz zur Bereitstellung von Erdgas differenziert nach Förderland bzw. -region und Prozeßschritten nach /GEMIS 1995/ (Bezug: Energieinhalt des geförderten Erdgases)

Herkunft	Anteil	Förderung	Aufbereit.	Verluste*	Transport		Verl.**	Summe
	PE/PE	PE/PE	PE/PE	PE/PE	km	PE/PE	PE/PE*	PE/PE
BRD								
BRD	22,0 %	0,33 %	2,17 %	0,10 %	250	0,37 %	0,0015 %	2,98 %
Niederlande	31,0 %	0,33 %	0,43 %	0,15 %	600	0,90 %	0,0036 %	1,82 %
Norwegen	15,0 %	0,33 %	0,43 %	0,24 %	1.700	2,55 %	0,010 %	3,57 %
GUS	32,0 %	0,42 %	1,47 %	1,10 %	7.000	11,5 %	0,40 %	14,9 %
Gew. Mittel	**(100 %)**	**0,36 %**	**1,15 %**	**0,46 %**	**2.736**	**4,44 %**	**0,13 %**	**6,53 %**
Niederlande	100 %	**0,33 %**	**0,43 %**	**0,15 %**	**100**	**0,15 %**	**0,0006 %**	**1,07 %**
GUS	100 %	**0,42 %**	**1,47 %**	**1,10 %**	**1.000**	**1,65 %**	**0,40 %**	**5,04 %**

PE/PE: Primärenergieeinsatz zu Förderung, Aufbereitung und Transport in % vom Energieinhalt des geförderten Erdgases
*: Verluste bei Förderung und Aufbereitung; **: Verluste beim Transport
Quellen: /GEMIS 1995/, eigene Berechnungen

preis entfielen auf das Nebenprodukt Schwefel nur sehr geringe Anteile. Weitere Gründe für die Wahl dieser Zuordnung finden sich in Kapitel 6.2.2.1.

Die Daten zur Bereitstellung von Erdgas in der Bundesrepublik, den Niederlanden und der GUS sind in Tabelle 8-10 und Tabelle 8-11 zusammengefaßt; die Basisdaten finden sich in Kapitel 6.1.3 und Kapitel 7.1.4. Für die Niederlande und die GUS nehmen wir an, daß ausschließlich Erdgas aus inländischer Förderung eingesetzt wird. Die Emissionen nicht global

Tabelle 8-11 Spezifischer Primärenergieeinsatz und Emissionsfaktoren der Bereitstellung von Erdgas frei Abnehmer in der Bundesrepublik, den Niederlanden und der GUS (Kraftwerke und Industrie)

| Bezug | | BRD | BRD | BRD | BRD | BRD | NL | GUS |
Herkunft		BRD	NL	NOR	GUS	Mittel	NL	GUS
Primärenergieeinsatz/TJ								
Erdöl	TJ	0	0	0	0	0	0	0
Erdgas	TJ	1,030	1,018	1,036	1,149	1,065	1,011	1,050
Steinkohle	TJ	0	0	0	0	0	0	0
Braunkohle	TJ	0	0	0	0	0	0	0
Uran	TJ	0	0	0	0	0	0	0
Summe Erschöpfliche ET	*TJ*	*1,030*	*1,018*	*1,036*	*1,149*	*1,065*	*1,011*	*1,050*
Wasser	TJ	0	0	0	0	0	0	0
Sonst. regen. ET	TJ	0	0	0	0	0	0	0
Summe	**TJ**	**1,030**	**1,018**	**1,036**	**1,149**	**1,065**	**1,011**	**1,050**
Emissionen/TJ								
		Global	Global	Global	Global	Global	Global	Global
CO_2	kg	1.586	919	1.870	7.441	3.295	506	1.960
CH_4	kg	20,4	30,8	49,9	301	118	30,1	300
N_2O	kg	0,040	0,035	0,079	0,32	0,13	0,017	0,068
CO_2-Äquivalente	*kg*	*2.098*	*1.684*	*3.119*	*14.916*	*6.225*	*1.249*	*9.336*
		OK 2	OK 2	OK 2+3	OK 2	OK 2+3	OK 2	OK 2
SO_2	kg	0,057	0,0071	0,015	0,054	0,034	0,0039	0,014
CO	kg	0,90	1,10	2,54	21,0	7,64	0,47	4,48
NO_x	kg	2,69	3,75	8,81	41,6	16,4	1,54	8,55
NMHC	kg	0,11	0,11	0,26	2,54	0,91	0,051	0,47
Partikel	kg	0	0	0	0	0	0	0
Staub	kg	0,033	0,052	0,12	0,52	0,21	0,021	0,11
HCl	kg	0	0	0	0	0	0	0
NH_3	kg	0	0	0	0	0	0	0
Formaldehyd	kg	0,0036	0,0032	0,0071	0,064	0,023	0,0015	0,012
Benzol	kg	0,0020	0,0018	0,0039	0,036	0,013	0,00083	0,0068
Benzo(a)pyren	µg	80,5	46,7	95,0	376	167	25,7	99,1
TCDD-Tox.Äquivalente	µg	1,20	1,16	2,60	10,4	4,34	0,53	2,14
SO_2-Äquivalente	*kg*	*1,94*	*2,63*	*6,18*	*29,2*	*11,5*	*1,08*	*6,00*

Sonst. regen. ET: Sonstige regenerative Energieträger
OK: Ortsklasse; in OK 1 fallen keine Emissionen an.
Quellen: /GEMIS 1995/, /UBA 1994/, /UBA 1995c/, /SEIER 1995/, eigene Berechnungen

wirksamer Schadstoffe sind als Summe über die Ortsklassen ausgewiesen. Die Anteile der Ortsklasse 2 sind in Tabelle 8-12 als Prozentwerte dargestellt; für die Niederlande und die GUS fallen alle Emissionen in der Ortsklasse 2 an. Die Anteile der Ortsklasse 3 ergeben sich als Differenz zu 100 %, da in der Ortsklasse 1 (hohe Bevölkerungsdichte, Innenstadt) keine Emissionen anfallen.

Tabelle 8-12 Anteile der Emissionen in der Ortsklasse 2 an den Gesamtemissionen der Bereitstellung von Erdgas frei Abnehmer in der Bundesrepublik

| Bezug | BRD | BRD | BRD | BRD | BRD | NL | GUS |
Herkunft	**BRD**	**NL**	**NOR**	**GUS**	**Mittel**	**NL**	**GUS**
SO_2	100,0 %	100,0 %	33,3 %	100,0 %	95,8 %	100,0 %	100,0 %
CO	100,0 %	100,0 %	34,3 %	100,0 %	96,7 %	100,0 %	100,0 %
NO_x	100,0 %	100,0 %	34,4 %	100,0 %	94,7 %	100,0 %	100,0 %
NMHC	100,0 %	100,0 %	34,1 %	100,0 %	97,2 %	100,0 %	100,0 %
Partikel	100,0 %	100,0 %	0 %	100,0 %	0 %	100,0 %	100,0 %
Staub	100,0 %	100,0 %	12,6 %	100,0 %	92,2 %	100,0 %	100,0 %
HCl	100,0 %	100,0 %	0 %	100,0 %	0 %	100,0 %	100,0 %
NH_3	100,0 %	100,0 %	0 %	100,0 %	0 %	100,0 %	100,0 %
Formaldehyd	100,0 %	100,0 %	34,0 %	100,0 %	97,0 %	100,0 %	100,0 %
Benzol	100,0 %	100,0 %	34,0 %	100,0 %	97,0 %	100,0 %	100,0 %
Benzo(a)pyren	100,0 %	100,0 %	11,1 %	100,0 %	92,4 %	100,0 %	100,0 %
TCDD-Tox.Äquivalente	100,0 %	100,0 %	12,1 %	100,0 %	92,1 %	100,0 %	100,0 %
SO_2-Äquivalente	*100,0 %*	*100,0 %*	*34,4 %*	*100,0 %*	*94,7 %*	*100,0 %*	*100,0 %*

Die Anteile der Ortsklasse 3 ergeben sich als Differenz zu 100 %. In der Ortsklasse 1 (hohe Bevölkerungsdichte, Innenstadt) fallen keine Emissionen an.
Quellen: /GEMIS 1995/, /UBA 1994/, /UBA 1995c/, /SEIER 1995/, eigene Berechnungen

8.4 Uran

Zu Uranerzabbau, Erz- und Isotopenanreicherung sowie Brennstabproduktion liegen nur sehr wenige technische und wirtschaftliche Informationen vor. Die Energiedaten werden weitgehend aus /GEMIS 1995/ übernommen; für die Erz- und die Isotopenanreicherung sowie die Brennstabproduktion wird hilfsweise der mittlere Strom in der Bundesrepublik, den Niederlanden und der GUS angesetzt. Der Transportaufwand wird in /GEMIS 1995/ als sehr gering eingeschätzt und daher hier vernachlässigt. Tabelle 8-13 faßt die Energie- und Emissionsdaten zusammen.

Tabelle 8-13 Spezifischer Primärenergieeeinsatz und Emissionsfaktoren der Bereitstellung von Uran frei Kernkraftwerk

Bezug		BRD	NL	GUS
Primärenergieeinsatz/TJ				
Erdöl	TJ	0,0040	0,0047	0,013
Erdgas	TJ	0,0017	0,020	0,023
Steinkohle	TJ	0,010	0,015	0,0092
Braunkohle	TJ	0,013	0	0
Uran	TJ	1,013	1,0021	1,0088
Summe Erschöpfliche ET	*TJ*	*1,042*	*1,043*	*1,054*
Wasser	TJ	0,0015	0	0,0043
Sonst. regen. ET	TJ	0	0	0
Summe	**TJ**	**1,044**	**1,043**	**1,058**
Emissionen/TJ				
		Global	**Global**	**Global**
CO_2	kg	2.795	2.856	3.011
CH_4	kg	1,87	2,97	4,26
N_2O	kg	0,10	0,10	0,11
CO_2-Äquivalente	*kg*	*2.874*	*2.961*	*3.149*
		OK 2	**OK 2**	**OK 2**
SO_2	kg	2,04	1,48	14,7
CO	kg	1,38	2,20	1,56
NO_x	kg	4,67	5,60	11,6
NMHC	kg	0,51	0,51	0,83
Partikel	kg	0,22	0,22	0,35
Staub	kg	0,10	0,090	0,81
HCl	kg	0,15	0,10	0,070
NH_3	kg	0,009	0,0086	0,014
Formaldehyd	kg	0,035	0,035	0,055
Benzol	kg	0,0089	0,0088	0,014
Benzo(a)pyren	µg	1.265	1.049	1.436
TCDD-Tox.Äquivalente	µg	0,20	0,24	0,23
SO_2-Äquivalente	*kg*	*5,45*	*5,50*	*22,9*

Sonst. regen. ET: Sonstige regenerative Energieträger
Alle Emissionen nicht global wirksamer Schadstoffe fallen in der Ortsklasse 2 (OK 2) an.
Quellen: /GEMIS 1995/, /UBA 1994/, /UBA 1995c/, /SEIER 1995/, eigene Berechnungen

8.5 Strom

Elektrische Energie wird fast ausschließlich durch die Umwandlung fossiler Energieträger bzw. in Kernkraftwerken erzeugt. Daneben hat vor allem die Wasserkraft noch größere Bedeutung. Sonnen- und Windenergie wie auch die Nutzung von Bioenergieträgern spielen bislang in der Bundesrepublik nur eine relativ geringe Rolle.

Der durchschnittliche Energieeinsatz und die Emissionen hängen stark von der Zusammensetzung des Kraftwerksparks im jeweiligen Bezugsgebiet ab. Andere Bezugsgebiete als die Bundesrepublik können sowohl als Herkunftsländer importierten Stroms als auch von Produkten, zu deren Herstellung Strom eingesetzt wurde, von Bedeutung sein. Dazu können weitere Unterscheidungen sinnvoll sein, insbesondere die zwischen Strom von Unternehmen der öffentlichen Versorgung (im folgenden EVU: Elektrizitätsversorgungsunternehmen), Bahn- und Industriestrom. Neben dem Bezug aus dem EVU-Netz deckt die Bahn ihren Bedarf zu einem sehr großen Teil durch Strom aus eigenen Kraftwerken. In der Industrie wird, branchenabhängig, in unterschiedlichem Maße öffentlicher und selbst erzeugter Strom eingesetzt. Zum Teil speisen Industriekraftwerke überschüssigen Strom auch in das öffentliche Netz ein.

In dieser Studie werden die Stromerzeugung der EVU und die Bahnstromerzeugung in Braun- und Steinkohle-, Erdgas-, Schweröl-, Kernkraft- und Wasserkraftwerken in der Bundesrepublik detailliert bilanziert. Die Erzeugung in den Niederlanden und der GUS wird in einer Näherungsbetrachtung behandelt.

8.5.1 Energieeinsatz

Die Ableitung des mittleren spezifischen Energieeinsatzes der Stromproduktion in Kraftwerken der EVU in der Bundesrepublik basiert im wesentlichen auf /BMWI 1995/. Dort finden sich nach Energieträger differenzierte Angaben zum Energieeinsatz sowie zur Brutto- und Netto-Stromproduktion des gesamten Kraftwerksparks. Die Ableitung zur Bahnstromproduktion wird mit einer Zusatzannahme zu den Netto-Wirkungsgraden, die nicht unmittelbar aus /BMWI 1995/ abgeleitet werden können, auf die gleiche Weise durchgeführt. Der von der Bahn verbrauchte Strom (Bahnmix) stammte 1993 zu etwa 75 % aus eigener Produktion. Abweichend von /BMWI 1995/ ordnen wir dabei den Anteil der Stromerzeugung des Großkraftwerkes Neckarwestheim II, der in das Bahnnetz eingespeist wird, der Bahnstromerzeugung zu; der Strom wird wie bei anderen EVU-Kraftwerken über Umformer jedoch ohne „Umweg" über das öffentliche Netz in das Bahnnetz eingespeist. Die spezifischen Aufwendungen für den Bahnmix ergeben sich aus den Anteilen der beiden Kraftwerksparks.

Für die Stromerzeugung in den Niederlanden und der GUS übernehmen wir die Brennstoffanteile nach /EUROSTAT 1993/ und /IEA 1995/. Für die Niederlande unterstellen wir die gleichen Wirkungsgrade wie für die Bundesrepublik, für die GUS um 15 % kleinere Bruttowirkungsgrade. EVU- und Bahnstrom werden hier nicht unterschieden.

Im Zusammenhang mit der Bilanzierung der Stromerzeugung sind einige Anmerkungen zu machen. Zum einen ist angesichts des geringen Stromanteils bei der Produktion und Bereitstellung von Düngemitteln der hier für die Bundesrepublik realisierte Detaillierungsgrad nicht unbedingt erforderlich. Dies gilt insbesondere für den Bahnstrom. Die entsprechenden Basisdaten sind jedoch allgemein verfügbar und zumindest die Energiebilanz ist vergleichsweise einfach zu erstellen. Zum anderen liefert die Behandlung der Stromerzeugung in den Niederlanden und der GUS ein Beispiel für eine einfache, aber relativ belastbare Beschreibung anderer Bezugsräume anhand begrenzter Informationen.

Der Energieeinsatz der gesamten Strombereitstellung in der Bundesrepublik, den Niederlanden und der GUS ergibt sich aus dem der eigentlichen Stromproduktion und dem der Bereitstellung fossiler Energieträger und von Uran in Kraftwerken der jeweiligen Bezugsräume. Die Umspann- und Leitungsverluste werden für den in der Industrie genutzten Strom der EVU-Kraftwerke der Bundesrepublik mit einem Wirkungsgrad von 95,7 %, für den an die Bahn abgegebenen Strom mit einem Wirkungsgrad von 95,0 % berücksichtigt. Für den in Bahnkraftwerken erzeugten Strom wird angenommen, daß diese Verluste nicht auftreten („der Verbraucher liegt direkt am Kraftwerk"). Für die Niederlande und die GUS werden diese Werte übernommen.

8.5.2 Emissionen

Die spezifischen Emissionen der Stromerzeugung ergeben sich durch Verknüpfung der Energieeinsätze, differenziert nach Energieträgern, mit energieeinsatzbezogenen Emissionsfaktoren für Kraftwerke. Dazu werden die CO_2-, Methan-, CO- und NMHC-Faktoren direkt aus /UBA 1994/ übernommen und die SO_2-, NO_X- und Staub-Faktoren nach /UBA 1994/ mit der vorläufigen Emissionsbilanz der EVU in Westdeutschland 1994 nach /VDEW 1996/ abgeglichen. Dieses Vorgehen ist sinnvoll, da durch den Bezug der Daten nach /UBA 1994/ auf Westdeutschland 1991 die Umsetzung der GFAVO nur unzureichend abgebildet wird. Dazu ist anzumerken, daß nach Auskunft des UBA auch für frühere Jahre die Faktoren nach /UBA 1994/ zur Zeit überarbeitet werden. Auf die Verwendung von Daten mit Bezug auf Ostdeutschland wird in Hinblick auf die Großfeuerungsanlagenverordnung (GFAVO), die bis 1998 auch in den neuen Bundesländern umgesetzt sein soll, ebenfalls verzichtet. Dieses Vorgehen wird durch mögliche befristete Ausnahmeregelungen nicht berührt, da in den Daten dieser Studie *absehbare* Veränderungen berücksichtigt werden sollen. Für die übrigen Schadstoffe werden die in Kapitel 6.1.3 abgeleiteten Emissionsfaktoren angesetzt.

Für die Niederlande übernehmen wir die Faktoren der Stromproduktion in der Bundesrepublik; für die GUS setzen wir im wesentlichen Faktoren für Westdeutschland 1980 nach /UBA 1994/ an.

Die Emissionen der gesamten Strombereitstellung ergeben sich durch Addition der mit der Bereitstellung fossiler Energieträger und von Uran verbundenen Emissionen.

8.5.3 Zusammenführung

Tabelle 8-14 faßt die Daten zum spezifischen Energieeinsatz und den Emissionen der Brutto-Stromproduktion der EVU in der Bundesrepublik, der Strombereitstellung frei allgemeiner Abnehmer einschließlich Brennstoffbereitstellung in der Bundesrepublik, den Niederlanden und der GUS sowie zur Bereitstellung von Bahnstrom (Mix) in der Bundesrepublik zusammen. Die Emissionen nicht global wirksamer Schadstoffe sind als Summe über die Ortsklassen ausgewiesen. Die Anteile der Emissionen in der Ortsklasse 2 an den Gesamtemissionen sind in Tabelle 8-15 als Prozentwerte dokumentiert. Die Anteile der Ortsklasse 3 ergeben sich als Differenz zu 100 %, da in der Ortsklasse 1 (hohe Bevölkerungsdichte, Innenstadt) keine Emissionen anfallen.

Tabelle 8-14 Spezifischer Energieeinsatz und Emissionen der Brutto-Stromproduktion der EVU in der Bundesrepublik, der Strombereitstellung frei allgemeiner Abnehmer einschließlich Brennstoffbereitstellung in der Bundesrepublik, den Niederlanden und der GUS sowie zur Bereitstellung von Bahnstrom (Mix) in der Bundesrepublik

Bezug		BRD	BRD	BRD	NL	GUS
		Brutto-Strom*	Allgemeine Abnehmer	Bahn-Mix	Allgemeine Abnehmer	Allgemeine Abnehmer
Primärenergieeinsatz/kWh						
Erdöl	MJ	0,11	0,20	0,25	0,40	1,90
Erdgas	MJ	0,39	0,48	0,46	5,69	5,54
Steinkohle	MJ	2,38	2,86	4,60	4,27	2,26
Braunkohle	MJ	3,16	3,81	1,46	0	0
Uran	MJ	3,14	3,63	3,03	0,58	2,15
Summe Erschöpfliche ET	*MJ*	*9,18*	*10,98*	*9,80*	*10,94*	*11,9*
Wasser	MJ	0,36	0,41	1,24	0	1,07
Sonst. regen. ET	MJ	0	0	0	0	0
Summe	**MJ**	**9,54**	**11,4**	**11,0**	**10,9**	**12,9**
Emissionen/kWh						
		Global	Global	Global	Global	Global
CO_2	g	606	736	614	738	664
CH_4	g	0,0088	1,44	2,28	2,24	2,95
N_2O	g	0,022	0,027	0,026	0,026	0,023
CO_2-Äquivalente	*g*	*613*	*780*	*678*	*801*	*743*
		OK2	OK 2 + 3	OK 2 + 3	OK 2 + 3	OK 2 + 3
SO_2	g	0,42	0,59	0,54	0,46	3,65
CO	g	0,13	0,18	0,19	0,41	0,10
NO_X	g	0,47	0,67	0,72	0,96	1,93
NMHC	g	0,0090	0,019	0,019	0,020	0,049
Partikel	g	0,00000	0,0067	0,010	0,0090	0,0027
Staub	g	0,019	0,024	0,024	0,021	0,20
HCl	g	0,035	0,042	0,036	0,027	0,016
NH_3	g	0,00000	0,00015	0,00022	0,00019	0,00011
Formaldehyd	g	0,00018	0,00059	0,00069	0,00061	0,00078
Benzol	g	0,00022	0,00035	0,00034	0,00030	0,00039
Benzo(a)pyren	ng	168	213	185	150	142
TCDD-Tox. Äquivalente	ng	0,048	0,060	0,052	0,069	0,068
SO_2-Äquivalente	*g*	*0,78*	*1,09*	*1,07*	*1,16*	*5,02*

Sonst. regen. ET: Sonstige regenerative Energieträger
OK: Ortsklasse; in OK 1 fallen keine Emissionen an.
*: ohne Brennstoffbereitstellung
Quellen: /BMWI 1995/, /GEMIS 1995/, /SEIER 1995/, /UBA 1994/, /UBA 1995c/, /VDEW 1996/, eigene Berechnungen

Tabelle 8-15 Anteile der Emissionen in der Ortsklasse 2 an den Gesamtemissionen der Strombereitstellung in der Bundesrepublik, den
Niederlanden und der GUS

Bezug	BRD Allgemeine Abnehmer	BRD Bahn-Mix	NL Allgemeine Abnehmer	GUS Allgemeine Abnehmer
SO_2	90,4 %	83,0 %	81,8 %	100,0 %
CO	96,4 %	94,4 %	97,7 %	100,0 %
NO_X	91,1 %	86,8 %	90,8 %	100,0 %
NMHC	90,7 %	85,6 %	87,4 %	100,0 %
Partikel	16,3 %	11,2 %	6,4 %	100,0 %
Staub	100,0 %	100,0 %	100,0 %	100,0 %
HCl	100,0 %	99,9 %	99,9 %	100,0 %
NH_3	46,6 %	40,8 %	34,8 %	100,0 %
Formaldehyd	76,0 %	66,8 %	64,7 %	100,0 %
Benzol	90,5 %	84,3 %	83,4 %	100,0 %
Benzo(a)pyren	96,6 %	93,7 %	92,8 %	100,0 %
TCDD-Tox.Äquivalente	99,7 %	99,5 %	99,9 %	100,0 %
SO_2-Äquivalente	*91,0 %*	*85,3 %*	*87,3 %*	*100,0 %*

Die Anteile der Ortsklasse 3 ergeben sich als Differenz zu 100 %. In der
Ortsklasse 1 (hohe Bevölkerungsdichte, Innenstadt) fallen keine Emissionen
an.
Quellen: /BMWI 1995/, /GEMIS 1995/, /SEIER 1995/, /UBA 1994/, /UBA
1995c/, /VDEW 1996/, eigene Berechnungen

9 Energie- und Stoffstrombilanzen der Düngemittelbereitstellung

Die Bilanzen der Düngemittelbereitstellung ergeben sich aus der Zusammenführung der Daten zu den drei Lebenswegabschnitten Energiebereitstellung, Produktion und Transport. Der Endenergieeinsatz in Produktion und Transport wird dazu mit dem spezifischen Einsatz an Primärenergieträgern und den Emissionen der Endenergiebereitstellung verknüpft. Anschließend erfolgt die Summation des primärenergiebezogenen Energieeinsatzes in Produktion und Transport und der Emissionen durch Energiebereitstellung, Produktion und Transport. Der Verbrauch mineralischer Ressourcen ergibt sich aus den in den Produktionsprozessen eingesetzten Stoffmengen und den zugrunde gelegten Anteilen dieser Stoffe (CaO, K_2O und P_2O_5) bzw. ihrer Vorstufen (Schwefel) an den mineralischen Ressourcen.

Um den Umfang der Dokumentation an dieser Stelle nicht zu sprengen, nehmen wir die Ergebnisdarstellung folgendermaßen vor:

- Die Ergebnisse der Zusammenführung werden für die durchschnittlichen in der Bundesrepublik abgesetzten Düngemittel angegeben, d. h. für N- und P-Dünger sowie Düngekalk im gewichteten Mittel der Düngemittel und für N- und P-Dünger im Mittel der Herkunftsländer (als K-Dünger wird nur KCl, für K-Dünger und Düngekalk nur die Produktion in der Bundesrepublik betrachtet).

- Für den Primärenergieeinsatz werden die Summenwerte über Produktion und Transport und die Anteile dieser Lebenswegabschnitte daran ausgewiesen. Für die Emissionen werden die primärenergiebezogenen Summenwerte über Produktion und Transport und die Anteile dieser Lebenswegabschnitte daran weiter differenziert in Energiebereitstellung und -nutzung ausgewiesen. Die prozeßspezifischen Emissionen der Produktion sind ohne weitere Differenzierung oder Kennzeichnung in den Anteilen der Nutzung enthalten (siehe dazu die Kapitel 6.1.4, 6.2.4, 6.3.4 und 6.4.4).

- Die Emissionen nicht global wirksamer Schadstoffe werden als Summen über die Emissionsortsklassen ausgewiesen. In der Ortsklasse 1 – hohe Bevölkerungsdichte – fallen im Kontext dieser Studie keine Emissionen an. Für die gesamte Bereitstellung werden die Anteile, die auf die Ortsklassen 2 (mittlere Bevölkerungsdichte) entfallen, in den zusammenfassenden Tabellen dieses Kapitels dokumentiert; die Differenz zu 100 % entfällt auf die Ortsklasse 3 (Bevölkerungsdichte niedrig bis 0). Getrennt für die beiden Ortsklassen 2 und 3 werden die Summenwerte über Produktion und Transport und die Anteile dieser Lebenswegabschnitte daran weiter differenziert in Energiebereitstellung und Nutzung in Kapitel 11.2 (Anhang) dokumentiert.

Da Düngemittel vergleichsweise einfache Produkte sind und damit auch das Zustandekommen einzelner Ergebnisse relativ leicht nachvollziehbar ist, beschränken wir uns in der Diskussion im wesentlichen auf Aussagen zum Primärenergieeinsatz, CO_2- und SO_2-Äquivalenten sowie den darin aggregierten Bilanzgrößen. Damit sind die Wirkungsbereiche Ressourcenverbrauch, Klimarelevanz und Versauerungspotential sowie zu Teilen Human- und Ökotoxizität (SO_2 und NO_X) erfaßt. Außerdem können für diese Bilanzgrößen die Ergebnisse als hoch belastbar gelten. Für einige andere Schadstoffe sind nicht ohne weiteres Wirkungszuordnungen möglich oder die zugrundeliegenden Emissionsfaktoren sind weniger belastbar. Ersteres gilt z. B. für die NMHC-Emissionen, die zur Dokumentation bilanziert wurden, zweiteres für die NMHC-Komponenten Benzol oder Formaldehyd (siehe dazu Kapitel 3.2.7.7). Schließlich stellt die gewählte Darstellungsweise unseres Erachtens über die Anteile der einzelnen Lebenswegabschnitte am Gesamtlebensweg für alle Schadstoffe eine weitgehende Interpretationshilfe dar. Der Verbrauch mineralischer Ressourcen wird im folgenden nicht diskutiert; wir betrachten die Zusammenhänge zwischen den Produktzusammensetzungen und diesen Bilanzgrößen als weitgehend selbsterklärend.

9.1 Stickstoffdünger

Die Energie- und Stoffstrombilanzen der Bereitstellung des durchschnittlichen, 1993 in der Bundesrepublik abgesetzten N-Düngers sind in Tabelle 9-1 zusammengefaßt. Den Bezug bildet 1 t N.

Primärenergieeinsatz

Die Energiebilanz der N-Düngerbereitstellung wird mit einem Anteil von etwa 94 % am Primärenergieeinsatz durch die Produktion, hier wiederum durch die Ammoniaksynthese, dominiert. Als Folge der Annahmen zum Endenergieträgereinsatz der Ammoniaksynthese entfallen etwa zwei Drittel des gesamten Energieeinsatzes der N-Düngerbereitstellung auf Erdgas. Für die einzelnen Energieträger weisen die Anteile des Transports von N-Dünger an der gesamten Bereitstellung starke Unterschiede auf. Für Erdgas beträgt der Anteil nur etwa 1 %, für Uran liegt er bei etwa 25 %. Dies ergibt sich daraus, daß der Stromeinsatz bei der Produktion relativ gering ist, während der Bahntransport überwiegend mit Elektrotraktion erfolgt. Daß die Aufteilung für Uran und die beiden anderen ebenfalls nur zur Verstromung eingesetzten Energieträger Braunkohle und Wasserkraft Unterschiede aufweisen, resultiert aus den unterstellten Brennstoffsplits für „Allgemeinen" und Bahnstrom in den betrachteten Bezugsräumen der Strombereitstellung (Bundesrepublik, Niederlande, GUS; siehe dazu Kapitel 8.5).

CO_2-Äquivalente

Auf CO_2 selbst entfallen nur etwa 36 % der CO_2-Äquivalente. Für die Produktion liegt das Verhältnis der CO_2-Emissionen von Nutzung und Bereitstellung im typischen Bereich des Einsatzes fossiler Energieträger (10 : 1 bis 10 : 1,5). Die Relation für den Transport resultiert aus dem Anteil des Energieträgers Bahnstrom am gesamten Energieeinsatz des Transports; die Emissionen der Verstromung werden der Bereitstellung zugeordnet.

Der Anteil der Methanemissionen an den CO_2-Äquivalenten ist trotz der Berücksichtigung von Verlusten beim Erdgastransport mit 2,3 % relativ gering. Bei ausschließlicher Betrachtung der Methanemissionen überwiegt die Bereitstellung die Nutzung allerdings bei weitem; der – relativ geringe – Anteil des Transports resultiert aus der Produktion von Bahnstrom.

Im wesentlichen bestimmt wird die Bilanz der CO_2-Äquivalente durch die prozeßspezifischen N_2O-Emissionen der N-Düngerproduktion; auf diese Emissionen entfallen etwa 62 % der CO_2-Äquivalente. Unmittelbar mit der Nutzung der eingesetzten Energieträger bzw.

deren Bereitstellung sind praktisch keine N_2O-Emissionen verbunden (zur Zuordnung der prozeßspezifischen Emissionen zur Energienutzung in der Dokumentation dieses Kapitels siehe die einführenden Bemerkungen zu diesem Kapitel).

Der hohe Anteil der N_2O-Emissionen an den CO_2-Äquivalenten ist vor allem unter dem Aspekt bemerkenswert, daß ein Lebensweg mit erheblichem Einsatz fossiler Energieträger den Bezug bildet. D. h., daß hier keineswegs geringe CO_2-Emissionen hinsichtlich ihrer Klimawirksamkeit durch die gleichzeitig freigesetzten N_2O-Mengen fast um den Faktor 2 übertroffen werden. Während die energetische Effizienz – und damit die CO_2-Emissionen – der N-Düngerproduktion als weitgehend optimiert betrachtet werden kann, sollte die Minderung der N_2O-Emissionen weiter ein anzustrebendes Ziel darstellen.

SO_2-Äquivalente

Auf SO_2 selbst entfallen etwa 22 % der SO_2-Äquivalente. Knapp 80 % der SO_2-Emissionen fallen durch die Energienutzung bei der N-Düngerproduktion an. Der relativ hohe Anteil der SO_2-Emissionen, die aus der Bereitstellung der Energieträger für die Produktion stammen, erklärt sich aus den Emissionen von Entschwefelungsanlagen für Erdgas und Erdöl. Die Gesamtemissionen des Transports werden durch die Raffinerieemissionen sowie die Emissionen der Bahnstromerzeugung bestimmt. Die Emissionen aus der Nutzung von Dieselkraftstoff, für den ein relativ niedriger Schwefelgehalt unterstellt wurde, sind demgegenüber gering.

Die Bilanz der SO_2-Äquivalente wird wesentlichen durch die NO_X-Emissionen der N-Düngerproduktion bestimmt; auf diese Emissionen entfallen etwa 48 % der SO_2-Äquivalente. Ein großer Teil ist prozeßspezifisch für einzelne Produktionsschritte. Darüber hinaus sind sämtliche Prozesse mit NO_X-Emissionen aus dem Einsatz fossiler Energieträger verbunden. Die hohen spezifischen Emissionen von Dieselmotoren schlagen sich im Anteil des Transports nieder.

Der Anteil der HCl-Emissionen an den SO_2-Äquivalente ist nur sehr gering. Hauptquelle ist die Steinkohlenutzung zur Ammoniaksynthese und in Kraftwerken. Die Anteile der einzelnen Lebenswegabschnitte ähneln denen der SO_2-Emissionen.

Ammoniak trägt mit 29 % zu den SO_2-Äquivalenten bei. Die Emissionen werden praktisch ausschließlich prozeßspezifisch bei der N-Düngerproduktion freigesetzt.

Die SO_2-, NO_X- HCl- und NH_3-Emissionen fallen zu 98 bis 100 % in der Ortsklasse 2 an. Emissionen in der Ortsklasse 3 resultieren lediglich aus der Bereitstellung der Endenergieträger. Verursacher sind die off shore-Förderung von Erdgas und Erdöl und vor allem der Seetransport von Erdöl.

Tabelle 9-1 Energie- und Stoffstrombilanz der Bereitstellung des durchschnittlichen 1993 in der Bundesrepublik abgesetzten N-Düngers (Bezug: 1 t N) und Anteile der Lebenswegabschnitte Produktion und Transport (Primärenergie) bzw. Produktion, Transport und Bereitstellung (Emissionen) am gesamten Lebensweg

		Summe	Produktion	Transport
Verbrauch mineralischer Ressourcen/t N				
Kalkstein	t	0,55		
Primärenergieeinsatz/t N				
Erdöl	GJ	9,16	79,9 %	20,1 %
Erdgas	GJ	35,7	98,9 %	1,1 %
Steinkohle	GJ	3,13	91,1 %	8,9 %
Braunkohle	GJ	0,31	92,0 %	8,0 %
Uran	GJ	0,63	74,6 %	25,4 %
$\sum$ Erschöpfliche ET	*GJ*	*48,9*	*94,5 %*	*5,5 %*
Wasser	GJ	0,18	61,5 %	38,5 %
Sonst. regen. ET	GJ	0		
Summe	**GJ**	**49,1**	**94,3 %**	**5,7 %**

Emissionen/t N

		Summe		Nutzung	Bereit-stellung	Nutzung	Bereit-stellung
		Global		Global	Global	Global	Global
CO_2	kg	2.829*		83,4 %	9,9 %	4,1 %	2,6 %
CH_4	kg	7,45		3,2 %	93,2 %	0,1 %	3,5 %
N_2O	kg	15,1		99,9 %	0,1 %	0,0 %	0,0 %
CO_2-Äquivalente	*kg*	*7.820*		*91,7 %*	*5,8 %*	*1,5 %*	*1,0 %*
		Summe OK 2+3	OK 2 an Summe	Anteil an Summe	Anteil an Summe	Anteil an Summe	Anteil an Summe
SO_2	kg	5,16	98,3 %	79,3 %	14,2 %	0,7 %	5,7 %
CO	kg	2,80	99,5 %	74,6 %	8,6 %	15,7 %	1,0 %
NO_X	kg	15,8	99,3 %	81,8 %	5,0 %	12,2 %	1,1 %
NMHC	kg	0,57	99,1 %	19,9 %	36,3 %	32,3 %	11,6 %
Partikel	kg	0,095	91,1 %	1,3 %	12,5 %	84,1 %	2,1 %
Staub	kg	2,31	100,0 %	97,9 %	1,5 %	0,0 %	0,6 %
HCl	kg	0,068	100,0 %	86,3 %	9,8 %	1,0 %	2,9 %
NH_3	kg	6,69	100,0 %	99,9 %	0,0 %	0,1 %	0,0 %
Formaldehyd	kg	0,021	98,9 %	18,0 %	7,3 %	73,7 %	1,0 %
Benzol	kg	0,0074	99,1 %	31,3 %	16,2 %	48,4 %	4,1 %
Benzo(a)pyren	µg	707	98,4 %	47,5 %	10,0 %	39,8 %	2,7 %
TCDD-Tox.Äquivalent	µg	1,29	99,5 %	90,7 %	8,3 %	0,2 %	0,9 %
SO_2-Äquivalente	*kg*	*22,9*	*99,3 %*	*86,6 %*	*5,6 %*	*6,0 %*	*1,8 %*

Sonst. regen. ET: Sonstige regenerative Energieträger
OK: Ortsklasse; in OK 1 fallen keine Emissionen an.
*: Incl. Gutschrift für die CO_2-Bindung bei der Harnstoffproduktion; ohne Gutschrift (incl. CO_2-Freisetzung bei der Harnstoffhydrolyse im Boden): 2.984 kg/t N
Eigene Berechnungen

9.2 Phosphatdünger

Die Energie- und Stoffstrombilanzen der Bereitstellung des durchschnittlichen, 1993 in der Bundesrepublik abgesetzten P-Düngers sind in Tabelle 9-2 zusammengefaßt. Den Bezug bildet 1 t P_2O_5.

Primärenergieeinsatz

Der Anteil der Produktion an der Energiebilanz der P-Düngerbereitstellung liegt bei etwa 73 %, der Transportanteil damit bei beachtlichen 27 %. Der im Vergleich zur N-Düngerbereitstellung sehr große Transportanteil hat zwei Ursachen: Bei zumindest vergleichbaren kontinentalen Transportleistungen wirkt sich der geringere Produktionsaufwand auf die Bilanzanteile aus. Entscheidend sind jedoch die erheblichen Transportleistungen und damit Energieaufwendungen, die mit dem internationalen Seetransport von Rohphosphat verbunden sind. Obwohl die Anteile einzelner fossiler Endenergieträger für die Produktionsprozesse gleich wie für die N-Dünger Produktion angesetzt werden, ergeben sich damit deutlich andere Anteile der einzelnen Primärenergieträger an der gesamten Bereitstellung. Deutlichstes Beispiel ist der hohe Erdölanteil durch den Rohphosphattransport. Der höhere Uraneinsatz ergibt sich aus dem gemäß der Literaturdaten höheren Strombedarf der P-Düngerproduktion im Vergleich zu N-Dünger.

CO_2-Äquivalente

Auf CO_2 selbst entfällt mit etwa 95 % der weit überwiegende Anteil der CO_2-Äquivalente. Der Anteil der Produktion an den CO_2-Emissionen liegt bei etwa zwei Dritteln, die zu etwa gleichen Teilen auf die Endenergienutzung und -bereitstellung entfallen. Diese Aufteilung ist eine Folge des relativ großen Strombedarfs der P-Düngerproduktion. Für den Transport wird die Relation Nutzung/Bereitstellung durch den Schwerölverbrauch des Seetransports bestimmt, die Bahnstromerzeugung spielt hier eine – im Rahmen des gesamten Transports – geringere Rolle als im Falle des N-Düngers.

Der Anteil der Methanemissionen an den CO_2-Äquivalenten ist mit etwa 4 % relativ gering. Die Anteile von Produktion und Transport bzw. Nutzung und Bereitstellung sind denen der N-Düngerbereitstellung vergleichbar; d. h., die Emissionen der Bereitstellung fossiler Energieträger (Förder- und Leitungsverluste) überwiegen bei weitem.

Die N_2O-Emissionen sind sehr niedrig; ihr Anteil an den CO_2-Äquivalenten beträgt nur etwa 1 %. Die Anteile von Produktion und Transport bzw. Nutzung und Bereitstellung sind denen der CO_2-Emissionen vergleichbar.

SO_2-Äquivalente

Auf SO_2 selbst entfallen zwei Drittel der SO_2-Äquivalente. Bei der Produktion und dem Transport fallen jeweils etwa 45 % der SO_2-Emissionen an (Nutzung). Die Emissionen der Produktion enthalten dabei auch die SO_2-Emissionen der Schwefelsäureproduktion. Die Emissionen des Transports werden im wesentlichen durch die Emissionen des Seetransports bestimmt (für Schweröl zum Antrieb von Seeschiffen setzen wir einen höheren Schwefelgehalt als für solches zur Nutzung in stationären Anlagen an; siehe Kapitel 7.1.3). Durch die

Tabelle 9-2 Energie- und Stoffstrombilanz der Bereitstellung des durchschnittlichen 1993 in der Bundesrepublik abgesetzten P-Düngers (Bezug: 1 t P_2O_5) und Anteile der Lebenswegabschnitte Produktion und Transport (Primärenergie) bzw. Produktion, Transport und Bereitstellung (Emissionen) am gesamten Lebensweg

		Summe	Produktion	Transport
Verbrauch mineralischer Ressourcen/t P_2O_5				
Phosphaterz	t	4,06		
org. geb. Schwefel	t	0,12		
mineral. Schwefel	t	0,038		
Pyrit-Schwefel	t	0,036		
sulfid. Schwefel	t	0,078		
Schwefel (Summe)	*t*	*0,27*		
Primärenergieeinsatz/t P_2O_5				
Erdöl	GJ	6,64	38,2 %	61,8 %
Erdgas	GJ	7,27	96,0 %	4,0 %
Steinkohle	GJ	1,82	89,9 %	10,1 %
Braunkohle	GJ	0,60	97,0 %	3,0 %
Uran	GJ	1,10	90,4 %	9,6 %
$\sum$ Erschöpfliche ET	*GJ*	*17,4*	*73,0 %*	*27,0 %*
Wasser	GJ	0,28	84,2 %	15,8 %
Sonst. regen. ET	GJ	0		
Summe	**GJ**	**17,7**	**73,2 %**	**26,8 %**

Emissionen/t P_2O_5

		Summe Global	Nutzung Global	Bereitstellung Global	Nutzung Global	Bereitstellung Global
CO_2	kg	1.117	36,4 %	32,2 %	25,6 %	5,8 %
CH_4	kg	2,07	0,9 %	89,5 %	0,3 %	9,3 %
N_2O	kg	0,038	28,2 %	32,8 %	33,8 %	5,2 %
CO_2-Äquivalente	*kg*	*1.180*	*34,8 %*	*34,7 %*	*24,6 %*	*5,9 %*

		Summe OK 2+3	OK 2 an Summe	Anteil an Summe	Anteil an Summe	Anteil an Summe	Anteil an Summe
SO_2	kg	12,0	66,1 %	46,0 %	7,1 %	44,4 %	2,4 %
CO	kg	1,42	67,7 %	25,5 %	9,9 %	62,2 %	2,4 %
NO_X	kg	8,58	50,3 %	10,5 %	7,8 %	79,5 %	2,2 %
NMHC	kg	0,53	76,4 %	18,6 %	13,2 %	53,0 %	15,3 %
Partikel	kg	0,51	19,8 %	8,9 %	1,1 %	89,0 %	1,1 %
Staub	kg	1,11	100,0 %	95,1 %	3,9 %	0,0 %	1,0 %
HCl	kg	0,021	95,5 %	23,8 %	62,0 %	7,9 %	6,3 %
NH_3	kg	0,012	52,8 %	13,9 %	1,1 %	83,9 %	1,1 %
Formaldehyd	kg	0,032	67,7 %	23,3 %	1,8 %	73,7 %	1,2 %
Benzol	kg	0,0083	70,8 %	23,4 %	5,4 %	66,4 %	4,8 %
Benzo(a)pyren	µg	965	45,9 %	16,7 %	9,0 %	72,1 %	2,2 %
TCDD-Tox.Äqui.	µg	0,24	97,1 %	72,0 %	20,2 %	2,3 %	5,5 %
SO_2-Äquivalente	*kg*	*18,0*	*60,9 %*	*34,1 %*	*7,4 %*	*56,1 %*	*2,4 %*

Sonst. regen. ET: Sonstige regenerative Energieträger
OK: Ortsklasse; in OK 1 fallen keine Emissionen an. Eigene Berechnung

Emissionen der Schwefelsäureproduktion und des Seetransports sind die Anteile der Bereitstellung der Endenergieträger geringer als im Falle von N-Dünger.

Der Anteil der NO_X-Emissionen an den SO_2-Äquivalenten liegt bei einem Drittel. Die Emissionen fallen zu etwa 80 % durch den Transport an, im wesentlichen durch den Seetransport von Rohphosphat. Der Anteil der Energiebereitstellung für den Transport ist gering. Für die Produktion liegen die NO_X-Emissionen von Nutzung und Bereitstellung in ähnlichen Größenordnungen, eine Folge des erwähnten relativ hohen Strombedarfs.

Der Anteil der HCl-Emissionen an den SO_2-Äquivalenten liegt im Promillebereich. 62 % der Emissionen entfallen auf die Energiebereitstellung für die Produktion. Hauptquelle ist die Steinkohlenutzung in Kraftwerken.

Der Ammoniakanteil an den SO_2-Äquivalenten entspricht dem von HCl. Die Emissionen fallen zu etwa 84 % beim Transport an.

Bei der P-Düngebereitstellung fallen anders als im Falle von N-Dünger erhebliche Anteile der Emissionen in der Ortsklasse 3 an. Während die Ortsklasse 3 für N-Dünger nur im Zusammenhang der Bereitstellung der Endenergieträger eine Rolle spielt, werden für P-Dünger auch die Emissionen des Rohphosphattransports auf dem Seeweg anteilsmäßig erfaßt. Für die unter Immissionsaspekten relevantere Ortsklasse 2 ergeben sich damit für SO_2, NO_X, NH_3 und die SO_2-Äquivalente Anteile an den gesamten Emissionen von 50 bis 66 %; lediglich die HCl-Emissionen fallen fast vollständig in der Ortsklasse 2 an.

9.3 Kaliumdünger

Die Energie- und Stoffstrombilanzen der Bereitstellung des durchschnittlichen, 1993 in der Bundesrepublik abgesetzten K-Düngers sind in Tabelle 9-3 zusammengefaßt. Den Bezug bildet 1 t K_2O.

Primärenergieeinsatz

Der Anteil der Produktion an der Energiebilanz der K-Düngerbereitstellung liegt bei etwa 95 %. Der Anteil von Erdgas an der gesamten Bereitstellung liegt bei etwa zwei Dritteln und entfällt fast vollständig auf die Produktion. Die Anteile von Produktion und Transport an den ausschließlich verstromten Primärenergieträgern Braunkohle, Uran und Wasserkraft ergeben sich aus der Relation der Stromverbräuche durch die Produktion und den Transport.

CO_2-Äquivalente

Auf CO_2 selbst entfällt mit etwa 93 % der weit überwiegende Anteil der CO_2-Äquivalente. Der Anteil der Produktion an den CO_2-Emissionen liegt bei etwa 95 %; etwa drei Viertel davon stammen aus der Endenergienutzung. Die Relation Nutzung/Bereitstellung läßt erkennen, daß die Emissionen der Bereitstellung im wesentlichen aus der Stromerzeugung stammen. Das gleiche gilt für den Transport.

Der Anteil der Methanemissionen an den CO_2-Äquivalenten ist mit etwa 5 % relativ gering. Die Anteile von Produktion und Transport bzw. Nutzung und Bereitstellung sind denen der

N-Düngerbereitstellung vergleichbar; d. h., die Emissionen der Bereitstellung fossiler Energieträger (Förder- und Leitungsverluste) überwiegen bei weitem.

Tabelle 9-3 Energie- und Stoffstrombilanz der Bereitstellung des durchschnittlichen 1993 in der Bundesrepublik abgesetzten K-Düngers (Bezug: 1 t K_2O) und Anteile der Lebenswegabschnitte Produktion und Transport (Primärenergie) bzw. Produktion, Transport und Bereitstellung (Emissionen) am gesamten Lebensweg

		Summe	Produktion	Transport
Verbrauch mineralischer Ressourcen/t K_2O				
Rohkali	t	10,5		
Primärenergieeinsatz/t K_2O				
Erdöl	GJ	1,17	74,3 %	25,7 %
Erdgas	GJ	7,00	99,8 %	0,2 %
Steinkohle	GJ	1,19	91,1 %	8,9 %
Braunkohle	GJ	0,50	93,2 %	6,8 %
Uran	GJ	0,52	86,4 %	13,6 %
Σ Erschöpfliche ET	*GJ*	*10,4*	*94,9 %*	*5,1 %*
Wasser	GJ	0,079	64,0 %	36,0 %
Sonst. regen. ET	GJ	0		
Summe	**GJ**	**10,5**	**94,7 %**	**5,3 %**

Emissionen/t K_2O

		Summe	Nutzung	Bereit-stellung	Nutzung	Bereit-stellung
		Global	Global	Global	Global	Global
CO_2	kg	617	74,4 %	19,7 %	3,3 %	2,7 %
CH_4	kg	1,38	1,3 %	94,6 %	0,1 %	4,0 %
N_2O	kg	0,049	87,7 %	9,1 %	1,9 %	1,3 %
CO_2-Äquivalente	*kg*	*666*	*71,0 %*	*23,2 %*	*3,1 %*	*2,7 %*

		Summe OK 2+3	OK 2 an Summe	Anteil an Summe	Anteil an Summe	Anteil an Summe	Anteil an Summe
SO_2	kg	0,27	85,2 %	40,4 %	47,9 %	2,4 %	9,4 %
CO	kg	0,42	98,5 %	61,1 %	18,9 %	18,5 %	1,5 %
NO_X	kg	1,15	95,9 %	49,2 %	20,8 %	27,7 %	2,3 %
NMHC	kg	0,13	98,7 %	54,3 %	16,6 %	25,4 %	3,7 %
Partikel	kg	0,047	91,6 %	59,7 %	8,0 %	30,8 %	1,6 %
Staub	kg	0,85	100,0 %	99,3 %	0,6 %	0,0 %	0,1 %
HCl	kg	0,074	100,0 %	91,4 %	7,3 %	0,2 %	1,1 %
NH_3	kg	0,0019	97,0 %	56,6 %	4,3 %	38,3 %	0,9 %
Formaldehyd	kg	0,0081	98,7 %	61,1 %	4,6 %	33,7 %	0,6 %
Benzol	kg	0,0022	98,8 %	60,9 %	9,3 %	28,5 %	1,4 %
Benzo(a)pyren	µg	201	97,4 %	56,4 %	16,6 %	24,3 %	2,7 %
TCDD-Tox.Äquivalent	µg	0,25	99,0 %	84,0 %	15,1 %	0,2 %	0,8 %
SO_2-Äquivalente	*kg*	*1,15*	*93,6 %*	*49,8 %*	*26,3 %*	*20,0 %*	*3,9 %*

Sonst. regen. ET: Sonstige regenerative Energieträger
OK: Ortsklasse; in OK 1 fallen keine Emissionen an.
Eigene Berechnungen

Die N_2O-Emissionen sind niedrig; ihr Anteil an den CO_2-Äquivalenten beträgt nur etwa 2,4 %. Mit einem Anteil von 88 % stammt der weit überwiegende Teil der Emissionen aus der Energienutzung in der Produktion.

SO_2-Äquivalente

Auf SO_2 selbst entfallen 23 % der SO_2-Äquivalente. Der Anteil der Produktion an den SO_2-Emissionen liegt bei etwa 88 %, die zu ähnlichen Anteilen aus der Nutzung und Bereitstellung der Endenergieträger stammen. Für den Transport dominiert wie im Falle des N-Düngers die Bereitstellung.

Der Anteil der NO_X-Emissionen an den SO_2-Äquivalenten liegt bei etwa 70 %. Die NO_X-Emissionen fallen etwa zur Hälfte bei der Produktion (Nutzung) an; der Anteil der Bereitstellung der Endenergieträger liegt bei etwa 21 %. Für den Transport dominiert mit etwa 28 % der gesamten NO_X-Emissionen die Nutzung (Dieselmotoren).

Der Anteil der HCl-Emissionen an den SO_2-Äquivalenten liegt bei etwa 6,4 %; darin enthalten sind die prozeßspezifischen Emissionen der Kalianreicherung. Entsprechend hoch ist der Anteil der Produktion an der gesamten Bereitstellung von K-Dünger mit etwa 91 %.

Der Ammoniakanteil an den SO_2-Äquivalenten liegt im Promillebereich. Die Emissionen stammen im wesentlichen aus der Produktion und dem Transport (jeweils Nutzung).

Die SO_2-, NO_X-, HCl- und NH_3-Emissionen fallen zu 85 bis 100 % in der Ortsklasse 2 an. Emissionen in der Ortsklasse 3 resultieren lediglich aus der Bereitstellung der Endenergieträger. Verursacher sind die off shore-Förderung von Erdgas und Erdöl und vor allem der Seetransport von Erdöl.

9.4 Düngekalk

Die Energie- und Stoffstrombilanzen der Bereitstellung des durchschnittlichen, 1993 in der Bundesrepublik abgesetzten Düngekalks sind in Tabelle 9-4 zusammengefaßt. Den Bezug bildet 1 t CaO.

Primärenergieeinsatz

Der Anteil der Produktion an der Energiebilanz der Düngekalkbereitstellung liegt bei etwa 77 %. Der damit erhebliche Transportanteil ergibt sich aus den der K-Düngerbereitstellung vergleichbaren Transportleistungen, aber deutlich niedrigerem Energieeinsatz in der Produktion. Der geringe Energieeinsatz in der Produktion wiederum ist eine direkte Folge unserer Annahmen zu den Anteilen von Kalkstein und Branntkalk an der abgesetzten Düngekalkmenge. Bei insgesamt ähnlichen Anteilen der fossilen Energieträger entfällt mit etwa 27 % der größte Teil auf Braunkohle, die – anders als in den Fällen von N-, P- und K-Dünger – nicht nur zur Verstromung, sondern beim Kalkbrennen direkt in der Produktion eingesetzt wird. Für Erdöl entfällt mit fast 79 % der weit überwiegende Anteil auf den Transport.

CO_2-Äquivalente

Auf CO_2 selbst entfällt mit etwa 96 % der weit überwiegende Anteil der CO_2-Äquivalente. Der Anteil der Produktion an den CO_2-Emissionen liegt bei etwa 87 %; darin enthalten sind die prozeßspezifischen CO_2-Emissionen des Kalkbrennens. Der mit einem knappen Drittel dennoch hohe Anteil der Bereitstellung gegenüber der Nutzung ergibt sich aus dem relativ hohen Stromanteil am gesamten Energieeinsatz. Die Anteile von Nutzung und Bereitstellung am Transport werden ebenfalls durch den Stromverbrauch bestimmt (Elektrotraktion der Bahn).

Im Zusammenhang mit der Produktion von Branntkalk und der Anwendung von Kalkstein weisen wir noch einmal auf folgendes hin: Die bezogen auf den CaO-Gehalt von Kalkstein gleiche Menge CO_2 wie beim Kalkbrennen wird infolge der Bodenacidität aus als dem Düngekalk ausgebrachten Kalkstein abgespalten. Die damit verbundenen CO_2-Emissionen sind in Bilanzen von Agrarprodukten dann im Lebenswegabschnitt „Landwirtschaft" zu berücksichtigen. Die entsprechenden Daten sind in Kapitel 14.2 im Anhang dokumentiert.

Der Anteil der Methanemissionen an den CO_2-Äquivalenten ist mit 2,4 % gering. Die Anteile von Produktion und Transport bzw. Nutzung und Bereitstellung sind denen der N-Düngerbereitstellung vergleichbar; d. h., die Emissionen der Bereitstellung fossiler Energieträger (Förder- und Leitungsverluste) überwiegen bei weitem.

Die N_2O-Emissionen sind niedrig; ihr Anteil an den CO_2-Äquivalenten beträgt nur 2,1 %. Mit einem Anteil von 78 % stammt der weit überwiegende Teil der Emissionen aus der Energienutzung in der Produktion.

SO_2-Äquivalente

Auf SO_2 selbst entfallen 22 % der SO_2-Äquivalente. Der Anteil der Produktion an den SO_2-Emissionen liegt bei etwa 70 %, wobei allein auf die Bereitstellung der Endenergieträger etwa 61 % entfallen. Diese Relation spiegelt den hohen Stromanteil am Energieeinsatz wider. Für den Transport ergibt sich eine ähnliche Relation zwischen Nutzung und Bereitstellung.

Der Anteil der NO_X-Emissionen an den SO_2-Äquivalenten liegt bei etwa 75 %. Die NO_X-Emissionen fallen etwa zu einem Drittel bei der Produktion an; die Anteile von Nutzung und Bereitstellung sind vergleichbar. Für den Transport dominiert mit 61 % der gesamten NO_X-Emissionen die Nutzung (Dieselmotoren).

Der Anteil der HCl-Emissionen an den SO_2-Äquivalenten liegt bei 2,7 %. Von den HCl-Emissionen entfallen etwa 60 % auf die Produktion (Nutzung) und ein knappes Drittel auf die Energiebereitstellung für die Produktion.

Der Ammoniakanteil an den SO_2-Äquivalenten liegt im Promillebereich. Die Emissionen stammen weit überwiegend aus dem Transport (Nutzung).

Die SO_2-, NO_X-, HCl- und NH_3-Emissionen fallen zu 86 bis 100 % in der Ortsklasse 2 an. Emissionen in der Ortsklasse 3 resultieren lediglich aus der Bereitstellung der Endenergieträger. Verursacher sind die off shore-Förderung von Erdgas und Erdöl und vor allem der Seetransport von Erdöl.

Tabelle 9-4 Energie- und Stoffstrombilanz der Bereitstellung des durchschnittlichen 1993 in der Bundesrepublik abgesetzten Düngekalks (Bezug: 1 t CaO) und Anteile der Lebenswegabschnitte Produktion und Transport (Primärenergie) bzw. Produktion, Transport und Bereitstellung (Emissionen) am gesamten Lebensweg

		Summe	Produktion	Transport
Verbrauch mineralischer Ressourcen/t CaO				
Kalkstein	t	1,84		
Primärenergieeinsatz/t CaO				
Erdöl	GJ	0,38	21,4 %	78,6 %
Erdgas	GJ	0,38	96,6 %	3,4 %
Steinkohle	GJ	0,49	78,4 %	21,6 %
Braunkohle	GJ	0,65	94,8 %	5,2 %
Uran	GJ	0,43	83,8 %	16,2 %
∑ Erschöpfliche ET	*GJ*	*2,32*	*77,6 %*	*22,4 %*
Wasser	GJ	0,069	59,2 %	40,8 %
Sonst. regen. ET	GJ	0		
Summe	**GJ**	**2,39**	**77,1 %**	**22,9 %**

Emissionen/t CaO

		Summe	Nutzung	Bereit-stellung	Nutzung	Bereit-stellung
		Global	Global	Global	Global	Global
CO_2	kg	284*	60,6 %	26,7 %	7,0 %	5,7 %
CH_4	kg	0,29	1,3 %	79,3 %	0,3 %	19,2 %
N_2O	kg	0,019	77,8 %	14,2 %	4,6 %	3,3 %
CO_2-Äquivalente	*kg*	*298*	*59,5 %*	*27,7 %*	*6,8 %*	*6,0 %*

		Summe OK 2+3	OK 2 an Summe	Anteil an Summe	Anteil an Summe	Anteil an Summe	Anteil an Summe
SO_2	kg	0,11	86,0 %	9,1 %	61,3 %	6,0 %	23,7 %
CO	kg	3,00	99,9 %	96,5 %	0,7 %	2,6 %	0,2 %
NO_X	kg	0,52	96,9 %	19,0 %	14,9 %	61,0 %	5,0 %
NMHC	kg	0,051	98,9 %	21,0 %	6,2 %	63,6 %	9,2 %
Partikel	kg	0,020	92,7 %	19,5 %	4,9 %	72,0 %	3,6 %
Staub	kg	0,95	100,0 %	99,7 %	0,3 %	0,0 %	0,1 %
HCl	kg	0,013	100,0 %	60,3 %	32,4 %	0,9 %	6,4 %
NH_3	kg	0,00092	97,7 %	16,4 %	2,4 %	79,4 %	1,8 %
Formaldehyd	kg	0,0035	98,9 %	18,5 %	2,3 %	77,9 %	1,3 %
Benzol	kg	0,00088	98,9 %	19,5 %	5,3 %	71,8 %	3,4 %
Benzo(a)pyren	µg	85,7	97,8 %	11,6 %	25,8 %	56,4 %	6,2 %
TCDD-Tox.Äquivalent	µg	0,032	99,3 %	69,0 %	23,8 %	1,2 %	6,0 %
SO_2-Äquivalente	*kg*	*0,48*	*94,6 %*	*18,0 %*	*25,5 %*	*47,4 %*	*9,1 %*

Sonst. regen. ET: Sonstige regenerative Energieträger
*: Incl. CO_2-Abspaltung beim Kalkbrennen, ohne CO_2 aus ausgebrachtem Kalkstein (siehe Text)
OK: Ortsklasse 1; in OK 1 fallen keine Emissionen an.
Eigene Berechnungen

10 Zusammenfassung und Ausblick

Ziele und Vorgehensweise

Gegenstand dieser Studie ist die Energie- und Stoffstrombilanzierung der Bereitstellung von Düngemitteln mit den Nährstoffen Stickstoff (N), Phosphat (P_2O_5), Kalium (K_2O) und Düngekalk (CaO). Im Rahmen von Exkursen werden zusätzlich die Ausbringung von Düngemitteln und wichtige Effekte bei ihrer Verwendung diskutiert. Den Bezug bilden jeweils die in der Bundesrepublik Deutschland 1993 abgesetzten Düngemittel.

Hinsichtlich der Methodik und des praktischen Vorgehens ist die Bilanzierung so angelegt, daß sie drei Forderungen erfüllt:

- Die Bilanzierung soll dem aktuellen Stand der Methodendiskussion zum Thema Ökobilanzen entsprechen.

- Die Ergebnisse sollen eine belastbare Basis für umfassende ökologische Bilanzierungen von Agrarprodukten darstellen.

- Die Ergebnisse sollen durch eine größtmögliche Transparenz der Herleitung und lückenlose Dokumentation der Primärdaten nachvollziehbar, überprüfbar – damit auch im Detail kritisierbar – und für spezielle Anwendungen modifizierbar sein.

Die Basis der vorliegenden Studie bilden die Arbeiten zu /KALTSCHMITT & REINHARDT 1997/. Dort wurde erstmals der Versuch unternommen, die Bereitstellung von in der Bundesrepublik abgesetzten Düngemitteln detailliert zu modellieren. Ferner wurde erstmals in dieser Form eine große Palette luftgetragener Schadstoffe für die „mittleren" Düngemittel mit den betrachteten Nährstoffen über die gesamten Lebenswege der Düngemittel erfaßt. Ebenfalls ansatzweise Berücksichtigung fanden die unterschiedlichen Produktionsbedingungen in den Herkunftsländern bzw. -regionen der hier abgesetzten Düngemittel.

Darauf aufbauend wird mit dieser Studie eine Vielzahl weiterer Differenzierungen und Bilanzierungsparameter zusätzlich berücksichtigt, und es werden weite Bereiche aktualisiert. Einige Beispiele hierfür sind:

- Die Bilanzierung der Düngemittelproduktion erfolgt für N- und P-Düngemittel sowie Düngekalk differenziert nach einzelnen Düngemittelarten des gleichen Nährstoffs.

- Ferner erfolgte eine Differenzierung der Produktion nach Produktionsländern bzw. -regionen (Bundesrepublik, EU/Westeuropa und Osteuropa).

- Die Bereitstellung der bei der Produktion eingesetzten Endenergieträger wird differenziert nach drei Ländern – der Bundesrepublik sowie den Niederlanden und der GUS, die als repräsentativ für West- bzw. Osteuropa betrachtet werden – bilanziert.

- Neben End- und Primärenergieträgern sowie luftgetragenen Schadstoffen wird der Verbrauch mineralischer Ressourcen bilanziert.

- Die aktuell erschienene Energiebilanz der Bundesrepublik /AGE 1996/ wurde eingebunden.

- Verschiedene Möglichkeiten der Schwefel- und Schwefelsäurebereitstellung im Rahmen der P-Düngerproduktion wurden detailliert diskutiert.

Ergebnisse

Da im Rahmen der Energie- und Stoffstrombilanzierung von Düngemitteln die Zusammenhänge zwischen Vorgaben und Resultaten noch relativ offensichtlich sind, beschränken wir uns auf wenige Feststellungen bzw. Hinweise mit Bezug auf Primärenergieeinsatz und die Emissionen einiger Schadstoffe; den Ressourcenverbrauch betrachten wir als weitgehend selbsterklärend (die Gesamtergebnisse sind in Tabelle 9-1 bis Tabelle 9-4 zusammengestellt).

N-Dünger: Der Energieeinsatz wird durch die Produktion bestimmt, diese wiederum durch die Ammoniaksynthese. Die Bilanz der CO_2-Äquivalente wird durch die prozeßspezifischen N_2O-Emissionen der Salpetersäureproduktion dominiert. Für die Bilanz der SO_2-Äquivalente haben vor allem die NO_X- und NH_3-Emissionen der Produktion sehr große Bedeutung. Signifikant tragen auch die N_2O-Emissionen durch die Verwendung von Düngemitteln aus dem Ackerboden zum gesamten Treibhauspotential bei. Für Details siehe Kapitel 9.1 und 14.1.

P-Dünger: Der Energieeinsatz verteilt sich im Verhältnis 3:1 auf Produktion und Transport. Der damit sehr hohe Anteil des Transports resultiert vor allem aus dem Seetransport von Rohphosphat über weite Strecken. Die Bilanz der CO_2-Äquivalente wird durch die CO_2-Emissionen selbst dominiert. Hier liegt der Anteil des Transports bei etwa einem Drittel. Für die Bilanz der SO_2-Äquivalente spielen neben den SO_2-Emissionen die NO_X-Emissionen eine größere Rolle. Während letztere im wesentlichen aus dem Seetransport stammen, sind im Falle der SO_2-Emissionen die Schwefelsäureproduktion und der Seetransport von Rohphosphat gleichrangige Quellen. Für Details siehe Kapitel 9.2.

K-Dünger: Der Energieeinsatz wird wie bei den N-Düngern durch den Lebenswegabschnitt der Produktion bestimmt. Die Bilanz der CO_2-Äquivalente wird analog der Energiebilanz durch die CO_2-Emissionen aus der Produktion dominiert. Für die Bilanz der SO_2-Äquivalente haben die SO_2-Emissionen nur eine geringe Bedeutung. Relevant sind hier die NO_X-Emissionen, die im Verhältnis 2:1 aus der Produktion und dem Transport stammen. Für Details siehe Kapitel 9.3.

Düngekalk: Der Energieeinsatz der Bereitstellung verteilt sich im Verhältnis 4:1 auf Produktion und Transport. Der hohe Transportanteil resultiert hier weniger aus sehr großen Transportentfernungen wie im Falle des P-Düngers als vielmehr aus dem relativ kleinen Energieeinsatz in der Produktion. Die Bilanz der CO_2-Äquivalente wird durch die CO_2-Emissionen der Produktion dominiert; darin enthalten sind die Emissionen, die mit der CO_2-Abspaltung aus Kalkstein beim Kalkbrennen verbunden sind. Für die Bilanz der SO_2-Äquivalente haben die NO_X-Emissionen, die zu zwei Dritteln aus dem Transport stammen, die größte Bedeutung. Für Details siehe Kapitel 9.4 und 14.2.

Vergleich zu vorangegangenen Studien

Ein Vergleich der in dieser Studie abgeleiteten Daten mit Literaturdaten ist im wesentlichen nur für die Parameter End- bzw. Primärenergieeinsatz möglich. Dies ergibt sich daraus, daß bisher nur in wenigen Ausnahmefällen Emissionen und dann auch nur für einige wenige Schadstoffe bilanziert wurden. Tabelle 10-1 faßt häufig zitierte bzw. verwendete und einige neuere Daten zum Energieaufwand der Bereitstellung von Düngemitteln und die von uns abgeleiteten Daten für die mittleren in der Bundesrepublik abgesetzten Düngemittel zusammen. Für die Mehrzahl der Literaturdaten gelten die in Kapitel 5 gemachten Aussagen: Die Bezüge (Raum, Zeit, erfaßte Prozesse, Primär- oder Endenergie) sind häufig unzweckmäßig abgegrenzt oder unklar. Dies gilt vor allem für N- und P-Dünger. Andererseits zeigen die Daten – insbesondere für N-Düngemittel – eine relativ gute Übereinstimmung. Bei weitgehender Unklarheit über die jeweils gewählte Vorgehensweise der Bilanzierung lassen sich daraus natürlich sehr verschiedene Schlüsse ziehen, die zwischen zwei Extremen liegen:

- In dieser und den meisten vorangegangen Arbeiten kompensieren sich eine Reihe von – jeweils verschiedenen – Fehlabschätzungen zu sehr ähnlichen falschen oder richtigen Ergebnissen.

- In dieser und den meisten vorangegangen Arbeiten wurden die meisten nicht bekannten Parameter näherungsweise richtig abgeschätzt. Die Ergebnisse sind realitätsnah.

Natürlich kann für die zitierten Arbeiten davon ausgegangen werden, daß die betrachteten Prozesse ebenso korrekt erfaßt wurden wie in der vorliegenden Studie. Die relativ kleine Bandbreite für N-Dünger ist dabei eine Folge der dominierenden Bedeutung der Ammoniaksynthese für die gesamte N-Düngerbereitstellung. Die größere Bandbreite für P-Dünger resultiert sicher zum Teil aus der oft fehlenden Kenntnis zu den Anteilen einzelner Produktionsverfahren für Schwefel- und Phosphorsäure und der damit möglichen Palette jeweils für sich betrachtet plausibler Annahmen. Dazu kommt, daß die Dominanz dieser beiden Prozesse über die gesamte Bereitstellung weniger ausgeprägt ist als die der Ammoniaksynthese im Falle von N-Düngemitteln. Für K-Dünger ist die Bandbreite der von P-Dünger vergleichbar. Extrem niedrige Werte erfassen wahrscheinlich entweder nur den Abbau – beziehen sich also auf Rohkali – oder unterstellen den ausschließlichen Einsatz wenig energieintensiver Anreicherungsverfahren. Im Falle der Düngekalkbereitstellung spielt der unterstellte Branntkalkanteil eine große Rolle.

Zusammenfassend kann festgestellt werden, daß die Übereinstimmungen im Falle von N-Dünger nicht als Zufallsergebnis zu betrachten sind. Für P- und K-Dünger bzw. Düngekalk ist dagegen von zum Teil zufälligen Übereinstimmungen auszugehen. Allerdings weniger im Sinne eine Fehlerkompensation; vielmehr dürften sich jeweils für sich betrachtet plausible Annahmen zu einzelnen Lebenswegabschnitten teilweise kompensieren (weiter Transport und niedrige Produktionsenergie oder umgekehrt). Unter den *zugrunde gelegten Rahmenannahmen* und für die konkret betrachteten Lebenswege bzw. -abschnitte können damit alle Daten in Tabelle 10-1 als zutreffend gelten. Damit sind jedoch, auch im Falle einer hinreichenden Dokumentation, zugleich deutliche Einschränkungen hinsichtlich der Anwendbarkeit verbunden. Hinzu kommt jedoch, daß in den meisten Arbeiten keine Emissionen angegeben sind. Lediglich in einigen wenigen Arbeiten finden sich Angaben zu einzelnen Emissionen oder einzelne prozeßspezifische Emissionen. So sind beispielsweise Einzelwerte zu NO_X, N_2O bzw. NH_3 (nur für N-Dünger) angegeben in /CLM 1996/ und /SPIRINCKX & CEUTERICK 1996/; Werte für CO_2 (alle Nährstoffe) finden sich in /REINHARDT 1993/ oder einige ausgewählte Emissionen in /EC-AIR3 1996/. Eine Gegenüberstellung bzw. ein Vergleich mit den in dieser Studie abgeleiteten Emissionen scheint uns bei einer so geringen Anzahl verfügbarer Literaturdaten nicht sinnvoll.

Tabelle 10-1 Energieeinsatz der Bereitstellung von Düngemitteln: Literaturdaten in unterschiedlichen Abgrenzungen und Ergebnisse dieser Studie

Quelle	N GJ/t	P_2O_5 GJ/t	K_2O GJ/t	CaO GJ/t	Anmerkungen
/DEKKERS 1974/	27/77				2 Werte für AN
/LEACH 1976/	80	14	8,4	0,37	incl. Vp+Tp+Is
/GREEN 1978/	81	13,8	8		excl. Vp+Tp
/COX 1979/	74	5,9	9,2		k. A.
/JÜRGENS 1980/	54				ohne Ausbringung
/MONSJOU 1981/	75				50 MJ Rohstoff, 25 MJ Prozeß
/BRASCAMP 1982/	65	15,5	8,6		incl. Vp+Tp
/PIMENTEL 1983/	50	5,5	6,7		k. A.
/BUCHNER 1985/	50-70	10-20	5-10		incl. (Vp+)Tp+Ab
/PROCE 1986/	54,5	18,1	10,1		incl. Vp+Tp+Is
/MUDAHAR 1987/	69,5	5,2-7,9	13,7		K_2O incl. Vp+Tp+Ab
/BOCKMANN 1990/	35	5,2-8,3	5		AN 35,3, Harnstoff 42,3 MJ
/NAGEL 1991/	29-34				NH_4-N
/ERIKS 1991/	62,6	16,6	9,1		incl. Tp
/ONNA 1991/	65	15,5	8,6		nach /BRASCAMP 1982/
/BERGEN 1992/	52,5	15,5	8,6		P + K nach /BRASCAMP 1982/
/HAZEWINKEL 1992/		15,4	2		P: H_3PO_4, excl. Vp+Tp
/WORREL 1992/	39,6				CAN in NL, incl. Is
/BRAND 1993/	38,9	4,3	2,6		NL, incl. Vp+Tp(+Is)
/REINHARDT 1993/	55,5	17,4	10,5	3,1	BRD, incl. Vp+Tp
/BAD 1994/	30	7-12	4-8	1,3	nur Produktion
/WORREL 1994/	38,5				CAN in NL, excl. Is
/CLM 1996/	38,6	7,6	3,0		NL
/EC-AIR3 1996/	46/63	12,8	4,15		Prod. CAN/Harnst., TSP, KCl
Diese Studie (Auswahl)*					Absatz BRD 1993, excl. Vp+Is
Endenergie	42,4	8,73	8,41	1,03	nur Produktion
Primärenergie	49,1	17,7	10,5	2,39	**alle Prozesse**

*: Düngemittel im Mittel der Düngemittelarten und Produktionsregionen
Ab: Ausbringung; Is: Infrastruktur; Tp: Transport; Vp: Verpackung

Ausblick

Zur Beschreibung der Wirkungen von Prozessen und Produkten auf die Umwelt ist nach dem gegenwärtigen Stand der Diskussion um die Standardisierung von Ökobilanzen eine umfassende Liste von Wirkungskategorien zu betrachten. Die meisten Wirkungskategorien wiederum lassen sich nur durch eine größere Anzahl von Bilanzierungsparametern vollständig erfassen. Im Rahmen dieser Studie wurden nicht für alle relevanten Wirkungen auf die Umwelt die korrespondierenden Sachbilanzparameter erfaßt. Wir haben uns hier auf die Wirkungskategorien Ressourcenverbrauch, Klimaauswirkungen, Ozonabbau, Versauerung und Human-und Ökotoxizität beschränkt. Auf der Ebene der daraus abgeleiteten Bilanzparameter waren weitere Einschränkungen notwendig; so wurden unter dem Aspekt der Human- und Ökotoxizität ausschließlich luftgetragene Schadstoffemissionen betrachtet. Es ist offensichtlich, daß selbst mit dieser Einschränkung grundsätzlich eine kaum überschaubare Vielzahl von Stoffen zu erfassen wäre. Damit ist ebenfalls offensichtlich, daß jede ökologische Bilanz „ihre Grenzen" hat.

Gleichwohl können Bereiche beschrieben werden, in denen unseres Erachtens am ehesten weiterer Forschungsbedarf besteht. Dazu gehört sicher die Belastung von Oberflächengewässern durch das Einleiten von Abwässern aus der Düngemittelproduktion. Eine besondere Rolle dürfte dabei die Produktion von K-Dünger spielen, die mit extrem großen Mengen salzhaltiger Abwässer verbunden ist. Bei der Anreicherung von Phosphaterz fällt ebenfalls Abwasser an. Darüber hinaus sind der Abbau und die Anreicherung von Phosphaterz sowie die Deponierung bzw. Nutzung von Phosphatgips mit der Freisetzung von Radioaktivität verbunden. In dem Maße, in dem ein geeignetes Kriterium für die Naturraumbeanspruchung (siehe Kapitel 3.2.7.2) entwickelt wird, sollte diese Wirkungskategorie im Zusammenhang mit der Gewinnung mineralischer Ressourcen und dem Anfall von Abraum betrachtet werden.

Natürlich besteht nicht nur hinsichtlich dieser „neuen" Aspekte, sondern auch im Zusammenhang der hier erfaßten Wirkungen bzw. zugeordneten Parameter Bedarf an weiterer Differenzierung und Validierung. Beispiele sind die Bezugsräume der Produktion von N- und P-Dünger, deren Festlegungen in dieser Studie die tatsächliche Herkunft der *einzelnen* Düngemittel mit diesen Nährstoffen nur bedingt wiedergeben, während sie für die mittleren Düngemittel hoch belastbar sind. Dabei ist noch einmal darauf hinzuweisen, daß die Datendokumentation in dieser Studie so angelegt ist, daß bereits jetzt im Bedarfsfalle mittlere Düngemittel auf der Basis anderer Herkunftsstrukturen durch den Leser selbst bilanziert werden können. Einer weiteren Validierung bedürfen die zahlreichen Annahmen zu Wirkungsgraden, Energieträgeranteilen und insbesondere Emissionsfaktoren, die hier erstmals in diesem Kontext abgeleitet wurden; dies gilt vor allem für die Daten mit Bezug auf Osteuropa.

Demgegenüber weisen die hier erstellten Energie- und Stoffstrombilanzen folgende Eigenschaften bzw. Vorteile auf, die zu erreichen ein wesentliches Ziel dieser Studie war:

- In aggregierter Form sind die Daten repräsentativ für den Düngemittelabsatz in der Bundesrepublik und können damit unmittelbar für ökologische Bilanzierungen von in der Bundesrepublik erzeugten Agrarprodukten eingesetzt werden.

- Die Art der Dokumentation gestattet die Anwendung der Daten für einzelne Prozesse unter veränderten Rahmenbedingungen. So können die Anteile einzelner Düngemittel am jeweils mittleren Düngemittel eines Nährstoffes variiert werden. Veränderte Importstrukturen können ebenfalls modelliert werden. Die entsprechenden Berechnungen können durch den Leser selbst durchgeführt werden.

- Schließlich erlaubt die Dokumentation aller Primärdaten die detaillierte Überprüfung der hier erstellten Energie- und Stoffstrombilanzen.

Teil III

Anhang

Nicht das, was wir beginnen, zählt,
sondern das, was wir fertigbringen.

EMIL OESCH

11 Energie- und Stoffstrombilanzen: Ergänzungen und Differenzierungen

11.1 Düngemittelproduktion nach Düngemittelarten und Produktionsländern

Die Bilanzierung der Produktion von N- und P-Dünger wird in dieser Studie differenziert nach drei Produktionsregionen und für fünf bzw. vier Düngemittel durchgeführt. Die Ergebnisse der Bilanzierung für die mittleren in der Bundesrepublik 1993 abgesetzten Düngemittel mit den Nährstoffen N und P_2O_5 finden sich in den Kapiteln 6.1.4 und 6.2.4. In den Differenzierungen nach Produktionsregion und Düngemittel werden die Daten im folgenden dokumentiert.

Für K-Dünger und Düngekalk werden lediglich die Produktion in der Bundesrepublik sowie ein (KCl) bzw. zwei nährstoffhaltige Verbindungen (Kalkstein und Branntkalk) betrachtet. Die Ergebnisse der Bilanzierung sind bereits in den entsprechenden Kapiteln in Teil 2 vollständig dokumentiert.

Der vollständigen Dokumentation wegen sind die Ergebnisse – entsprechend den Darstellungen in Kapitel 6 – *nur* kumuliert über die gesamte Prozeßfolge der *eigentlichen Produktion* ausgewiesen. Die Rubrik „Stoffeinsatz" enthält lediglich nachrichtlich Angaben zum stofflichen Input des letzten Prozeßschrittes. Die Bereitstellung des stofflichen Inputs – einschließlich der stofflichen Nutzung von Endenergieträgern (Beispiel Ammoniaksynthese) – ist in den Rubriken „Endenergieeinsatz" und „Emissionen" bereits berücksichtigt. Der Verbrauch mineralischer Ressourcen wird hier nicht ausgewiesen; für Kalkstein ist er mit dem Stoffeinsatz identisch, für Phosphaterz und Schwefel kann er aus den Angaben in den entsprechenden Kapiteln berechnet werden.

Die Rubrik "Emissionen" enthält die gesamten prozeßspezifischen und energieeinsatzbezogenen Faktoren, nicht aber die Emissionen aus der Bereitstellung der Endenergieträger. Damit ergeben sich die Emissionen für die gesamte Produktion der einzelnen Düngemittel (bis Fabriktor) aus der Verknüpfung der hier ausgewiesenen Emissionen mit den Emissionen der Bereitstellung der Endenergieträger in den jeweiligen Produktionsländern. Die Primärenergiebilanzen ergeben sich direkt aus den Endenergieträgerbilanzen und den Wirkungsgraden der Bereitstellung.

Stickstoffdünger

In Tabelle 11-1 bis Tabelle 11-3 sind die Energie- und Stoffstrombilanzen der Produktion von

- Ammoniak,
- Salpertersäure,
- Calciumammoniumnitrat,
- Harnstoff,

- Ammoniumnitrat/Harnstoff-Lösung,

- Ammoniumphosphaten und

- Ammoniumnitratphosphat

differenziert nach den Produktionsregionen Bundesrepublik, EU und Osteuropa zusammen-gefaßt. Alle Emissionen nicht global wirksamer Schadstoffe fallen in der Ortsklasse 2 an. Bezug der Daten ist 1 t N.

Die CO_2-Emissionen der Harnstoffproduktion enthalten eine Gutschrift für die CO_2-Bindung bei der Synthese. In Bilanzen von Agrarprodukten ist die Freisetzung der gleichen Menge CO_2 durch die Harnstoffhydrolyse im Boden als Emission im Lebenswegabschnitt „Landwirtschaft" zu berücksichtigen.

Phosphatdünger

In Tabelle 11-4 bis Tabelle 11-6 sind die Energie- und Stoffstrombilanzen der Produktion von

- Schwefelsäure,

- Phosphorsäure,

- Singlesuperphosphat,

- Triplesuperphosphat,

- Ammoniumphosphaten und

- Ammoniumnitratphosphat

differenziert nach den Produktionsregionen Bundesrepublik, EU und Osteuropa zusammen-gefaßt. Alle Emissionen nicht global wirksamer Schadstoffe fallen in der Ortsklasse 2 an. Bezug der Daten ist 1 t P_2O_5.

Tabelle 11-1 Energie- und Stoffstrombilanzen der Produktion von Ammoniak, Salpetersäure, Calciumammoniumnitrat, Harnstoff, Ammoniumnitrat/Harnstoff-Lösung, Ammoniumphosphaten und Ammoniumnitratphosphat in der *Bundesrepublik* (Bezug: 1 t N)

		NH_3	HNO_3	CAN	Harnstoff	UAN-Lsg.	MAP/DAP	ANP
N-Gehalt		82,4 %	22,2 %	26,8 %	46,7 %	32,0 %	14,5 %	22,0 %
Stoffeinsatz/t N								
NH_3	t	0	1,26	0,62	1,22	0,30	1,23	0,75
HNO_3	t	0	0	2,28	0	1,11	0	1,93
Kalkstein	t	0	0	0,87	0	0	0	0
Harnstoff	t	0	0	0	0	1,09	0	0
PE-Wachs	t	0	0	0,015	0,015	0	0,0062	0,0091
Endenergieeinsatz/t N								
Leichtes Heizöl	GJ	0	0	0	0	0	0	0
Schweröl	GJ	8,82	6,85	8,56	10,9	9,39	9,39	9,34
Dieselkraftstoff	GJ	0	0	0,027	0	0	0	0
Erdgas	GJ	32,1	24,1	27,6	36,9	32,6	32,9	32,0
Steinkohle	GJ	0	0	0	0	0	0	0
Braunkohle	GJ	0	0	0	0	0	0	0
ZwischenΣ Fossil	*GJ*	*40,9*	*30,9*	*36,2*	*47,8*	*42,0*	*42,3*	*41,3*
davon Dampf	*GJ*	*0*	*-10,1*	*-6,06*	*5,14*	*0,12*	*0,39*	*-2,29*
EVU-Strom	kWh	0	40,5	209	263	153	75,1	342
Bahnstrom	kWh	0	0	0	0	0	0	0
Emissionen/t N								
		Global	Global	Global	Global	Global	Global	Global
CO_2	kg	2.462	1.866	2.147	2.052*	2.113**	2.535	2.466
CH_4	kg	0,11	0,081	0,093	0,90	0,50	0,11	0,11
N_2O	kg	0,050	37,8	19,2	0,058	9,37	0,051	16,3
CO_2-Äquivalente	*kg*	*2.481*	*13.976*	*8.293*	*2.093*	*5.124*	*2.554*	*7.683*
		OK 2	OK 2	OK 2	OK 2	OK 2	OK 2	OK 2
SO_2	kg	4,34	3,37	3,88	5,01	4,46	4,49	4,40
CO	kg	0,83	0,63	0,73	3,78	2,29	0,85	0,83
NO_X	kg	3,00	21,5	12,4	3,30	7,72	3,08	23,7
NMHC	kg	0,11	0,081	0,10	0,12	0,11	0,11	0,11
Partikel	kg	0	0	0,0019	0	0	0	0
Staub	kg	0,11	0,082	2,41	3,41	1,78	0,48	0,65
HCl	kg	0	0	0,000012	0	0	0	0
NH_3	kg	0,97	1,01	6,59	3,60	2,32	17,9	12,2
Formaldehyd	kg	0,0034	0,0026	0,0033	0,0040	0,0035	0,0035	0,0034
Benzol	kg	0,0021	0,0016	0,0019	0,0025	0,0022	0,0022	0,0021
Benzo(a)pyren	µg	354	273	319	409	363	366	357
TCDD-Tox.Äqui.	µg	1,15	0,87	1,00	1,33	1,17	1,18	1,15
SO_2-Äquivalente	*kg*	*8,27*	*20,3*	*25,0*	*14,1*	*14,2*	*40,3*	*43,9*

Alle Emissionen nicht global wirksamer Schadstoffe fallen in der Ortsklasse 2 (OK 2) an.
*, **: Jeweils incl. Gutschrift für die CO_2-Bindung bei der Harnstoffproduktion. Ohne Gutschrift (incl. CO_2-Freisetz. bei der Harnstoffhydrolyse im Boden, siehe Text): 2.838 (*) bzw. 2.513 (**) kg/t N.
Eigene Berechnungen

Tabelle 11-2 Energie- und Stoffstrombilanzen der Produktion von Ammoniak, Salpetersäure, Calciumammoniumnitrat, Harnstoff, Ammoniumnitrat/Harnstoff-Lösung, Ammoniumphosphaten und Ammoniumnitratphosphat in der *EU* (Bezug: 1 t N)

		NH_3	HNO_3	CAN	Harnstoff	UAN-Lsg.	MAP/DAP	ANP
N-Gehalt		82,4 %	22,2 %	26,8 %	46,7 %	32,0 %	14,5 %	22,0 %
Stoffeinsatz/t N								
NH_3	t	0	1,26	0,62	1,22	0,30	1,23	0,75
HNO_3	t	0	0	2,28	0	1,11	0	1,93
Kalkstein	t	0	0	0,87	0	0	0	0
Harnstoff	t	0	0	0	0	1,09	0	0
PE-Wachs	t	0	0	0,015	0,015	0	0,0062	0,0091
Endenergieeinsatz/t N								
Leichtes Heizöl	GJ	0	0	0	0	0	0	0
Schweröl	GJ	4,41	3,42	4,69	5,84	4,91	4,87	4,92
Dieselkraftstoff	GJ	0	0	0,027	0	0	0	0
Erdgas	GJ	36,1	27,1	31,1	41,5	36,7	37,1	36,0
Steinkohle	GJ	0	0	0	0	0	0	0
Braunkohle	GJ	0	0	0	0	0	0	0
Zwischen∑ Fossil	*GJ*	*40,5*	*30,5*	*35,8*	*47,4*	*41,6*	*41,9*	*40,9*
davon Dampf	*GJ*	*0*	*-10,1*	*-6,06*	*5,14*	*0,12*	*0,39*	*-2,29*
EVU-Strom	kWh	0	40,5	209	263	153	75,1	342
Bahnstrom	kWh	0	0	0	0	0	0	0
Emissionen/t N								
		Global	Global	Global	Global	Global	Global	Global
CO_2	kg	2.336	1.762	2.033	1.912*	1.985**	2.405	2.339
CH_4	kg	0,10	0,078	0,090	0,89	0,50	0,11	0,10
N_2O	kg	0,045	37,8	19,2	0,052	9,36	0,047	16,3
CO_2-Äquivalente	*kg*	*2.353*	*1.3871*	*8.177*	*1.950*	*4.994*	*2.423*	*7.554*
		OK 2	OK 2	OK 2	OK 2	OK 2	OK 2	OK 2
SO_2	kg	2,18	1,69	1,99	2,55	2,26	2,27	2,23
CO	kg	0,69	0,53	0,61	3,63	2,15	0,72	0,70
NO_X	kg	2,61	21,2	12,1	2,85	7,32	2,67	23,4
NMHC	kg	0,10	0,078	0,094	0,12	0,11	0,11	0,10
Partikel	kg	0	0	0,0019	0	0	0	0
Staub	kg	0,056	0,043	2,37	3,35	1,73	0,43	0,60
HCl	kg	0	0	0,000012	0	0	0	0
NH_3	kg	0,97	1,01	6,59	3,60	2,32	17,9	12,2
Formaldehyd	kg	0,0035	0,0027	0,0034	0,0041	0,0036	0,0036	0,0035
Benzol	kg	0,0021	0,0016	0,0019	0,0024	0,0021	0,0021	0,0021
Benzo(a)pyren	µg	233	178	212	271	240	241	236
TCDD-Tox.Äqui.	µg	1,14	0,86	0,99	1,31	1,16	1,17	1,14
SO_2-Äquivalente	*kg*	*5,83*	*18,4*	*22,8*	*11,3*	*11,7*	*37,8*	*41,5*

Alle Emissionen nicht global wirksamer Schadstoffe fallen in der Ortsklasse 2 (OK 2) an.
*, **: Jeweils incl. Gutschrift für die CO_2-Bindung bei der Harnstoffproduktion. Ohne Gutschrift (incl. CO_2-Freisetz. bei der Harnstoffhydrolyse im Boden, siehe Text): 2.697 (*) bzw. 2.385 (**) kg/t N. Eigene Berechnungen.

Tabelle 11-3 Energie- und Stoffstrombilanzen der Produktion von Ammoniak, Salpetersäure, Calciumammoniumnitrat, Harnstoff, Ammoniumnitrat/Harnstoff-Lösung, Ammoniumphosphaten und Ammoniumnitratphosphat in *Osteuropa* (Bezug: 1 t N)

		NH₃	HNO₃	CAN	Harnstoff	UAN-Lsg.	MAP/DAP	ANP
N-Gehalt		82,4%	22,2%	26,8%	46,7%	32,0%	14,5%	22,0%
Stoffeinsatz/t N								
NH_3	t	0	1,26	0,62	1,22	0,30	1,23	0,75
HNO_3	t	0	0	2,28	0	1,11	0	1,93
Kalkstein	t	0	0	0,87	0	0	0	0
Harnstoff	t	0	0	0	0	1,09	0	0
PE-Wachs	t	0	0	0,015	0,015	0	0,0062	0,0091
Endenergieeinsatz/t N								
Leichtes Heizöl	GJ	0	0	0	0	0	0	0
Schweröl	GJ	5,07	4,21	5,43	6,66	5,68	5,55	5,72
Dieselkraftstoff	GJ	0	0	0,027	0	0	0	0
Erdgas	GJ	36,9	29,8	33,1	42,9	38,3	37,9	37,9
Steinkohle	GJ	6,45	5,64	6,04	7,22	6,66	6,61	6,69
Braunkohle	GJ	0	0	0	0	0	0	0
Zwischen∑ Fossil	*GJ*	*48,4*	*39,7*	*44,6*	*56,8*	*50,6*	*50,1*	*50,3*
davon Dampf	*GJ*	*0*	*-8,44*	*-5,05*	*5,84*	*0,89*	*0,45*	*-1,28*
EVU-Strom	kWh	0	40,5	209	263	153	75,1	342
Bahstrom	kWh	0	0	0	0	0	0	0
Emissionen/t N Klimarelevante Schadstoffe								
		Global	Global	Global	Global	Global	Global	Global
CO_2	kg	3.041	2.507	2.769	2.733*	2.760**	3.130	3.138
CH_4	kg	0,14	0,12	0,13	0,93	0,54	0,14	0,14
N_2O	kg	0,12	37,9	19,3	0,13	9,44	0,12	16,4
CO_2-Äquivalente	*kg*	*3.081*	*14.637*	*8.936*	*2.798*	*5.794*	*3.172*	*8.378*
		OK 2	OK 2	OK 2	OK 2	OK 2	OK 2	OK 2
SO_2	kg	6,07	5,11	5,69	7,06	6,35	6,29	6,35
CO	kg	3,50	2,88	3,18	6,88	5,08	3,60	3,61
NO_X	kg	6,84	24,8	16,0	7,76	11,7	7,03	27,8
NMHC	kg	0,14	0,12	0,13	0,16	0,15	0,14	0,14
Partikel	kg	0	0	0,0019	0	0	0	0
Staub	kg	0,38	0,32	2,68	3,73	2,07	0,77	0,95
HCl	kg	0,18	0,16	0,17	0,20	0,19	0,19	0,19
NH_3	kg	0,97	1,01	6,59	3,60	2,32	17,9	12,2
Formaldehyd	kg	0,0043	0,0035	0,0042	0,0050	0,0044	0,0044	0,0044
Benzol	kg	0,0030	0,0025	0,0028	0,0034	0,0031	0,0030	0,0031
Benzo(a)pyren	µg	449	379	421	516	467	463	466
TCDD-Tox.Äqui.	µg	1,40	1,15	1,27	1,62	1,46	1,44	1,44
SO_2-Äquivalente	*kg*	*12,8*	*24,5*	*29,4*	*19,4*	*19,1*	*45,0*	*48,9*

Alle Emissionen nicht global wirksamer Schadstoffe fallen in der Ortsklasse 2 (OK 2) an.
*, **: Jeweils incl. Gutschrift für die CO_2-Bindung bei der Harnstoffproduktion. Ohne Gutschrift (incl. CO_2-Freisetz. bei der Harnstoffhydrolyse im Boden, siehe Text): 3.519 (*) bzw. 3.160 (**) kg/t N. Eigene Berechnungen.

Tabelle 11-4 Energie- und Stoffstrombilanzen der Produktion von Schwefelsäure, Phosphorsäure, Singlesuperphosphat, Triplesuperphosphat, Ammoniumphosphaten und Ammoniumnitratphosphat in der *Bundesrepublik* (Bezug: 1 t P_2O_5)

		H_2SO_4	H_3PO_4	SSP	TTP	MAP/DAP	ANP
P_2O_5-Gehalt		0,0%	54,0%	20,0%	48,5%	50,0%	22,0%
Stoffeinsatz/t P_2O_5 bzw. H_2SO_4							
Rohphosphat	t	0	3,28	3,13	0,91	0	3,13
H_2SO_4	t	0	2,70	1,92	1,92	2,70	0
H_3PO_4	t	0	0	0	1,31	1,85	0
PE-Wachs	t	0	0	0,020	0,0082	0,0062	0,0091
Endenergieeinsatz/t P_2O_5 bzw. H_2SO_4							
Leichtes Heizöl	GJ	0	0	0	0	0	0
Schweröl	GJ	0,021	2,27	2,48	2,58	2,70	1,25
Dieselkraftstoff	GJ	0,0049	0,66	0,63	0,65	0,66	0,62
Erdgas	GJ	0,083	9,07	5,51	8,48	9,43	3,01
Steinkohle	GJ	0	0	0	0	0	0
Braunkohle	GJ	0	0	0	0	0	0
ZwischenΣ Fossil	*GJ*	*0,11*	*12,0*	*8,61*	*11,7*	*12,8*	*4,88*
davon Dampf	*GJ*	*0,091*	*9,98*	*6,06*	*9,33*	*10,4*	*3,31*
EVU-Strom	kWh	22,4	410	416	425	485	468
Bahnstrom	kWh	0	0	0	0	0	0
Emissionen/t P_2O_5 bzw. H_2SO_4							
		Global	**Global**	**Global**	**Global**	**Global**	**Global**
CO_2	kg	6,6	728	474	690	760	278
CH_4	kg	0,00029	0,032	0,021	0,030	0,033	0,012
N_2O	kg	0,00014	0,016	0,011	0,015	0,017	0,0068
CO_2-Äquivalente	*kg*	*6,6*	*734*	*478*	*695*	*766*	*281*
		OK 2	**OK 2**	**OK 2**	**OK 2**	**OK 2**	**OK 2**
SO_2	kg	4,97	14,5	10,3	10,6	14,6	0,43
CO	kg	0,0033	0,39	0,30	0,37	0,40	0,23
NO_X	kg	0,0087	1,05	0,85	1,02	1,08	0,68
NMHC	kg	0,00091	0,12	0,10	0,11	0,12	0,091
Partikel	kg	0,00035	0,047	0,044	0,046	0,047	0,043
Staub	kg	0,00025	1,46	0,60	1,26	1,84	0,78
HCl	kg	0,000002	0,00029	0,00028	0,00029	0,00029	0,00027
NH_3	kg	0,000013	0,0018	0,0017	0,0018	0,0018	0,0017
Formaldehyd	kg	0,000062	0,0081	0,0074	0,0079	0,0082	0,0070
Benzol	kg	0,000018	0,0023	0,0020	0,0022	0,0023	0,0018
Benzo(a)pyren	µg	1,74	213	176	207	219	146
TCDD-Tox.Äquivalente	µg	0,0029	0,32	0,20	0,30	0,33	0,11
SO_2-Äquivalente	*kg*	*4,98*	*15,3*	*10,9*	*11,3*	*15,4*	*0,91*

Alle Emissionen nicht global wirksamer Schadstoffe fallen in der Ortsklasse 2 (OK 2) an.
Eigene Berechnungen

Tabelle 11-5 Energie- und Stoffstrombilanzen der Produktion von Schwefelsäure, Phosphorsäure, Singlesuperphosphat, Triplesuperphosphat, Ammoniumphosphaten und Ammoniumnitratphosphat in der *EU* (Bezug: 1 t P_2O_5)

		H_2SO_4	H_3PO_4	SSP	TTP	MAP/DAP	ANP
P_2O_5-Gehalt		0,0%	54,0%	20,0%	48,5%	50,0%	22,0%
Stoffeinsatz/t P_2O_5 bzw. H_2SO_4							
Rohphosphat	t	0	3,28	3,13	0,91	0	3,13
H_2SO_4	t	0	2,70	1,92	1,92	2,70	0
H_3PO_4	t	0	0	0	1,31	1,85	0
PE-Wachs	t	0	0	0,020	0,0082	0,0062	0,0091
Endenergieeinsatz/t P_2O_5 bzw. H_2SO_4							
Leichtes Heizöl	GJ	0	0	0	0	0	0
Schweröl	GJ	-0,087	0,87	1,60	1,33	1,26	0,88
Dieselkraftstoff	GJ	0,0049	0,66	0,63	0,65	0,66	0,62
Erdgas	GJ	-0,79	7,83	4,51	7,86	8,22	3,38
Steinkohle	GJ	0	0	0	0	0	0
Braunkohle	GJ	0	0	0	0	0	0
ZwischenΣ Fossil	*GJ*	*-0,87*	*9,36*	*6,74*	*9,84*	*10,1*	*4,88*
davon Dampf	*GJ*	*-0,77*	*7,65*	*4,41*	*7,68*	*8,04*	*3,31*
EVU-Strom	kWh	26,9	422	425	434	497	468
Bahnstrom	kWh	0	0	0	0	0	0
Emissionen/t P_2O_5 bzw. H_2SO_4							
		Global	Global	Global	Global	Global	Global
CO_2	kg	-49,9	550	350	557	580	269
CH_4	kg	-0,0022	0,024	0,015	0,025	0,026	0,012
N_2O	kg	-0,0010	0,012	0,0081	0,012	0,012	0,0064
CO_2-Äquivalente	*kg*	*-50,2*	*554*	*353*	*561*	*584*	*272*
		OK 2	OK 2	OK 2	OK 2	OK 2	OK 2
SO_2	kg	4,92	13,9	9,89	9,99	13,9	0,24
CO	kg	-0,014	0,31	0,25	0,31	0,32	0,22
NO_X	kg	-0,028	0,86	0,72	0,86	0,88	0,65
NMHC	kg	-0,0016	0,11	0,10	0,11	0,11	0,091
Partikel	kg	0,00035	0,047	0,044	0,046	0,047	0,043
Staub	kg	-0,0011	1,45	0,59	1,24	1,82	0,78
HCl	kg	0,000002	0,00029	0,00028	0,00029	0,00029	0,00027
NH_3	kg	0,000013	0,0018	0,0017	0,0018	0,0018	0,0017
Formaldehyd	kg	-0,000023	0,0079	0,0072	0,0078	0,0080	0,0070
Benzol	kg	-0,000032	0,0021	0,0019	0,0021	0,0022	0,0018
Benzo(a)pyren	µg	-3,93	168	147	168	172	135
TCDD-Tox.Äqui.	µg	-0,025	0,24	0,15	0,25	0,26	0,11
SO_2-Äquivalente	*kg*	*4,90*	*14,5*	*10,39*	*10,59*	*14,5*	*0,70*

Alle Emissionen nicht global wirksamer Schadstoffe fallen in der Ortsklasse 2 (OK 2) an.
Eigene Berechnungen

Tabelle 11-6 Energie- und Stoffstrombilanzen der Produktion von Schwefelsäure, Phosphorsäure, Singlesuperphosphat, Triplesuperphosphat, Ammoniumphosphaten und Ammoniumnitratphosphat in *Osteuropa* (Bezug: 1 t P_2O_5)

		H_2SO_4	H_3PO_4	SSP	TTP	MAP/DAP	ANP
P_2O_5-Gehalt		0,0%	54,0%	20,0%	48,5%	50,0%	22,0%
Stoffeinsatz/t P_2O_5 bzw. H_2SO_4							
Rohphosphat	t	0	3,28	3,13	0,91	0	3,13
H_2SO_4	t	0	2,70	1,92	1,92	2,70	0
H_3PO_4	t	0	0	0	1,31	1,85	0
PE-Wachs	t	0	0	0,020	0,0082	0,0062	0,0091
Endenergieeinsatz/t P_2O_5 bzw. H_2SO_4							
Leichtes Heizöl	GJ	0	0	0	0	0	0
Schweröl	GJ	-0,30	0,55	1,33	1,16	0,95	0,95
Dieselkraftstoff	GJ	0,016	0,69	0,65	0,67	0,69	0,62
Erdgas	GJ	-2,42	4,43	1,85	5,66	4,87	3,58
Steinkohle	GJ	-0,30	0,55	0,23	0,71	0,61	0,45
Braunkohle	GJ	0	0	0	0	0	0
ZwischenΣ Fossil	*GJ*	*-3,01*	*6,23*	*4,06*	*8,20*	*7,13*	*5,59*
davon Dampf	*GJ*	*-2,42*	*4,43*	*1,85*	*5,66*	*4,87*	*3,58*
EVU-Strom	kWh	42,8	465	455	464	540	468
Bahnstrom	kWh	0	0	0	0	0	0
Emissionen/t P_2O_5 bzw. H_2SO_4							
		Global	Global	Global	Global	Global	Global
CO_2	kg	-185	392	206	491	431	328
CH_4	kg	-0,0085	0,018	0,0092	0,022	0,020	0,015
N_2O	kg	-0,0063	0,014	0,0074	0,017	0,015	0,012
CO_2-Äquivalente	*kg*	*-187*	*397*	*208*	*497*	*436*	*332*
		OK 2	OK 2	OK 2	OK 2	OK 2	OK 2
SO_2	kg	4,62	14,1	9,98	10,4	14,2	0,60
CO	kg	-0,21	0,57	0,34	0,68	0,61	0,48
NO_X	kg	-0,34	1,21	0,83	1,39	1,29	1,04
NMHC	kg	-0,0064	0,11	0,092	0,11	0,11	0,093
Partikel	kg	0,0011	0,049	0,046	0,047	0,049	0,043
Staub	kg	-0,022	1,48	0,61	1,29	1,85	0,81
HCl	kg	-0,0085	0,016	0,0067	0,020	0,017	0,013
NH_3	kg	0,000044	0,0019	0,0018	0,0018	0,0019	0,0017
Formaldehyd	kg	-0,000093	0,0080	0,0072	0,0079	0,0080	0,0071
Benzol	kg	-0,00014	0,0021	0,0018	0,0021	0,0021	0,0018
Benzo(a)pyren	µg	-22,1	171	142	182	177	151
TCDD-Tox.Äqui	µg	-0,087	0,16	0,07	0,21	0,18	0,13
SO_2-Äquivalente	*kg*	*4,37*	*14,9*	*10,57*	*11,38*	*15,1*	*1,34*

Alle Emissionen nicht global wirksamer Schadstoffe fallen in der Ortsklasse 2 (OK 2) an.
Eigene Berechnungen

11.2 Düngemittelbereitstellung nach Ortsklassen und Lebenswegabschnitten

In den zusammenführenden Kapiteln zur Bereitstellung von Düngemitteln und Düngekalk werden die Emissionen nicht global wirksamer Schadstoffe als Summen über die Emissionsortsklassen ausgewiesen. In Tabelle 11-7 bis Tabelle 11-10 werden die Emissionen

- getrennt für die beiden Ortsklassen 2 (mittlere Bevölkerungsdichte) und 3 (Bevölkerungsdichte niedrig bis 0)
- als Summenwerte über Produktion und Transport und
- die Anteile dieser Lebenswegabschnitte an den Summen
- weiter differenziert in Energiebereitstellung und Nutzung dokumentiert.

In der Ortsklasse 1 – hohe Bevölkerungsdichte – fallen im Kontext dieser Studie keine Emissionen an. Den Bezug der Absolutwerte bildet 1 t Nährstoff (N, P_2O_5, K_2O bzw. CaO) in Form der mittleren in der Bundesrepublik 1993 abgesetzten Düngemittel.

Tabelle 11-7 Emissionen nicht global wirksamer Schadstoffe durch die Bereitstellung des durchschnittlichen 1993 in der Bundesrepublik abgesetzten N-Düngers (Bezug: 1 t N) differenziert nach Ortsklassen und Anteile der Lebenswegabschnitte Produktion, Transport und Bereitstellung am gesamten Lebensweg

| | | Summe | | Produktion | | Transporte | |
| | | | | Nutzung | Bereit-stellung | Nutzung | Bereit-stellung |
		OK 2	OK 2 an OK 2+3	Anteil an Summe	Anteil an Summe	Anteil an Summe	Anteil an Summe
SO_2	kg	5,07	98,3 %	80,7 %	13,0 %	0,7 %	5,6 %
CO	kg	2,79	99,5 %	75,0 %	8,2 %	15,8 %	1,0 %
NO_X	kg	15,7	99,3 %	82,3 %	4,5 %	12,2 %	1,0 %
NMHC	kg	0,57	99,1 %	20,1 %	35,8 %	32,6 %	11,6 %
Partikel	kg	0,087	91,0 %	1,4 %	5,3 %	92,4 %	0,9 %
Staub	kg	2,31	100,0 %	97,9 %	1,5 %	0,0 %	0,6 %
HCl	kg	0,068	100,0 %	86,3 %	9,8 %	1,0 %	2,9 %
NH_3	kg	6,69	100,0 %	99,9 %	0,0 %	0,1 %	0,0 %
Formaldehyd	kg	0,021	98,9 %	18,2 %	6,4 %	74,6 %	0,9 %
Benzol	kg	0,0074	99,1 %	31,6 %	15,6 %	48,8 %	4,0 %
Benzo(a)pyren	µg	695	98,4 %	48,3 %	8,8 %	40,4 %	2,5 %
TCDD-Tox.Äqui.	µg	1,28	99,5 %	91,1 %	7,9 %	0,2 %	0,8 %
SO_2-Äquivalente	*kg*	*22,8*	*99,3 %*	*87,1 %*	*5,1 %*	*6,1 %*	*1,7 %*
		OK 3	OK 3 an OK 2+3	Anteil an Summe	Anteil an Summe	Anteil an Summe	Anteil an Summe
SO_2	kg	0,089	1,7 %	0,0 %	86,3 %	0,0 %	13,7 %
CO	kg	0,014	0,5 %	0,0 %	88,6 %	0,0 %	11,4 %
NO_X	kg	0,10	0,7 %	0,0 %	87,4 %	0,0 %	12,6 %
NMHC	kg	0,0053	0,9 %	0,0 %	86,2 %	0,0 %	13,8 %
Partikel	kg	0,0085	9,0 %	0,0 %	86,4 %	0,0 %	13,6 %
Staub	kg	0,00035	0,0 %	0,0 %	91,8 %	0,0 %	8,2 %
HCl	kg	0,00002	0,0 %	0,0 %	86,4 %	0,0 %	13,6 %
NH_3	kg	0,00012	0,0 %	0,0 %	86,4 %	0,0 %	13,6 %
Formaldehyd	kg	0,00023	1,1 %	0,0 %	86,8 %	0,0 %	13,2 %
Benzol	kg	0,00007	0,9 %	0,0 %	86,8 %	0,0 %	13,2 %
Benzo(a)pyren	µg	11,4	1,6 %	0,0 %	86,5 %	0,0 %	13,5 %
TCDD-Tox.Äqui.	µg	0,0058	0,5 %	0,0 %	93,7 %	0,0 %	6,3 %
SO_2-Äquivalente	*kg*	*0,16*	*0,7 %*	*0,0 %*	*86,8 %*	*0,0 %*	*13,2 %*

In der Ortsklasse 1 (OK 1) fallen keine Emissionen an.
Eigene Berechnungen

Tabelle 11-8 Emissionen nicht global wirksamer Schadstoffe durch die Bereitstellung des durchschnittlichen 1993 in der Bundesrepublik abgesetzten P-Düngers (Bezug: 1 t P_2O_5) differenziert nach Ortsklassen und Anteile der Lebenswegabschnitte Produktion, Transport und Bereitstellung am gesamten Lebensweg

		Summe		Produktion		Transporte	
				Nutzung	Bereit-stellung	Nutzung	Bereit-stellung
		OK 2	OK 2 an OK 2+3	Anteil an Summe	Anteil an Summe	Anteil an Summe	Anteil an Summe
SO_2	kg	7,92	66,1 %	69,6 %	10,3 %	17,0 %	3,1 %
CO	kg	0,96	67,7 %	37,6 %	14,0 %	45,5 %	2,9 %
NO_X	kg	4,32	50,3 %	20,9 %	14,4 %	61,4 %	3,3 %
NMHC	kg	0,41	76,4 %	24,3 %	16,8 %	39,6 %	19,3 %
Partikel	kg	0,10	19,8 %	44,8 %	1,5 %	52,4 %	1,2 %
Staub	kg	1,11	100,0 %	95,1 %	3,9 %	0,0 %	1,0 %
HCl	kg	0,020	95,5 %	24,9 %	64,9 %	3,7 %	6,5 %
NH_3	kg	0,0066	52,8 %	26,3 %	1,2 %	71,3 %	1,1 %
Formaldehyd	kg	0,022	67,7 %	34,4 %	2,2 %	62,1 %	1,2 %
Benzol	kg	0,0059	70,8 %	33,1 %	7,2 %	53,5 %	6,2 %
Benzo(a)pyren	µg	443	45,9 %	36,4 %	18,4 %	41,6 %	3,6 %
TCDD-Tox.Äqui.	µg	0,23	97,1 %	74,1 %	20,3 %	0,6 %	5,0 %
SO_2-Äquivalente	*kg*	*11,0*	*60,9 %*	*56,1 %*	*11,5 %*	*29,2 %*	*3,2 %*
		OK 3	OK 3 an OK 2+3	Anteil an Summe	Anteil an Summe	Anteil an Summe	Anteil an Summe
SO_2	kg	4,06	33,9 %	0,0 %	1,0 %	97,9 %	1,1 %
CO	kg	0,46	32,3 %	0,0 %	1,2 %	97,5 %	1,3 %
NO_X	kg	4,26	49,7 %	0,0 %	1,1 %	97,8 %	1,1 %
NMHC	kg	0,13	23,6 %	0,0 %	1,5 %	96,1 %	2,3 %
Partikel	kg	0,41	80,2 %	0,0 %	1,0 %	97,9 %	1,1 %
Staub	kg	0,00020	0,0 %	0,0 %	40,2 %	0,0 %	59,8 %
HCl	kg	0,00095	4,5 %	0,0 %	1,0 %	97,9 %	1,1 %
NH_3	kg	0,0059	47,2 %	0,0 %	1,0 %	97,9 %	1,1 %
Formaldehyd	kg	0,010	32,3 %	0,0 %	1,0 %	97,9 %	1,1 %
Benzol	kg	0,0024	29,2 %	0,0 %	1,2 %	97,5 %	1,4 %
Benzo(a)pyren	µg	522	54,1 %	0,0 %	1,0 %	97,9 %	1,1 %
TCDD-Tox.Äqui.	µg	0,0068	2,9 %	0,0 %	19,1 %	58,6 %	22,4 %
SO_2-Äquivalente	*kg*	*7,05*	*39,1 %*	*0,0 %*	*1,0 %*	*97,8 %*	*1,1 %*

In der Ortsklasse 1 (OK 1) fallen keine Emissionen an.
Eigene Berechnungen

Tabelle 11-9 Emissionen nicht global wirksamer Schadstoffe durch die Bereitstellung des durchschnittlichen 1993 in der Bundesrepublik abgesetzten K-Düngers (Bezug: 1 t K_2O) differenziert nach Ortsklassen und Anteile der Lebenswegabschnitte Produktion, Transport und Bereitstellung am gesamten Lebensweg

		Summe		Produktion		Transporte	
				Nutzung	Bereit-stellung	Nutzung	Bereit-stellung
		OK 2	OK 2 an OK 2+3	Anteil an Summe	Anteil an Summe	Anteil an Summe	Anteil an Summe
SO_2	kg	0,23	85,2 %	47,4 %	41,6 %	2,8 %	8,2 %
CO	kg	0,42	98,5 %	62,0 %	17,9 %	18,8 %	1,3 %
NO_X	kg	1,11	95,9 %	51,3 %	18,0 %	28,9 %	1,8 %
NMHC	kg	0,13	98,7 %	55,0 %	15,7 %	25,8 %	3,5 %
Partikel	kg	0,043	91,6 %	65,1 %	1,0 %	33,6 %	0,3 %
Staub	kg	0,85	100,0 %	99,3 %	0,6 %	0,0 %	0,1 %
HCl	kg	0,074	100,0 %	91,4 %	7,3 %	0,2 %	1,1 %
NH_3	kg	0,0019	97,0 %	58,3 %	1,9 %	39,4 %	0,4 %
Formaldehyd	kg	0,0080	98,7 %	61,9 %	3,5 %	34,2 %	0,4 %
Benzol	kg	0,0022	98,8 %	61,7 %	8,3 %	28,8 %	1,2 %
Benzo(a)pyren	µg	196	97,4 %	57,9 %	14,8 %	25,0 %	2,3 %
TCDD-Tox.Äqui.	µg	0,25	99,0 %	84,9 %	14,2 %	0,2 %	0,7 %
SO_2-Äquivalente	*kg*	*1,08*	*93,6 %*	*53,2 %*	*22,3 %*	*21,4 %*	*3,1 %*
		OK 3	OK 3 an OK 2+3	Anteil an Summe	Anteil an Summe	Anteil an Summe	Anteil an Summe
SO_2	kg	0,040	14,8 %	0,0 %	84,0 %	0,0 %	16,0 %
CO	kg	0,0063	1,5 %	0,0 %	87,8 %	0,0 %	12,2 %
NO_X	kg	0,048	4,1 %	0,0 %	85,8 %	0,0 %	14,2 %
NMHC	kg	0,0017	1,3 %	0,0 %	83,6 %	0,0 %	16,4 %
Partikel	kg	0,0039	8,4 %	0,0 %	84,1 %	0,0 %	15,9 %
Staub	kg	0,00013	0,0 %	0,0 %	94,8 %	0,0 %	5,2 %
HCl	kg	0,00001	0,0 %	0,0 %	84,1 %	0,0 %	15,9 %
NH_3	kg	0,00006	3,0 %	0,0 %	84,1 %	0,0 %	15,9 %
Formaldehyd	kg	0,00010	1,3 %	0,0 %	84,8 %	0,0 %	15,2 %
Benzol	kg	0,00003	1,2 %	0,0 %	85,0 %	0,0 %	15,0 %
Benzo(a)pyren	µg	5,18	2,6 %	0,0 %	84,3 %	0,0 %	15,7 %
TCDD-Tox.Äqui.	µg	0,0026	1,0 %	0,0 %	96,4 %	0,0 %	3,6 %
SO_2-Äquivalente	*kg*	*0,073*	*6,4 %*	*0,0 %*	*84,8 %*	*0,0 %*	*15,2 %*

In der Ortsklasse 1 (OK 1) fallen keine Emissionen an.
Eigene Berechnungen

Tabelle 11-10 Emissionen nicht global wirksamer Schadstoffe durch die Bereitstellung des durchschnittlichen 1993 in der Bundesrepublik abgesetzten Düngerkalks (Bezug: 1 t CaO) differenziert nach Ortsklassen und Anteile der Lebenswegabschnitte Produktion, Transport und Bereitstellung am gesamten Lebensweg

| | | Summe | | Produktion | | Transporte | |
| | | | | Nutzung | Bereit-stellung | Nutzung | Bereit-stellung |
		OK 2	OK 2 an OK 2+3	Anteil an Summe	Anteil an Summe	Anteil an Summe	Anteil an Summe
SO_2	kg	0,090	86,0 %	10,5 %	62,0 %	6,9 %	20,5 %
CO	kg	3,00	99,9 %	96,6 %	0,7 %	2,6 %	0,2 %
NO_X	kg	0,50	96,9 %	19,6 %	13,5 %	63,0 %	3,9 %
NMHC	kg	0,050	98,9 %	21,2 %	5,7 %	64,4 %	8,8 %
Partikel	kg	0,018	92,7 %	21,0 %	0,7 %	77,6 %	0,6 %
Staub	kg	0,95	100,0 %	99,7 %	0,3 %	0,0 %	0,1 %
HCl	kg	0,013	100,0 %	60,3 %	32,4 %	0,9 %	6,4 %
NH_3	kg	0,00089	97,7 %	16,8 %	1,1 %	81,3 %	0,8 %
Formaldehyd	kg	0,0034	98,9 %	18,7 %	1,7 %	78,8 %	0,8 %
Benzol	kg	0,00087	98,9 %	19,7 %	4,7 %	72,6 %	3,0 %
Benzo(a)pyren	μg	83,9	97,8 %	11,9 %	25,1 %	57,6 %	5,4 %
TCDD-Tox.Äqui.	μg	0,031	99,3 %	69,5 %	23,5 %	1,2 %	5,8 %
SO_2-Äquivalente	*kg*	*0,46*	*94,6 %*	*19,0 %*	*23,7 %*	*50,1 %*	*7,2 %*
		OK 3	OK 3 an OK 2+3	Anteil an Summe	Anteil an Summe	Anteil an Summe	Anteil an Summe
SO_2	kg	0,015	14,0 %	0,0 %	57,2 %	0,0 %	42,8 %
CO	kg	0,0018	0,1 %	0,0 %	57,7 %	0,0 %	42,3 %
NO_X	kg	0,016	3,1 %	0,0 %	57,6 %	0,0 %	42,4 %
NMHC	kg	0,00056	1,1 %	0,0 %	50,4 %	0,0 %	49,6 %
Partikel	kg	0,0015	7,3 %	0,0 %	57,6 %	0,0 %	42,4 %
Staub	kg	0,00001	0,0 %	0,0 %	50,7 %	0,0 %	49,3 %
HCl	kg	0,00000	0,0 %	0,0 %	57,6 %	0,0 %	42,4 %
NH_3	kg	0,00002	2,3 %	0,0 %	57,6 %	0,0 %	42,4 %
Formaldehyd	kg	0,00004	1,1 %	0,0 %	57,6 %	0,0 %	42,4 %
Benzol	kg	0,00001	1,1 %	0,0 %	55,9 %	0,0 %	44,1 %
Benzo(a)pyren	μg	1,89	2,2 %	0,0 %	57,4 %	0,0 %	42,6 %
TCDD-Tox.Äqui.	μg	0,00023	0,7 %	0,0 %	60,9 %	0,0 %	39,1 %
SO_2-Äquivalente	*kg*	*0,026*	*5,4 %*	*0,0 %*	*57,4 %*	*0,0 %*	*42,6 %*

In der Ortsklasse 1 (OK 1) fallen keine Emissionen an.
Eigene Berechnungen

11.3 Bereitstellung von Endenergieträgern: Basisemissionsfaktoren

In den folgenden Tabellen sind die brennstoffeinsatzbezogenen Emissionsfaktoren für Kesselfeuerungen in Raffinerien und für Kraftwerke differenziert nach Ländern (Bundesrepublik bzw. Niederlande und GUS) und Brennstoffen dokumentiert. Ausgehend von der Annahme gleicher technischer Standards, setzen wir für die Bundesrepublik und die Niederlande gleiche Emissionsfaktoren an. Für Raffineriefeuerungen (Tabelle 11-11) werden die Faktoren nur für die wichtigsten dort eingesetzten Brennstoffe, Schweröl und Raffineriegas, ausgewiesen; in den Raffinerien in der Bundesrepublik betragen die Anteile von Schweröl und Raffineriegas am insgesamt eingesetzten Brennstoff etwa 20 bzw. 60 %.

Tabelle 11-11 Emissionsfaktoren für Schweröl- und Raffineriegasfeuerungen in Raffinerien in der Bundesrepublik, den Niederlanden und der GUS (Bezug: Brennstoffeinsatz)

Bezug (Land)		BRD/NL	BRD/NL	GUS	GUS
	Einheit	Schweröl	Raffineriegas	Schweröl	Raffineriegas
CO_2	kg/TJ	78.773	60.000	78.773	60.000
CH_4	kg/TJ	3,01	2,50	4,00	2,50
N_2O	kg/TJ	2,01	1,01	2,01	1,01
SO_2	kg/TJ	491	9,00	1.441	9,00
CO	kg/TJ	43,0	12,0	10,0	10,0
NO_X	kg/TJ	115	65,0	180	75,5
NMHC	kg/TJ	3,01	2,50	4,00	2,50
Partikel	kg/TJ	0	0	0	0
Staub	kg/TJ	11,5	0,10	39,5	0,10
HCl	kg/TJ	0	0	0	0
NH_3	kg/TJ	0	0	0	0
Formaldehyd	kg/TJ	0,060	0,050	0,080	0,050
Benzol	kg/TJ	0,060	0,050	0,080	0,050
Benzo(a)pyren	µg/TJ	30.000	2.800	30.000	2.800
TCDD-Tox.Äqui.	µg/TJ	29,0	28,0	29,0	28,0

Quellen: /GEMIS 1995/, /UBA 1994/, /UBA 1995c/, /SEIER 1995/, eigene Berechnungen

Tabelle 11-12 Emissionsfaktoren für Kraftwerke in der Bundesrepublik und den Niederlanden (Bezug: Brennstoffeinsatz)

	Einheit	Steinkohle	Braunkohle	Erdgas	Schweröl	Übrige Brennstoffe
CO_2	kg/TJ	93.347	11.2421	55.151	78.773	110.000
CH_4	kg/TJ	1,50	1,50	0,30	3,50	2,00
N_2O	kg/TJ	5,00	3,00	1,00	3,00	3,00
SO_2	kg/TJ	61,0	76,2	0,32	324	63,5
CO	kg/TJ	19,0	21,0	49,0	29,0	20,0
NO_X	kg/TJ	98,9	63,0	67,4	65,9	73,3
NMHC	kg/TJ	1,50	1,50	0,30	3,50	5,00
Partikel	kg/TJ	0	0	0	0	0
Staub	kg/TJ	4,66	2,33	0,05	6,06	6,99
HCl	kg/TJ	7,00	5,80	0	0	7,00
NH_3	kg/TJ	0	0	0	0	0
Formaldehyd	kg/TJ	0,030	0,030	0,011	0,070	0,070
Benzol	kg/TJ	0,038	0,038	0,0060	0,070	0,070
Benzo(a)pyren	µg/TJ	30.000	30.000	2.800	30.000	2.800
TCDD-Tox.Äqui.	µg/TJ	7,57	8,71	5,60	5,80	8,71

Quellen: /BMWI 1995/, /GEMIS 1995/, /SEIER 1995/, /UBA 1994/, /UBA 1995c/, /VDEW 1996/, eigene Berechnungen

Tabelle 11-13 Emissionsfaktoren für Kraftwerke in der GUS (Bezug: Brennstoffeinsatz)

	Einheit	Steinkohle	Braunkohle	Erdgas	Schweröl	Übrige Brennstoffe
CO_2	kg/TJ	93.347	112.421	55.151	78.773	110.000
CH_4	kg/TJ	1,70	1,70	0,30	3,40	2,00
N_2O	kg/TJ	5,00	3,00	1,00	3,00	3,00
SO_2	kg/TJ	777	743	25,6	971	100
CO	kg/TJ	17,0	11,0	1,0	3,2	20,0
NO_X	kg/TJ	350	260	130	190	100
NMHC	kg/TJ	1,70	1,70	0,30	3,50	5,00
Partikel	kg/TJ	0	0	0	0	0
Staub	kg/TJ	66,0	44,0	0,10	26,0	15,0
HCl	kg/TJ	7,00	5,80	0	0	7,00
NH_3	kg/TJ	0	0	0	0	0
Formaldehyd	kg/TJ	0,034	0,034	0,011	0,069	0,070
Benzol	kg/TJ	0,043	0,043	0,0060	0,069	0,070
Benzo(a)pyren	µg/TJ	30.000	30.000	2.800	30.000	2.800
TCDD-Tox.Äqui.	µg/TJ	7,57	8,71	5,60	5,80	8,71

Quellen: /GEMIS 1995/, /SEIER 1995/, /UBA 1994/, /UBA 1995c/, eigene Berechnungen

12 Bereitstellung der Daten auf Diskette

Von Mario Schmidt und Udo Meyer

Die in diesem Buch dargestellten Ergebnisse zu den verschiedenen Düngemitteln werden auch als Datensätze auf Diskette bereitgestellt. Das Ziel ist dabei, dem Nutzer diese speziellen Datensätze für die Einbindung in Ökobilanzen oder Stoffstromanalysen anzubieten, ohne daß er die Daten aus dem Buch abschreiben bzw. selbst verknüpfen muß.

Die bei diesen Datensätzen berücksichtigten Düngemittel sind in Tabelle 12-1 zusammengestellt. Für die N-, NP- und P-Dünger werden die Datensätze nach jeweils drei Produktionsregionen unterschieden. Für K-Dünger und Düngekalk werden nur bundesdeutsche Verhältnisse unterstellt. Insgesamt ergeben sich 24 verschiedene Varianten für einzelne und drei weitere für die mittleren in Deutschland 1993 eingesetzten Düngemittel.

Tabelle 12-1 Zusammenstellung der auf der Datendiskette berücksichtigten Düngemittel

Düngemittel	Nährstoffanteil	Produktionsregionen		
		BRD	Sonstige EU	Osteuropa
N-Dünger				
Calciumammoniumnitrat (CAN)	26,8 % N	X	X	X
Harnstoff	46,7 % N	X	X	X
Harnstoff/Ammoniumnitratlösung (UAN)	32 % N	X	X	X
Mittlerer N-Dünger				
P-Dünger				
Singlesuperphosphat (SSP)	20 % P_2O_5	X	X	X
Triplesuperphosphat (TSP)	48,5 % P_2O_5	X	X	X
Mittlerer P-Dünger				
NP-Dünger				
Mono- u. Diammoniumphosphat (MAP/DAP)	14,5 % N, 50 % P_2O_5	X	X	X
Ammoniumnitratphosphat (ANP)	22 % N, 22 % P_2O_5	X	X	X
K-Dünger				
Kaliumchlorid = Mittlerer K-Dünger	60 % K_2O	X		
Düngekalk				
Kalkstein	54,3 % CaO	X		
Branntkalk	97 % CaO	X		
Mittlerer Düngekalk				

Die Datensätze werden jeweils in zwei verschiedenen Varianten vorgehalten: Zum einen umfaßt ein Datensatz die gesamte Düngemittelbereitstellung – also einschließlich der Düngemittelproduktion, der erforderlichen Energieerzeugung bzw. den Transporten. In diesem Fall enthält er als Indikatoren auf der Inputseite den Primärenergieeinsatz, unterschieden nach Energieträgern, und die diversen Rohstoffe sowie auf der Outputseite die berücksichtigen Luftschadstoffemissionen. Zum anderen liegen Datensätze ohne die Bereitstellung von

Primärenergie und Transporte, also nur für die eigentlichen Produktionsprozesse, vor. Dann werden die erforderlichen Vorprodukte sowie die Prozeßenergien (Sekundärenergiebedarf) ausgewiesen.

Die Datensätze werden als Prozeßmodule für das Ökobilanz-Programm Umberto® zur Verfügung gestellt. Es handelt sich somit um programmspezifische .cxm-Dateien, die in die Prozeßbibliothek unter Umberto importiert werden können. Umberto wurde als Ökobilanzprogramm ausgewählt, da es die Modellierung komplexer Prozeßketten und Stoffstromsysteme ermöglicht und sehr flexibel einsetzbar ist. Es wurde vom ifu-Institut Hamburg unter Mitarbeit des ifeu-Instituts Heidelberg entwickelt und wird in zahlreichen Institutionen und Firmen für Ökobilanzen und Stoffstromanalysen verwendet. Eine Kurzbeschreibung des Programms findet sich im nachfolgenden Exkurs. Die Daten sind nur von Umberto lesbar, können aber von Umberto aus auch in beliebig andere Datenformate übertragen werden.

Die Datendiskette kann gegen eine geringe Schutzgebühr vom ifeu, Heidelberg, bezogen werden.

Exkurs: Kurzbeschreibung der Software Umberto®

Umberto ist ein Ökobilanz-Programm, das auf PCs unter Microsoft Windows™ läuft. Es ermöglicht die Erstellung von Produktökobilanzen, standortbezogenen oder betrieblichen Ökobilanzen und komplexen Stoffstromanalysen. Umberto basiert auf der Methode der Stoffstromnetze, bei der ein Lebensweg oder ein Produktionssystem als ein Netz von Umwandlungsprozessen dargestellt wird /SCHMIDT & HÄUSLEIN 1996/. Der Begriff *Stoff*strom umfaßt dabei neben massebehafteten Strömen genauso auch Energieströme. Das Programm eignet sich gleichermaßen zur Aufstellung umfangreicher Sachbilanzen als auch zur Wirkungsanalyse und Auswertung dieser Sachbilanzergebnisse (siehe unten).

In Abb. 12-1 ist die Benutzeroberfläche unter MS Windows abgebildet. Der Benutzer kann mittels eines Netzwerkeditors sein Stoffstromnetz, z. B. einen Produktlebensweg oder eine Prozeßkette, graphisch aufbauen – hier im Beispiel ein fiktives Stoffstromnetz für die Produktion und Verwertung von Hanf. Die quadratischen Symbole stehen dabei für die Umwandlungsprozesse, die sogenannten Transitionen. Die Kreise definieren Bestände und können z. B. zur flexiblen Beschreibung von Bilanzgrenzen oder Umweltmedien im System verwendet werden. Die einzelnen graphischen Objekte können durch Mausklick „geöffnet" werden. Dahinter verbergen sich die Definition (z. B. von Prozessen) oder Informationen, z. B. wieviel und welche Materialien in einem Pfeil fließen.

Der Benutzer muß zur Erstellung eines Stoffstromnetzes folgendermaßen vorgehen:

- Festlegung der relevanten Materialien, d. h. Stoffe und Energien, die in dem System fließen. Der Benutzer ist bei der Definition einzelner Materialien oder Materialhierarchien völlig frei.

- Aufbau des Stoffstromnetzes, also des Lebensweges eines Produktes oder der Prozeßkette, mittels des graphischen Netzwerkeditors.

- Definition der einzelnen Umwandlungsprozesse (Transitionen) zur Beschreibung der Produktion, Energieerzeugung, Transporte usw. Hierbei werden zahlenmäßige Zusammenhänge zwischen den Inputströmen und den Outputströmen angegeben. Die Zusammenhänge können für fortgeschrittene Anwender sogar nichtlinear und zeitperiodenabhängig modelliert werden.

- Eingabe von bekannten Strom- oder Bestandsdaten, z. B. der funktionellen Einheit oder zur Berechnung des Systems.

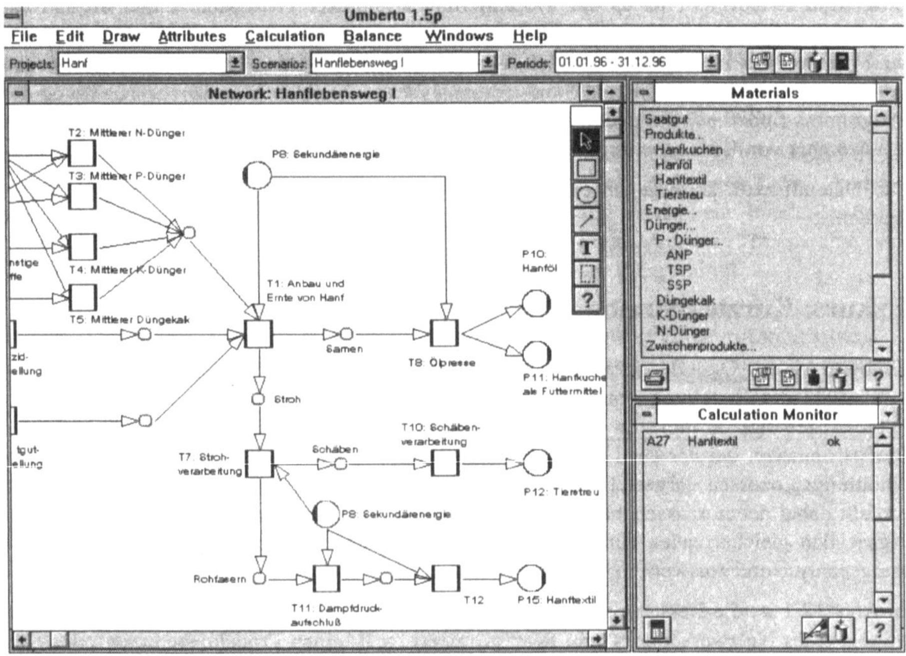

Abb. 12-1 Die Benutzeroberfläche von Umberto. Im linken Feld wurde mithilfe des Netzwerkeditors die Prozeßkette – hier Produktion und Verwertung von Hanf (fiktiv) – aufgestellt. Oben rechts ist die in diesem Projekt relevante und vom Benutzer frei definierbare Liste an Materialien, d. h. Stoffen und Energien, zu erkennen.

Das Programm ist so konzipiert, daß es selbst überprüft, welche Größen aus bereits bekannten Prozeßdefinitionen oder Strom- und Bestandangaben lokal berechenbar sind und welche nicht. Netzerstellung durch den Benutzer und (Teil)Netzberechnung können somit nahezu parallel erfolgen und erleichtern das Verständnis komplexer Systeme. Ist das Netz vollständig bestimmt und vom Programm berechnet, so sind an jeder Stelle im Netz die Ströme und Bestände von Stoffen und Energien anzeigbar. Aus der Aggregation dieser Detaildaten über das gesamte System oder spezielle Teilsysteme folgt schließlich das Ergebnis der Sachbilanz in Form einer Input/Outputliste der relevanten Stoff- und Energieströme (siehe Beispiel in Abb. 12-2).

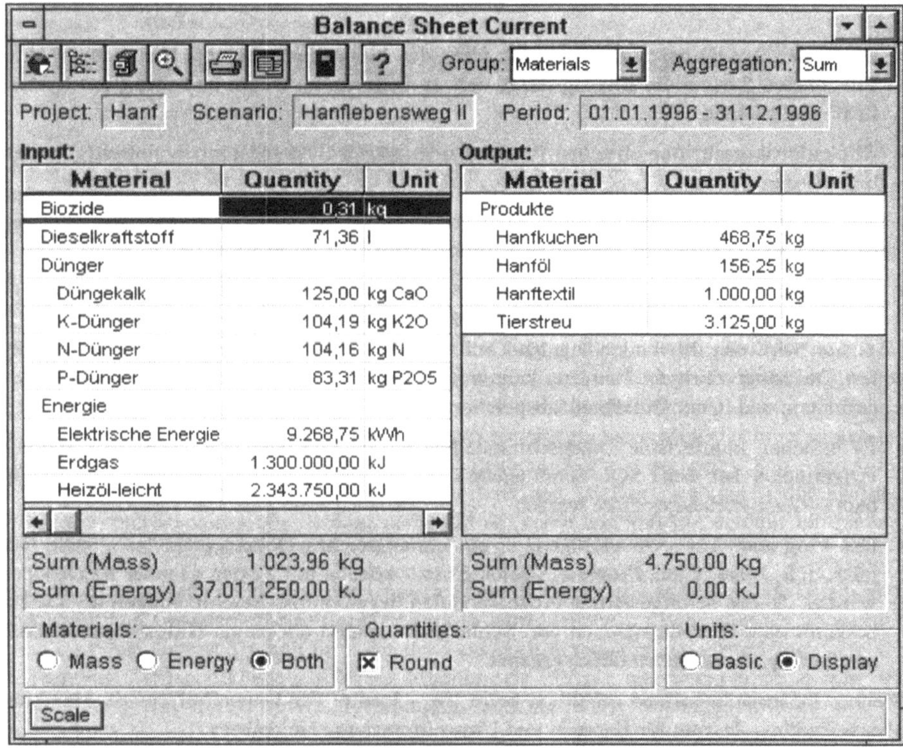

Material	Quantity	Unit	Material	Quantity	Unit
Biozide	0,31	kg	Produkte		
Dieselkraftstoff	71,36	l	Hanfkuchen	468,75	kg
Dünger			Hanföl	156,25	kg
Düngekalk	125,00	kg CaO	Hanftextil	1.000,00	kg
K-Dünger	104,19	kg K2O	Tierstreu	3.125,00	kg
N-Dünger	104,16	kg N			
P-Dünger	83,31	kg P2O5			
Energie					
Elektrische Energie	9.268,75	kWh			
Erdgas	1.300.000,00	kJ			
Heizöl-leicht	2.343.750,00	kJ			

Abb. 12-2 Input/Outputbilanz eines fiktiven Beispiels der Hanfproduktion und -verwertung unter Umberto. Die Daten lassen sich auch in Diagrammen graphisch auswerten.

Folgende Eigenschaften des Programms sind besonders hervorzuheben:

- Der spezielle Ansatz der Stoffstromnetze ermöglicht sowohl eine Periodenrechnung als auch eine Stückrechnung. Damit ist das Programm universell für Produkt- *und* Betriebsbilanzen einsetzbar. Für Betriebsbilanzen werden nicht nur Ströme, sondern auch Bestände im System berücksichtigt.

- Der Anwender hat nahezu alle Freiheiten in der Definition der Umwandlungsprozesse. Sie können entweder sehr einfach mit Verhältniszahlen der Input- zu Outputströmen zueinander aufgebaut werden oder mittels mathematischer Funktionen auch nichtlineare Abhängigkeiten berücksichtigen. Außerdem steht unter Umberto eine Bibliothek mit bereits vorgefertigten Datensätzen aus den Bereichen Energieerzeugung, Abfallentsorgung, Transporte und wichtige Produktionsprozesse zur Verfügung. Dazu gehören auch die Module der Düngemittel.

- Das Programm überprüft die innere Konsistenz des Systems. So können z. B. keine Energie oder Stoffe „verschwinden", wenn der Anwender die Prozesse richtig definiert hat.

- Durch den Ansatz der Stoffstromnetze kann der Anwender bei einem bestehenden bzw. berechneten System die Bilanzgrenzen nahezu beliebig verändern und somit das System flexibel auswerten.

- Allokationsvorschriften einzelner Prozesse oder ganzer Systeme können vielseitig modelliert werden.

- Mit den Stoffstromnetzen können auch komplizierte Materialrückflüsse, wie sie z. B. beim Recycling auftreten, modelliert werden /SCHMIDT & SCHORB 1995/.

- Aufbauend auf der Sachbilanz können Wirkungsanalysen und Bewertungen durchgeführt werden. Umberto ist dabei nicht auf die Bewertungsmethode festgelegt. Mit dem Programm wird eine Methodendatenbank mit den gängigen Bewertungsverfahren ausgeliefert. Der fortgeschrittene Benutzer kann unter Umberto auch eigene Bewertungsmethoden definieren und in der Datenbank abspeichern.

- Es bestehen komfortable Datenschnittstellen zur Übertragung von Daten aus anderen Programmen. Mit einer SQL-Schnittstelle kann auf Datenbestände der gängigsten Datenbanksysteme zurückgegriffen werden.

- Das Programm Umberto verfügt über ein umfangreiches Dokumentarsystem. Alle Objekte, z. B. Materialien, Prozesse, Projekte usw., können mit Texten genauer beschrieben werden. Zu den bereitgestellten Prozeßmodulen liegen online-Beschreibungen der Datenherkunft oder Prozeßannahmen vor. Schließlich existiert ein online-Hilfesystem, das das zweibändige Benutzerhandbuch ergänzt.

Weitere Informationen sind erhältlich beim ifu – Institut für Umweltinformatik Hamburg oder beim ifeu – Institut für Energie- und Umweltforschung Heidelberg.

13 Exkurs: Ausbringung von Düngemitteln

Der letzte „technische" Lebenswegabschnitt von Düngemitteln, auf den der Mensch unmittelbaren Einfluß hat, ist die Ausbringung auf landwirtschaftlichen Nutzflächen. Mit der Auflösung der Düngemittelteilchen durch Niederschlag, gegebenenfalls durch künstliche Bewässerung ist der Lebensweg des eigentlichen Düngemittels als Produkt beendet (zu den durch die ausgebrachten Düngemittel verursachten Emissionen aus dem Boden siehe Kapitel 14).

Die Ausbringung von Düngemitteln erfolgt mit Geräten, die entweder an dieselbetriebene Ackerschlepper (kurz: Schlepper) montiert werden oder von Schleppern gezogen werden. Energieeinsatz und Emissionen ergeben sich somit aus dem Betrieb des Schleppers. In der landwirtschaftlichen Praxis werden Schlepper unterschiedlichster Motorleistung eingesetzt. Generell gilt, daß schwere Arbeiten wie z. B. Pflügen eher mit schweren Schleppern und Pflegearbeiten, zu denen auch die Düngung gehört, mit leichten Schleppern durchgeführt werden. Ferner werden große Schläge meist mit schweren und kleinere Schläge mit leichteren Schleppern bearbeitet.

Für detaillierte Untersuchungen der Umweltauswirkungen der Landwirtschaft ist aus motortechnischen Gründen eine Differenzierung in verschiedene Leistungsklassen notwendig. Ferner ist eine Unterscheidung nach Art der Feldarbeit notwendig, da – unabhängig von der betrachteten Schlepperklasse – schwere Arbeiten wie Pflügen mit einem höheren zeit- und flächenbezogenen Energieaufwand verbunden sind als relativ leichtere Arbeiten wie die Düngerausbringung. Die Emissionen sind dabei nicht linear an den Energieverbrauch gebunden, da die Verbrennung des Kraftstoffs bei unterschiedlichen Drehzahl/Drehmoment-Kombinationen stattfindet; die unterschiedlichen Verbrennungsbedingungen führen zu unterschiedlichen verbrauchsbezogenen Emissionen.

Aus der Darstellung ergibt sich, daß zur Bilanzierung des Energieeinsatzes und der Emissionen der durchschnittlichen Ausbringung von Düngemitteln in der Bundesrepublik Informationen über die Anteile einzelner Schlepperklassen an der gesamten Ausbringung notwendig sind. Darüber hinaus sind Angaben zu den spezifischen Energieverbräuchen und Emissionen bei der Düngemittelausbringung erforderlich. Diese Informationen liegen in der benötigten Form nicht vor; es sind also – wie bei der Bilanzierung der Düngemittelbereitstellung – Zusatzannahmen und Näherungen erforderlich.

Im folgenden wird zunächst die Ableitung von Rechenwerten für den spezifischen, zeitbezogenen Energieeinsatz und die Emissionen maschineller Feldarbeit kurz beschrieben; eine detaillierte Diskussion findet sich in /IFEU 1997e/. Anschließend wird exemplarisch die Anwendung der spezifischen Daten dargestellt.

13.1 Spezifischer Energieeinsatz und Emissionen von Ackerschleppern

Für die Differenzierung des Energieeinsatzes und der Emissionen von Schleppern nach Art der Feldarbeit bietet sich ein Verfahren an, das auch bei anderen Kraftfahrzeugen verwendet wird. Da Verbrauchs- und Emissionsmessungen während des normalen Betriebs zu aufwendig sind, werden im normalen Betrieb Drehzahl und Drehmoment erfaßt und die Drehzahl/Drehmoment-Kombinationen gewichtet mit ihrer zeitlichen Häufigkeit bzw. Dauer zu repräsentativen Fahrzyklen oder Lastkollektiven aggregiert; diese werden zur Verbrauchs- und Emissionsbestimmung auf Rollen- und Motorprüfständen „nachgefahren“. Der wesentliche Unterschied zwischen Fahrzyklen und Lastkollektiven besteht darin, daß in Lastkollektiven der Gesamtbetrieb durch eine relativ kleine Anzahl von stationären Betriebspunkten dargestellt wird. Änderungen des Betriebszustandes, quasi die Übergänge zwischen zwei Punkten, werden in Lastkollektiven nicht erfaßt.

Zur Ableitung von Lastkollektiven für Schlepper wird die Maschinenlaufzeit als eine Funktion von Drehzahl und Drehmoment über sämtliche Schleppereinsätze und meist über ein Wirtschaftsjahr erfaßt. Die durch die Aggregation erhaltenen Lastpunkte können einzelnen „Klassen“ von Arbeiten zugeordnet werden. Die hier abgeleiteten Rechenwerte basieren auf Daten, die im sogenannten 5-Punkte-Test nach /WELSCHOF 1981/ und /VELGUTH 1987/ gemessen wurden (Kenndaten und zugeordnete Arbeiten: Tabelle 13-1). Die eigentliche Ausbringung der Düngemittel läßt sich gut durch die Laststufe B (normale Arbeiten) beschreiben. Leerlaufanteile fallen vor allem als Rüstzeiten bei der Geräteankopplung an.

Tabelle 13-1 Kenndaten des 5-Punkte-Tests nach /WELSCHOF 1981/ und /VELGUTH 1987/ für Schlepper mit Nennleistungen zwischen 50 und 75 kW

Art der Arbeit	Laststufe	rel. Drehzahl	rel. Drehmoment	Motorauslastung	Zeitanteil
Pflügen, schwere Zapfwellenarbeiten	A	95 %	88 %	84 %	31 %
Normale Zapfwellenarbeiten, Transport im Feld, auf Feldwegen	B	85 %	48 %	41 %	18 %
Pflegearbeiten ohne Zapfwelle, langsame Arbeiten, Kriechgang	C	53 %	40 %	21 %	19 %
Straßentransport, Rangieren	D	100 %	15 %	15 %	20 %
Leerlaufanteile aus allen Arbeiten	E	40 %	0 %	0 %	12 %
Test-Mittel		**79 %**	**47 %**	**41 %**	**100 %**
Quellen: /WELSCHOF 1981/, /VELLGUTH 1987/					

13.1.1 Zeitbezogener Energieverbrauch

Die fünf uns vorliegenden Datensätze zum Energieeinsatz beziehen sich nur auf relativ leichte Schlepper mit Nennleistungen zwischen 32 und 74 kW. Mittelwerte dieser Daten setzen wir als Rechenwerte für einen Schlepper mit 56 kW an.

Die Differenzierung des spezifischen Energieverbrauchs nach Nennleistung nehmen wir basierend auf den Angaben in /DLG 1993/ vor. Dort sind etwa 100 nach OECD-Norm durchgeführte Tests an Schleppern mit Nennleistungen zwischen 33 und 182 kW zusammengefaßt. Insgesamt lassen sich acht unterschiedlich vollständige Sätze von Verbrauchsdaten bilden, die sich technisch durch die Art der Meßpunkte unterscheiden. Regressionsanalysen dieser Datensätze ergeben durchgängig sinkende spezifische Verbräuche bei steigender Nennleistung (je nach Bezug 5,6 % bis 11,5 % zwischen 33 und 182 kW). Zur Differenzierung des Verbrauchs nach Nennleistungen verwenden wir die Ausgleichsgerade des *absoluten* Verbrauchs in kg/h auf der Abregelkurve, da der Fehler über den gesamten erfaßten Bereich für diese Gerade am kleinsten ist.

Die unvermeidlich in erheblichem Maße willkürliche Festlegung repräsentativer Nennleistungen nehmen wir abweichend von der Zulassungsstatistik /KBA 1994/ im wesentlichen orientiert am Trend zu schwereren Schleppern und ihrem überproportionalen Anteil an der gesamten Feldarbeit vor. In der hier gewählten Einteilung in drei Klassen („Leichte", „Mittlere" und „Schwere" Schlepper) setzen wir Nennleistungen von 56, 90 bzw. 140 kW als repräsentativ an.

Aus den Rechenwerten für die Nennleistungen der drei Schlepperklassen, den Verbräuchen des 56 kW-Schleppers an den einzelnen Betriebspunkten und der diskutierten Ausgleichsgeraden ergeben sich die Verbräuche der Schlepper an den Betriebspunkten des 5-Punkte-Tests in kg Diesel/h; die Ausgleichsgerade wird dabei ohne Differenzierung auf alle Betriebspunkte angewendet. Die Daten sind in Tabelle 13-2 in der Einheit MJ/min gemeinsam mit den Emissionsfaktoren von Schleppern ausgewiesen.

13.1.2 Emissionsfaktoren

Zur Ableitung einer Nennleistungsabhängigkeit der Emissionsfaktoren ist die Datenbasis – im wesentlichen die vier Untersuchungen, die auch der Ableitung der Energieverbräuche zugrunde liegen – völlig unzureichend. Ferner können nicht für alle in dieser Studie bilanzierten Schadstoffe nach Lastpunkten differenzierte Faktoren abgeleitet werden. Wir dokumentieren hier lediglich die Rechenwerte der verbrauchsbezogenen Emissionsfaktoren in g/MJ bzw. ng/MJ Dieselkraftstoff (Tabelle 13-2).

Die verbrauchsbezogenen Emissionsfaktoren für CO_2 und SO_2 ergeben sich aus der Kraftstoffzusammensetzung. Für die Schadstoffe CO, HC, NO_X, Partikel und Benzo(a)pyren bilden die Meßwerte aus /GRÄF 1994/, /KRAHL 1993/, /WÖRGETTER 1990/ und /WÖRGETTER 1993/ die Datenbasis. Die Rechenwerte sind im wesentlichen Mittelwerte. Die NMHC-Emissionsfaktoren ergeben sich aus der Differenz der HC- und Methan-Faktoren. Die Emissionsfaktoren für Methan, Benzol und Formaldehyd leiten wir aus den in /IFEU 1995b/ ermittelten Anteilen in Massen% dieser Verbindungen an den HC-Emissionen von Diesel-KFZ und den HC-Emissionen von Schleppern ab. Für N_2O, NH_3, HCl und TCDD-Toxizitätsäquivalente liegen keine an Schleppern gemessenen Daten vor; wir setzen hier die für LKW abgeleiteten Faktoren an.

Tabelle 13-2 Zeitbezogener Energieeinsatz von Ackerschleppern, differenziert nach Nennleistung und Lastpunkten im 5-Punkte-Test, und energieeinsatzbezogene Emissionsfaktoren, differenziert nach Lastpunkten im 5-Punkte-Test

Laststufe		A	B	C	D	E	Mittel
Zeitanteil		31 %	18 %	19 %	20 %	12 %	100 %
Energieeinsatz (Dieselkraftstoff)							
Leichte Schlepper	MJ/min	7,05	4,13	2,42	3,27	0,62	4,12
Mittlere Schlepper	MJ/min	10,7	6,27	3,67	4,97	0,94	6,25
Schwere Schlepper	MJ/min	16,1	9,41	5,52	7,46	1,41	9,38
Emissionsfaktoren							
		Global	Global	Global	Global	Global	Global
CO_2	g/MJ	74,4	74,4	74,4	74,4	74,4	74,4
CH_4	g/MJ	0,0020	0,0028	0,0045	0,0056	0,015	0,0048
N_2O	g/MJ	0,0034	0,0034	0,0034	0,0034	0,0034	0,0034
		OK 2	OK 2	OK 2	OK 2	OK 2	OK 2
SO_2	g/MJ	0,023	0,023	0,023	0,023	0,023	0,023
CO	g/MJ	0,12	0,26	0,29	0,49	1,31	0,40
NO_X	g/MJ	0,82	0,77	1,28	0,51	0,89	0,84
NMHC	g/MJ	0,080	0,11	0,18	0,23	0,59	0,20
Partikel	g/MJ	0,052	0,067	0,075	0,12	0,20	0,089
Staub	g/MJ	0	0	0	0	0	0
HCl	g/MJ	0,00044	0,00044	0,00044	0,00044	0,00044	0,00044
NH_3	g/MJ	0,0027	0,0027	0,0027	0,0027	0,0027	0,0027
Formaldehyd	g/MJ	0,0066	0,0095	0,015	0,019	0,049	0,016
Benzol	g/MJ	0,0016	0,0022	0,0036	0,0044	0,012	0,0038
Benzo(a)pyren	ng/MJ	184	141	188	191	325	195
TCDD-Tox.Äquival.	ng/MJ	0,0014	0,0014	0,0014	0,0014	0,0014	0,0014

Alle Emissionen nicht global wirksamer Schadstoffe fallen in der Ortsklasse 2 (OK 2) an.
Quellen: /GRÄF 1994/, /KRAHL 1993/, /WÖRGETTER 1990/, /WÖRGETTER 1993/,
eigene Berechnungen

13.2 Zeitaufwand der Düngemittelausbringung

Energieeinsatz und Emissionen der Ausbringung von Düngemitteln ergeben sich im wesentlichen aus der Verknüpfung der spezifischen Daten mit dem Zeitaufwand zur Düngung. Daten zum *flächenbezogenen* Zeitaufwand können, wie in /KALTSCHMITT & REINHARDT 1997/ beschrieben, anhand der Angaben in /JÄGER 1991/ und /DLG 1987/ abgeleitet werden. Dabei wird im wesentlichen zwischen Haupt- und verschiedenen Nebenzeiten unterschieden. Die Hauptzeit entspricht der eigentlichen Feldarbeit; die Nebenzeiten lassen sich in Wende-, Verlust- und Rüst- sowie Wegezeiten unterteilen. Je nach Art der Arbeit läßt sich die Hauptzeit einer der drei Laststufen A, B oder C des 5-Punkte-Tests zuordnen. Die Düngung entspricht dabei der Stufe B (normale Arbeiten). Die Hauptzeiten hängen vor allem von den Nennleistungen der eingesetzten Schlepper ab. Für die Nebenzeiten, die im wesentlichen durch die Laststufen C, D und E beschrieben werden können, spielt außerdem die Schlaggröße (Feldgröße) eine Rolle.

Dabei läßt sich allerdings kein allgemeingültiger Bezug auf jeweils 1 t der Nährstoffe N, P_2O_5, K_2O und CaO herstellen. Der Grund dafür liegt darin, daß die Ableitung des Zeitaufwandes für die Ausbringung von Düngemitteln eine – eventuelle – Abhängigkeit von der ausgebrachten Menge nicht berücksichtigt. Zur Veranschaulichung: Unter sonst gleichen Bedingungen ist danach die Ausbringung von 30 kg K_2O/ha (bei einem K_2O-Gehalt des Düngers von 60 % entspricht dies 50 kg Dünger) mit dem gleichen Zeitaufwand verbunden wie die Ausbringung von 200 kg N/ha (bei einem N-Gehalt von 28,6 %: 700 kg Dünger). Da der Ausbringung stets die gleiche Laststufe zugeordnet wird, resultieren bei gleichem Zeitaufwand gleiche Energieaufwendungen und Emissionen. Diese Vernachlässigung der von der Nährstoffmenge/ha und vom Nährstoffanteil am Düngemittel abhängigen, tatsächlich ausgebrachten Stoffmenge als Parameter läßt sich dadurch rechtfertigen, daß – etwa als Folge des relativ hohen Eigengewichts von Ackerschleppern – der Energieeinsatz nur unwesentlich durch die auf dem Feld transportierte Düngemittelmenge bzw. den Antrieb der Streumechanik beeinflußt wird. Eine detaillierte Untersuchung der Grenzen dieser Näherung ist gleichwohl sinnvoll.

Für die Bilanzierung des Energieaufwandes und der Emissionen der Düngemittelausbringung setzen wir hier den Zeitaufwand der Ausbringung in einem typischen Beispiel aus /KALTSCHMITT & REINHARDT 1997/ als „mittleren" Aufwand der Ausbringung an. Für die einmalige Ausbringung eines Düngemittels bzw. von Düngekalk auf 1 ha Fläche benötigt ein mittlerer Schlepper (90 kW Nennleistung) etwa 4 min (Laststufe B). Auf die Nebenzeiten entfallen 0,37 min (Laststufe E); dabei wird zur Bestimmung der Nebenzeiten unterstellt, daß die Größe des gesamten Schlages 40 ha beträgt.

13.3 Zusammenführung und Vergleich: Bereitstellung und Ausbringung von Düngemitteln

Aus den zeitbezogenen Daten zu Energieeinsatz und Emissionen des Schleppereinsatzes und dem Zeitaufwand zur Ausbringung der Düngemittel ergeben sich Energieeinsatz und Emissionen der einmaligen Ausbringung eines Düngemittels bzw. von Düngekalk auf 1 ha Fläche. Tabelle 13-3 faßt End- und Primärenergieeinsatz und die entsprechenden Emissionen, die sich aus dem Beispiel (90 kW-Schlepper, 4 min Laststufe B/ha, 0,37 min Laststufe E/ha) ergeben, zusammen.

Wir weisen ausdrücklich darauf hin, daß die Daten nach Tabelle 13-3 gemäß den Modellannahmen Bezug auf die Flächeneinheit nehmen, nicht aber auf die ausgebrachte Nährstoff- oder Düngemittelmenge. D. h., für *jede* Gabe eines Düngemittels sind bei umfassenderen Bilanzen von Agrarprodukten die dokumentierten Daten anzusetzen. Die Dokumentation in dieser Studie ist so ausgelegt, daß im Bedarfsfalle die Ausbringung angepaßt an konkrete Fragestellungen bilanziert werden kann. Falls Informationen vorliegen, die eine Differenzierung nach der ausgebrachten Menge ermöglichen, können entweder der Zeiteinsatz oder die der Ausbringung zugeordnete Laststufe variiert werden und mit den Daten nach Tabelle 13-3 verknüpft werden. Das gleiche gilt für die Variation der Schlepperleistung.

Da die in Tabelle 13-3 zusammengefaßten Daten nicht belastbar quantitativ mit Nährstoffmengen korreliert sind, beschränken wir uns auf zwei halbquantitative Anmerkungen in Bezug auf die einzelnen Nährstoffe. Der Anteil der Ausbringung an den Energie- und Emissionsbilanzen des gesamten Lebenswegs von Düngemitteln ist umso größer,

- je geringer der Energieeinsatz und Emissionen der Bereitstellung sind und

- je geringer der Düngemitteleinsatz pro Fläche ist.

Tabelle 13-3 End- und Primärenergieeinsatz und Emissionen der Düngemittelausbringung auf 1 ha Fläche im Beispiel: 90 kW-Schlepper, 4 min Laststufe B/ha, 0,37 min Laststufe E/ha

	Einheit	Nutzung	Nutzung und Bereitstellung
Endenergieeinsatz			
Dieselkraftstoff	MJ/ha	25,5	
Primärenergieeinsatz			
Erdöl	MJ/ha		27,9
Erdgas	MJ/ha		0,26
Steinkohle	MJ/ha		0,085
Braunkohle	MJ/ha		0,085
Uran	MJ/ha		0,081
Summe Erschöpfliche ET	*MJ/ha*		*28,4*
Wasser	MJ/ha		0,010
Sonst. regen. ET	MJ/ha		0
Summe	**MJ/ha**		**28,4**
Emissionen			
		Global	**Global**
CO_2	g/ha	1.899	2.119
CH_4	g/ha	0,076	0,39
N_2O	g/ha	0,086	0,091
CO_2-Äquivalente	*g/ha*	*1.928*	*2.158*
		OK 2	**OK 2 + 3**
SO_2	g/ha	0,60	1,82
CO	g/ha	6,95	7,13
NO_X	g/ha	19,7	20,7
NMHC	g/ha	3,09	3,49
Partikel	g/ha	1,76	1,81
Staub	g/ha	0	0,025
HCl	g/ha	0,011	0,012
NH_3	g/ha	0,069	0,071
Formaldehyd	g/ha	0,26	0,26
Benzol	g/ha	0,060	0,062
Benzo(a)pyren	ng/ha	3.659	3.769
TCDD-Tox.Äquivalente	ng/ha	0,036	0,11
SO_2-Äquivalente	*g/ha*	*14,5*	*16,4*

Sonst. regen. ET: Sonstige regenerative Energieträger
In der Ortsklasse 1 (OK 1) fallen keine Emissionen an.
Eigene Berechnungen

14 Exkurs: Nutzung von Düngemitteln

In Teil II dieses Buches werden die Emissionen der Bereitstellung der Düngemittel bilanziert. Zusätzlich zur Bereitstellung müssen oder können – je nach Fragestellung oder Untersuchungsumfang – jedoch auch diejenigen Emissionen mit berücksichtigt werden, die mit der Ausbringung der Düngemittel und auch mit ihrer direkten Nutzung verbunden sind. Erstere sind in Kapitel 13 beschrieben, die mit ihrer Nutzung verbundenen Emissionen werden hier behandelt.

Bei den Düngemitteln, die durch ihre Nutzung zusätzliche luftgetragene Emissionen verursachen, handelt es sich um Stickstoffdüngemittel und um Düngekalk.

14.1 Stickstoffdüngemittel

Während der Vegetationszeit werden durch den Boden praktisch permanent verschiedene Stickstoffverbindungen freigesetzt, bedingt durch mikrobielle Prozesse im Rahmen des natürlichen Stickstoffkreislaufs (siehe Abb. 2-1 in Teil 1). Dabei handelt es sich im wesentlichen um die umweltrelevanten Gase Distickstoffoxid (N_2O) und Stickoxide (NO_X), wobei N_2O eher bei schlecht durchlüfteten Böden, d. h. unter Sauerstoffmangel, entsteht, während NO_X eher bei gut durchlüfteten Böden von Bedeutung sind.

Dabei scheint ein Zusammenhang zu bestehen zwischen den Emissionen dieser Stickstoffverbindungen und der Höhe der Stickstoffzufuhr der Böden /BOUWMAN 1990/. Die tatsächliche Höhe der Emissionen ist jedoch nicht direkt proportional zur Stickstoffzufuhr; sie hängt vielmehr von einer ganzen Reihe weiterer Parametern ab wie dem Wasserhaushalt der Böden, dem verfügbaren organischen Kohlenstoff, Temperatur, Art und Umfang der vorhandenen Vegetation und anderen mehr. Als Folge dieser komplexen Zusammenhänge ist nach gegenwärtigem Kenntnisstand die Ableitung von N_2O- und NO_X-Emissionsfaktoren, die für alle Fälle gültig sind, in wissenschaftlich belastbarer Form nicht möglich.

Um andererseits der zitierten Abhängigkeit wenigstens im Ansatz einigermaßen gerecht zu werden, wurden entsprechende Emissionsfaktoren für einen fiktiven „Durchschnitt" und die Eckwerte einer Maximal-Bandbreite abgeleitet /IPCC 1995/. Diese in /KALTSCHMITT & REINHARDT 1997/ ausführlich dokumentierte Bandbreite übernehmen wir hier zur Berechnung der Emissionen (Bezug: 1 t Dünge-N). In Tabelle 14-1 sind die entsprechenden Werte für die drei hier diskutierten umweltrelevanten Kenngrößen N_2O, NO_X und die den N_2O-Emissionen entsprechenden CO_2-Äquivalente zusammengefaßt. Diese sind gegebenenfalls den Werten für die Bereitstellung (siehe die Ergebnisse in Teil II) hinzuzufügen. Wir möchten in diesem Zusammenhang den Anwender darauf hinweisen, daß er bei Verwendung des mittleren Wertes – gerade wegen der hohen Unsicherheit dieser Faktoren – den Einfluß auf das Gesamtergebnis mittels der niedrigen und hohen Werte überprüfen und gegebenenfalls Bilanzierungen mit allen drei Werten durchführen sollte.

Tabelle 14-1 Nutzungsbedingte Emissionen für Stickstoffdüngemittel bezogen
auf 1 t N (zur Verwendung: siehe Text)

	N_2O kg	NO_X kg	CO_2-Äquivalente kg
niedrige Abschätzung	0,5	0,805	160
mittlere Abschätzung	3,6	5,8	1.152
hohe Abschätzung	39	62,8	12.480

14.2 Düngekalk

Der Einsatz von Düngekalk dient vor allem der Regulierung des pH-Wertes von land- und
forstwirtschaftlich genutzten Böden. Unter dem Gesichtspunkt der direkt mit ihrer Nutzung
verbundenen Emissionen ist zwischen den beiden Kalkdüngemitteln Branntkalk (CaO) und
Kalkstein ($CaCO_3$) zu unterscheiden. Der Unterschied bezieht sich dabei auf den Lebenswegabschnitt, in dem die Freisetzung von CO_2 erfolgt.

Im Falle des Branntkalks wird bereits bei der Produktion aus Kalkstein durch den Brennprozeß CO_2 aus dem Kalkstein abgespalten (siehe Kapitel 6.4.3). Die damit verbundenen
CO_2-Emissionen sind in den zusammenfassenden Tabellen der Bereitstellung von Düngekalk als prozeßspezifische Emissionen der Produktion bereits berücksichtigt. Mit der Verwendung von Düngekalk sind demnach keine weitere CO_2-Emissionen verbunden.

Wird jedoch Kalkstein zur pH-Regulierung eingesetzt, findet die Freisetzung von CO_2 durch
die Reaktion des Kalksteins mit den Säurekomponenten des Bodens statt. Dieses durch die
Nutzung von Düngekalk emittierte CO_2 ist in den Tabellen der Bereitstellung nicht enthalten.

Unter der Maßgabe, daß letztlich 100 % des ausgebrachten Düngekalks mit den Säurekomponenten des Bodens reagieren, ergeben sich die in Tabelle 14-2 ausgewiesenen CO_2-Emis-
sionen (Bereitstellung plus Nutzung ohne Ausbringung mit Ackerschleppern). Der Vollständigkeit halber sind auch die CO_2-Äquivalente einschließlich der Anteile von Methan und
N_2O aufgeführt.

Tabelle 14-2 CO_2-Emissionsfaktoren für die Bereitstellung von Düngekalk mit
und ohne Nutzung (jeweils ohne Ausbringung) bezogen auf 1 t CaO

	CO_2 Bereitstellung kg	CO_2 Bereitstellung und Nutzung kg	CO_2-Äquival. Bereitstellung und Nutzung* kg
Kalkstein	113	899	905
Branntkalk	1.268	1.268	1.321
Mittlerer Düngekalk	286	954	967
*: Incl. CH_4 und N_2O			

15 Abkürzungen, Einheiten, Symbole

ALG	Auslastungsgrad		MAP	Monoammoniumphosphat
AN	Ammoniumnitrat		MNL	Maximale Nutzlast
ANP	Ammoniumnitratphosphat		mol%	Molprozent
AP	Ammoniumphosphat		N	Stickstoff, Nährstoffbezug für Stickstoffdünger
CAN	Calciumammoniumnitrat		N-Dünger	Stickstoffdünger
CaO	Calciumoxid, Nährstoffbezug für Düngekalk		N_2O	Distickstoffoxid (Lachgas)
CH_4	Methan		NH_3	Ammoniak
CO	Kohlenmonoxid		NL	Niederlande
CO_2	Kohlendioxid		NMHC	Non Methane Hydrocarbons (Nicht-Methan Kohlenwasserstoffe)
DAP	Diammoniumphosphat		NO	Stickstoffmonoxid
DIN-NAGUS	Deutsches Institut für Normung, Normenausschuß Grundlagen des Umweltschutzes		NO_2	Stickstoffdioxid
			NO_X	Stickoxide
EU	Europäische Union		OECD	Organization of Economic Co-operation and Development
EVU	Elektrizitätsversorgungsunternehmen		OPEC	Organization of Petroleum Exporting Countries
GFAVO	Großfeuerungsanlagenverordnung		P-Dünger	Phosphatdünger
GUS	Gemeinschaft Unabhängiger Staaten		P_2O_5	Phosphorpentoxid, Nährstoffbezug für Phosphatdünger
HC	Hydrocarbons (Kohlenwasserstoffe)		PCDD	Polychlorierte Dibenzodioxine
H_2S	Schwefelwasserstoff		PCDF	Polychlorierte Dibenzofuran
H_2SO_4	Schwefelsäure		SETAC	Society of Environmental Toxicology and Chemistry
H_3PO_4	Phosphorsäure		Σ	Summe
HCl	Chlorwasserstoff		SO_2	Schwefeldioxid
HNO_3	Salpetersäure		SSP	Singlesuperphosphat
ISO	International Standardization Organization		TCDD	Tetrachlordibenzodioxin
			tkm	Tonnenkilometer
K-Dünger	Kaliumdünger		TSP	Triplesuperphosphat
K_2O	Kaliumoxid, Nährstoffbezug für Kaliumdünger		UAN-Lsg.	Harnstoff/Ammoniumnitrat-Lösung
M%	Massenprozent		ZGG	Zulässiges Gesamtgewicht

16 Literatur

/AGE 1996/ Arbeitsgemeinschaft Energiebilanzen: Energiebilanzen der Bundesrepublik Deutschland 1993. Essen 1996

/ANDERSSON 1996/ Andersson, K.: Screening Life Cycle Inventory (LCI) of Tomato Ketchup. In: Ceuterick, D. (Hrsg.): International Conference on Application of Life Cycle Assessment in Agriculture, Food, and Non-Food Agroindustry and Forestry: Achievements and Prospects (Preprints). Brüssel 1996

/BAD 1994/ Bundesarbeitskreis Düngung: Grundlagen der Düngung – Handreichung für Beratung, Unterricht und Praxis. Frankfurt a. M. 1994

/BERGEN 1992/ van Bergen, J. A. M., Biewinga, E. E.: Landbouw en Broeikaseffect – Een Aanpak voor het Beperken van de Bijdrage van Land- en Tuinbouwbedrijven. CLM 84-1992, Centrum voor Landbouw en Milieu, Utrecht 1992

/BIALONSKI 1990/ Bialonski, W. et al.: Spezifischer Energieeinsatz im Verkehr – Ermittlung und Vergleich der spezifischen Energieverbräuche. Verkehrswissenschaftliches Institut an der RWTH Aachen, Aachen 1990

/BMWI 1995/ Bundesministerium für Wirtschaft (Hrsg.): Die Elektrizitätswirtschaft in der Bundesrepublik Deutschland im Jahre 1993. Elektrizitätsstatistik, 45. Bericht, Frankfurt a. M. 1995

/BOCKMANN 1990/ Bockmann, O. C., Kaarstad, O., Lie, O. H., Richards, I.: Agriculture and Fertilizers. Norsk Hydr, Oslo 1990

/BOUWMAN 1990/ Bouwman, A. F.: Soils and the Greenhouse Effect. John Wiley & Sons, New York 1990

/BRAND 1993/ Brand, R. A.: Energie- Inhoudnormen voor de Veehouderij. TNO-Rapporten 93-208, 93-209, Institut voor Milieu- en Energietechnologie TNO, Apeldoorn 1993

/BRASCAMP 1982/ Brascamp, M. H.: Direct en Indirect Energieverbruik in de Landbouw – Basismateriaal voor de LEI-Energie Databank TNO-Milieu en Energie. Apeldoorn 1982

/BÜCHNER 1989/ Büchner, W., Schliebs, R., Winter, G.: Industrielle Anorganische Chemie. VCH, Weinheim 1989

/BUCHNER 1985/ Buchner, A., Sturm, H.: Gezielter düngen: intensiv – wirtschaftlich – umweltbezogen. DLG-Verlag, Frankfurt 1985

/BUWAL 1991/ Bundesamt für Umwelt, Wald und Landschaft (Hrsg.): Ökobilanz von Packstoffen, Stand 1990. Schriftenreihe Umwelt Nr. 132, Bern 1991

/Carbotech 1994/ Schläpfer, K., Zamboni, M. (Carbotech): Emissionsfaktoren nichtlimitierter Schadstoffe des Straßenverkehrs. BUWAL, Bern 1994

/CLM 1996/ Biewinga, E. E., van der Bijl, G.: Sustainability of Energy Crops in Europe. Centre for Agriculture and Environment (CLM), Utrecht 1995

/CML & TNO & B&G 1992/ Heijungs, R., Guinée, J. B., Huppes, G., Lamkreijer, R. M., Udo de Haes, H. A., Wegener Sleeswijk, A., Ansems, A. M. M., Eggels, P. G., van Duin, R., de Goede, H. P.: Environmental Life Cycle Assessment of Products. Guide (Part 1) and Backgrounds (Part 2), prepared by CML, TNO and B&G, Leiden 1992 (Englisch: 1993)

/Cox 1979/ Cox, G. W., Atkins, M. D.: Agricultural Ecology – An Analysis of World Food Production System. W. H. Freeman & Comp., San Francisco 1979

/DB 1991a/ Deutsche Bundesbahn, Zentrales Rechnungswesen: Auszüge aus der Gesamtkostenrechnung 1990 – Betriebsartenrechnung. Frankfurt a. M. 1991

/DB 1991b/ Deutsche Bundesbahn: Die Bahn in Zahlen 91. Frankfurt a. M. 1991

/Dekkers 1974/ Dekkers, W. A., Lange, J. M., Wit, C. T.: Energy Use and Production in Dutch Agriculture. Netherlands J. Agricult. Sc. 22 (1974) 107-118

/DGMK 1992/ Deutsche Wissenschaftliche Gesellschaft für Erdöl, Erdgas und Kohle: Ansatzpunkte der Potentiale zur Minderung des Treibhauseffektes aus der Sicht der fossilen Energieträger. DGMK-Forschungsbericht 448-2, Hamburg 1992

/DIN 1994/ Normenausschuß Grundlagen des Umweltschutzes des Deutschen Instituts für Normung (DIN-NAGUS, Hrsg.): Grundsätze produktbezogener Ökobilanzen. Übereinkunft des Arbeitsausschusses 3 des DIN-NAGUS, DIN-Mitt. 73, Nr. 3 (1994) 208-212

/DIN 1995/ Normenausschuß Grundlagen des Umweltschutzes des Deutschen Instituts für Normung (DIN-NAGUS, Hrsg.): Wirkungsabschätzung und Bewertung – Nationales Positionspapier zu DIN ISO 14042. Arbeitspapier (1. Entwurf) des Arbeitsausschusses 3/Unterausschuß 2 des DIN-NAGUS (AA3/UA2) 4-53

/DIN 1996/ Deutsches Institut für Normung (DIN, Hrsg.): DIN EN ISO 14040: Umweltmanagement – Produkt-Ökobilanz – Prinzipien und allgemeine Anforderungen – (ISO/DIS 14040). Entwurf vom August 1996, Beuth Verlag, Berlin

/DLG 1987/ Deutsche Landwirtschafts-Gesellschaft: Pflichtenheft für die Datenverarbeitung in der Pflanzenproduktion. DLG-Verlag, Frankfurt a. M. 1987

/DLG 1993/ Deutsche Landwirtschafts-Gesellschaft: Ackerschlepper in der Prüfung. DLG-Verlag, Frankfurt a. M. 1993

/EC-AIR3 1996/ Audsley, E. (Koordinator): Harmonisation of Environmental Life Cycle Assessment for Agriculture. Report of Concerted Action AIR3-CT94-2028; Kommission der Europäischen Union DG VI; Entwurf 1996

/ECOINVENT 1994/ Baumann, T., Frischknecht, R., Gränicher, H.-P., Hofstetter, P., Knoe-
pfel, I., Ménard, M., Sprecher, F.: Ecoinvent – Ökoinventare für Energiesysteme:
Grundlagen für den ökologischen Vergleich von Energiesystemen und den Einbezug
von Energiesystemen in Ökobilanzen für die Schweiz. Im Auftrag des Bundesamtes
für Energiewirtschaft und des Nationalen Energie-Forschungs-Fonds NEDD, Bern
1994

/EFMA 1995/ European Fertilizer Manufacturers' Association: Best Available Techniques
for Pollution Prevention and Control in the European Fertilizer Industry. 8 Broschü-
ren, Brüssel 1995
      No. 1: Production of Ammonia
      No. 2: Production of Nitric Acid
      No. 3: Production of Sulphuric Acid.
      No. 4: Production of Phosphoric Acid
      No. 5: Production of Urea and Urea Ammonium Nitrate
      No. 6: Production of Ammonium Nitrate and Calcium Ammonium Nitrate
      No. 7: Production of NPK Fertilizers by the Nitrophosphate Route
      No. 8: Production of NPK Fertilizers by the Mixed Acid Route

/EMAS 1993/ Verordnung (EWG) Nr. 1836/93 des Rates vom 29. Juli 1993 über die frei-
willige Beteiligung gewerblicher Unternehmen an einem Gemeinschaftssystem für
das Umweltmanagement und die Umweltbetriebsprüfung. Abl. Nr. L. 168 vom 10.
Juli 1993

/ENQUETE 1994/ Enquête-Kommission des Deutschen Bundestages „Schutz des Menschen
und der Umwelt": Verantwortung für die Zukunft – Wege zum nachhaltigen Umgang
mit Stoff- und Materialströmen. Economica Verlag, Bonn 1994

/ERIKS 1991/ Eriks, W. A., Exel, J. C. V. P., Faber, F. J., Mager, A., Pietersma, D.: Energie
uit de Landbouw. PGO-Verslag, Vakgroep Agrotechniek & -fysica, Landbouwuni-
versiteit Wageningen 1991

/EUROSTAT 1993/ Statistisches Amt der Europäischen Gemeinschaften: Energiebilanzen.
Luxemburg 1993

/FRINGS 1995/ Frings, E.: Ergebnisse und Empfehlungen der Enquête-Kommission „Schutz
des Menschen und der Umwelt" zum Stoffstrommanagement. In Schmidt, M.,
Schorb, A. (Hrsg.): Stoffstromanalysen in Ökobilanzen und Ökoaudits. Springer-
Verlag Berlin/Heidelberg 1995

/FFE 1995/ Bauer, H., Hoffmann, C., Ilmberger, F. (FfE) und Brunner, T., Ebersperger, R.,
Fleißner, T., Kawollek, R. (IfE): Kumulierter Energieaufwand und energieoptimierte
Nutzungsdauer von Personenkraftwagen. Forschungsstelle für Energiewirtschaft
(FfE), München, Institut für Energiewirtschaft und Kraftwerkstechnik (IfE), TU
München, Hrsg.: Bayerisches Zentrum für Angewandte Energieforschung e. V. im
Auftrag des Bayerischen Staatsministeriums für Wirtschaft und Verkehr, München
1995

/GEMIS 1995/ Fritsche, U. R., Leuchtner, J., Matthes, F. C., Rausch, L., Simon, K. H.: Gesamt-Emissions-Modell Integrierter Systeme (GEMIS) Version 2.1. Im Auftrag des

Hessischen Ministeriums für Umwelt, Energie und Bundesangelegenheiten, Wiesbaden 1995

/GRÄF 1994/ Gräf, D., Barnefsky, K., König, W., Maurer, K., Reiser, W.: Projekt Naturdiesel. Zwischenergebnisse eines laufenden Projekts zu den Abgasemissionen von Akkerschleppern, Uffenheim 1994

/GREEN 1978/ Green, M. B.: Eating Oil – Energy Use in Food Production. Westview Press, Boulder 1978

/HAZEWINKEL 1992/ Hazewinkel, J. H. O.: Energiekentallen in relatie tot preventie en hergebruik van afvalstromen. Bericht im Auftrag des Nationaal Oderzoekprogramma Hergebruik van afvalstoffen, 1992

/HEINTZ & REINHARDT 1996/ Heintz, A., Reinhardt, G. A.: Chemie und Umwelt. 4. Aufl., Verlag Vieweg, Braunschweig/Wiesbaden 1996

/IEA 1992/ International Energy Agency: Energy and Environment: Transport System Responses in the OECD – Greenhouse Gas Emissions and Road Transport Technology. Draft, Paris 1992

/IEA 1995/ International Energy Agency: Energy Statistics and Balances of Non-OECD Countries. Paris 1995

/IFA 1996/ International Fertilizer Association: World Fertilizer Consumption Statistics 27. Paris 1996

/IFDC 1995/ International Fertilizer Development Center: Persönliche Mitteilung vom 27. April 1995, Muscle Shoals, Alabama 1995

/IFEU 1992/ Höpfner, U., Knörr, W. (IFEU): Motorisierter Verkehr in Deutschland – Energieverbrauch und Luftschadstoffemissionen des motorisierten Verkehrs in der DDR, Berlin (Ost) und der Bundesrepublik Deutschland im Jahr 1988 und in Deutschland im Jahr 2005. Im Auftrag des Umweltbundesamtes und der Senatsverwaltung für Stadtentwicklung und Umweltschutz von Berlin (West), Erich Schmidt Verlag, Berlin 1992

/IFEU 1993a/ Giegrich, J., Mampel, U. (IFEU): Ökologische Bilanzen in der Abfallwirtschaft. Vorstudie: Schadstoffaspekte der Verwertung und Behandlung/Ablagerung von Abfällen (Toxizitätsparameter). Im Auftrag des Umweltbundesamtes, Berlin 1993

/IFEU 1993b/ Franke, B. (IFEU): Ecological Balances as an Instrument for the Evaluation of Waste Management Alternatives. Im Auftrag der EG-Kommission, DG 11, Brüssel 1993

/IFEU 1994a/ Giegrich, J., Reinhardt, G. A. (IFEU): Aufgabenstellung und Konzepte bei der ökologischen Bewertung von nachwachsenden Rohstoffen als Energieträger. In: Fortbildungszentrum Gesundheits- und Umweltschutz Berlin (Hrsg.): Tagungsband zum Seminar „Nachwachsende Rohstoffe als Energieträger – Neueste Bewertungskonzepte" am 08. September in Berlin, S. 41-59, Berlin 1994

/IFEU 1994b/ Höpfner, U, Knörr, W., Lambrecht, U., Patyk, A., Reichmuth, M. (IFEU); Hamacher, R., Hautzinger, H., Heidemann, D. (IVT); Kessel, P., Selz, T. (Kessel + Partner): Motorisierter Verkehr in Niedersachsen 1990 und 2010. Im Auftrag des Niedersächsischen Umweltministeriums, Hannover 1994

/IFEU 1994c/ Höpfner, U., Knisch, H. (IFEU): Arbeitspaket Wirkungsanalyse und -prognose. In: Verminderung der Luft- und Lärmbelastung des Güterfernverkehrs 2000/2010. DIW, IVU und IFEU im Auftrag des UBA, UFOPLAN-Nr. 104 05 962, Berlin 1994

/IFEU 1995a/ Giegrich, J., Mampel, U., Duscha, M. (IFEU): Bilanzbewertung in produktbezogenen Ökobilanzen. In: Umweltbundesamt (Hrsg.): Methodik der produktbezogenen Ökobilanzen – Wirkungsbilanz und Bewertung. Texte 23/95, Berlin 1995

/IFEU 1995b/ Höpfner, U., Patyk, A. (IFEU): Komponenten-Differenzierung der Kohlenwasserstoffemissionen von KFZ. Im Auftrag des Umweltbundesamtes Berlin, F+E Nr. 105 06 069, Heidelberg 1995

/IFEU 1996/ Giegrich, J., Detzel, A. (IFEU): Ökologischer Vergleich graphischer Papiere – ein methodischer Leitfaden (Zwischenbericht). Im Auftrag des Umweltbundesamtes, Heidelberg 1996

/IFEU 1997a/ Fehrenbach, H., Giegrich, J. (IFEU): Ökologische Bilanzen in der Abfallwirtschaft. Im Auftrag des Umweltbundesamtes, Berlin 1997

/IFEU 1997b/ Eden, T. U., Höpfner, U., Patyk, A., Reinhardt, G. A., Zenger, A. (IFEU): Ökologische Bilanzierung von Elektrofahrzeugen. In BMBF (Hrsg.): Erprobung von Elektrofahrzeugen der neuesten Generation auf der Insel Rügen. Bonn 1997

/IFEU 1997c/ Patyk, A.: Transport. IFEU-Materialien: Basisdaten zur ökologischen Bilanzierung Teil 2. IFEU, Heidelberg 1997

/IFEU 1997d/ Patyk, A.: Energiebereitstellung. IFEU-Materialien: Basisdaten zur ökologischen Bilanzierung Teil 1. IFEU, Heidelberg 1997

/IFEU 1997e/ Patyk, A.: Maschinelle Feldarbeit. IFEU-Materialien: Basisdaten zur ökologischen Bilanzierung Teil 3. IFEU, Heidelberg 1997

/IIASA 1991/ Lübkert, B. et al.: Life-Cycle Analysis-Idea – An International Data Base for Ecoprofile Analysis: A Tool for Decision Makers. Laxenburg 1991

/IKARUS 1992/ Hedden, K., Jess, A.: Instrumente für Klimagas-Reduktions-Strategien (IKARUS) – Daten: Umwandlungssektor, Unterbereich: Raffinerien und Ölveredlung, (Teilprojekt 4). Im Auftrag des Bundesministeriums für Forschung und Technologie, Entwurf des Endberichts, Bonn 1992

/INDUSTRIE 1994/ Kalkindustrie: Persönliche Mitteilungen, 1994

/INDUSTRIE 1995/ Stickstoffindustrie: Persönliche Mitteilungen, 1995

/IPCC 1995/ Intergovernmental Panel of Climate Change (Hrsg.): Climate Change 1994 – Radiative Forcing of Climate Change and An Evaluation of the IPCC IS92 Emission Scenarios. University Press, Cambridge 1995

/ISO 1995a/ International Standardization Organisation (ISO, Hrsg.): Life Cycle Assessment – Principles and Guidelines. Committee Draft CD 14040 von ISO TC 207/SC 5, 1995

/ISO 1995b/ International Standardization Organisation (ISO, Hrsg.): Life Cycle Assessment – Inventory Analysis Document. Working Draft WD 14041 von ISO TC 207/SC 5/WG 2+3, 1995

/IVA 1994/ Industrieverband Agrar (Hrsg.): Wichtige Zahlen. Düngemittel: Produktion – Markt – Landwirtschaft. Frankfurt a. M. 1994

/IVA 1995/ Industrieverband Agrar (Hrsg.): Jahresbericht 1994/95. Frankfurt 1995

/JÄGER 1991/ Jäger, P.: Zeitbedarf von Feldarbeiten, Teil 1 – 3. Landtechnik 46, Sonderdruck, 1991

/JESS 1994/ Jess, A., Hedden, K.: Die „Modellraffinerie Deutschland". Ein Instrument für Prognosen des zukünftigen Energieverbrauchs der deutschen Mineralölverarbeitung. In: Erdöl, Erdgas, Kohle 110, Heft 11/12 (1994) 454-458

/JÖRISSEN 1988/ Jörissen, J. et al.: Die Umweltverträglichkeitsprüfung in den USA. Analyse US-amerikanischer Erfahrungen und deren Relevanz für die Implementation der UVP-Richtlinie der EG in der Bundesrepublik Deutschland, Erich-Schmidt-Verlag, Berlin 1988

/JÜRGENS 1980/ Jürgens-Geschwind, S., Altbrod, J.: Landwirtschaft und Energie. In: Tagungsband zum BASF-Symposium „Chemie in der Landwirtschaft". 171-215, Köln 1979

/KALI 1994/ Verlag Glückauf GmbH: Kali. Sonderdruck aus „Das Bergbau-Handbuch" (5. Auflage), Essen 1994

/KALI &SALZ 1995/ Kali & Salz AG: Persönliche Mitteilungen, 1995

/KALTSCHMITT & REINHARDT 1997/ Kaltschmitt, M., Reinhardt, G. A. (Hrsg.): Nachwachsende Energieträger: Grundlagen, Verfahren, ökologische Bilanzierung. Abschlußbericht des Projektes „Ganzheitliche Bilanzierung von nachwachsenden Energieträgern unter verschiedenen ökologischen Aspekten" der Deutschen Bundesstiftung Umwelt. Verlag Vieweg, Braunschweig/Wiesbaden 1997

/KBA/ Kraftfahrt-Bundesamt (Hrsg.): Bestand an Kraftfahrzeugen und Kraftfahrzeuganhängern am 1. Juli. Bonn-Bad Godesberg, verschiedene Jahrgänge

/KBA 1993/ Kraftfahrt-Bundesamt (Hrsg.): Bestand an Kraftfahrzeugen und Kraftfahrzeuganhängern am 1. Juli 1992; Bonn-Bad Godesberg 1993

/KLÖPFFER & RENNER 1994/ Klöpffer, W. und Renner, I.: Methodik der Wirkungsbilanz im Rahmen von Produkt-Ökobilanzen unter Berücksichtigung nicht oder nur schwer quantifizierbarer Umwelt-Kategorien. In: Umweltbundesamt (Hrsg.): Methodik der produktbezogenen Ökobilanzen – Wirkungsbilanz und Bewertung. Texte 23/95, Berlin 1995

/KNISCH 1992/ Knisch, H.: Vergleich des Energieverbrauchs und der Emissionen von Güterverkehrssystemen. Diplomarbeit an der Universität/Gesamthochschule Kassel, 1992

/KOHLE 1994/ Zahlen der Kohlenwirtschaft. In: Statistik der Kohlenwirtschaft e. V., Glückauf, Essen 1994

/KRAHL 1993/ Krahl, J.: Bestimmung der Schadstoffemissionen von landwirtschaftlichen Schleppern beim Betrieb mit Rapsölmethylester im Vergleich zu Dieselkraftstoff. Fortschritt-Berichte VDI, Reihe 15, Nr. 100. VDI-Verlag, Düsseldorf 1993

/KRÜGER 1995/ Bruch, K. H., Gohlke, D., Kögler, C., Krüger, J., Reuter, M., v. Röpenack, I., Rombach, E., Rombach, G., Winkler, P.: Sachbilanz einer Ökobilanz der Kupfererzeugung und Verarbeitung. (Sonderdruck) Metall 49 (1995)

/KRÜGER 1996/ Krüger, J. (RWTH Aachen): Persönliche Mitteilung, 1996

/KUMMER 1995/ Kummer, K. F. (BASF): Persönliche Mitteilungen, 1995

/LEACH 1976/ Leach, G.: Energy and Food Production. IPC Business Press Limited, Guildford, Surrey 1976

/LKW/ lastauto-omnibus-Katalog. Vereinigte Motor-Verlage, Stuttgart, verschiedene Jahrgänge

/LLOYDS 1990/ Lloyds Register of Shipping (Hrsg.): Marine Exhaust Emission Research Programme – Steady State Operation. London 1990

/LLOYDS 1991/ Lloyds Register of Shipping (Hrsg.): Marine Exhaust Emission Research Programme – Steady State Operation – Slow Speed Addendum. London 1991

/LOTT 1989/ Lott, K. (Shell AG): Persönliche Mitteilung, 1989

/MAILLEFER 1996/ Maillefer, C.: LCAs on Food Production for Weak Point Analysis. In: Ceuterick, D. (Hrsg.): International Conference on Application of Life Cycle Assessment in Agriculture, Food, and Non-Food Agroindustry and Forestry: Achievements and Prospects (Preprints). Brüssel 1996

/MAUCH 1996/ Mauch, W.: Bereitstellungsnutzungsgrade für Brennstoffe und für elektrische Energie in der Bundesrepublik Deutschland. Studie der Forschungsstelle für Energiewirtschaft (FfE), München 1996

/MCKETTA 1990/ McKetta, J. J., Cunningham, W. A.: Petroleum Fractions Properties to Phosphoric Acid Plants, Alloy Selection. Encyclopedia of Chemical Processing and Design, 35, Marcel Dekker Verlag, New York/Basel 1990

/MITSCHERLICH 1954/ Mitscherlich, E. A.: Bodenkunde für Landwirte, Forstwirte und Gärtner. Verlag Paul Parey, Berlin 1954

/MOLL 1982/ Moll, L. H.: Taschenbuch für den Umweltschutz III. Ökologische Informationen, Reinhardt-Verlag, München 1982

/MOLLER 1996/ Moller, H.: Life Cycle Assessment of Pork and Lamb Meat. In: Ceuterick, D. (Hrsg.): International Conference on Application of Life Cycle Assessment in Agriculture, Food, and Non-Food Agroindustry and Forestry: Achievements and Prospects (Preprints). Brüssel 1996

/MONSJOU 1981/ van Monsjou, W.: Agriculture, Fertilizer and Rising Energy Cost. In: Agrochemicals, Symposium Rapport, Technologisch Gezelschap, 75-94, Delft 1981

/MORI 1996/ Mori, G. (Montanuniversität Leoben/A): Persönliche Mitteilung, 1996

/MUDAHAR 1987/ Mudahar, M. S., Hignett, T. S.: Energy Requirements, Technology, and Ressources in the Fertilizer Sector. In: Stout, B. A. (Hrsg.): Energy in World Agriculture. Band 2: Helsel, Z. R. (Hrsg.): Energy in Plant Nutrition and Pest Control. Elsevier, Amsterdam 1987, 25-61

/MVWDDR 1989/ Ministerium für Verkehrswesen der DDR: Energiewirtschaftliche Jahresanalyse des Verkehrswesens 1988. Berlin 1989

/MWV 1994/ Mineralölwirtschaftsverband: Die Mineralöl-Zahlen 1994, Hamburg 1994

/NAGEL 1991/ von Nagel, A.: Stickstoff – Die Chemie stellt die Ernährung sicher. BASF, Ludwigshafen 1991

/NORD 1995/ Arbeitsgruppe der skandinavischen Umweltminister (Hrsg.): Nordic Guidelines on LCA. Stockholm 1995

/OHEIMB 1987/ von Oheimb, R.: Indirekter Energieeinsatz im agrarischen Erzeugerbereich in der Bundesrepublik Deutschland. In: von Oheimb, R., Ponath, J., Prothmann, G., Sergeois, Chr., Werschnitzky, U., Willer, H.: Energie und Agrarwirtschaft. KTBL-Schrift 320, Landwirtschaftsverlag, Münster-Hiltrup 1987

/ONNA 1991/ van Onna, M. J. K.: Mogelijkheden van de Landbouw om de Uitstoot van CO2 te Verminderen. Mededeling 442, Landbouw-Economisch Instituut, Den Haag 1991

/PETROCHEM 1995/ Petrochemical Processes '95. Hydrocarbon Processing's, März 1995

/PIMENTEL 1983/ Pimentel, D., Berardi, G., Fast, S.: Energy Efficiency of Farming Systems: Organic and Conventionel Agriculture. Agriculture, Ecosystems and Environment 9 (1983) 359-372

/PROCE 1986/ Proce, C.: Energieverbruik in de Nederlands Akkerbouw en Veehouderij. IVEM-Rapport 17, Interfacultaire Vakgroep energie en Milieukunde Rijksuniversiteit Groningen 1986

/PG LEBENSWEGBILANZEN 1992/ Projektgemeinschaft Lebenswegbilanzen (GVM Wiesbaden, IFEU Heidelberg, ILV München, Hrsg.): Methode für Lebenswegbilanzen von Verpackungssystemen. Wiesbaden/Heidelberg/München 1992

/RAKOS 1988/ Rakos, C. et al.: Technikbewertung und Umweltverträglichkeitsprüfung. Ein internationaler Vergleich. Österreichische Akademie der Wissenschaften, Wien 1988

/REINHARDT 1993/ Reinhardt, G. A.: Energie- und CO_2-Bilanzierung nachwachsender Rohstoffe – Theoretische Grundlagen und Fallstudie Raps. 2. Aufl., Verlag Vieweg, Braunschweig/Wiesbaden 1993

/RUBIK 1987/ Rubik, F. et al.: Produktlinienanalyse – Bedürfnisse, Produkte und ihre Folgen. Kölner Volksblatt Verlag 1987

/SAUERBECK 1985/ Sauerbeck, D.: Funktionen, Güte und Belastbarkeit aus agrikulturchemischer Sicht. Kohlhammer, Stuttgart 1985

/SCHMIDT & HÄUSLEIN 1996/ Schmidt, M., Häuslein, A.: Ökobilanzierung mit Computerunterstützung. Springer-Verlag Berlin/Heidelberg 1996

/SCHMIDT & SCHORB 1995/ Schmidt, M., Schorb, A.: Stoffstromanalysen in Ökobilanzen und Ökoaudits. Springer-Verlag Berlin/Heidelberg 1995

/SCHOLZ 1994/ Scholz., R., Jeschar, R., Jennes, R., Fuchs, W.: Umweltgesichtspunkte bei der Herstellung und Anwendung von Kalkprodukten, Teil 1. Zement–Kalk–Gips 47 (1994) 571

/SEIER 1995/ Seier, J. (Institut für Energiewirtschaft und Rationelle Energieanwendung, Stuttgart): Persönliche Mitteilung, 1995

/SETAC 1991/ Society of Environmental Toxicology and Chemistry (SETAC, Hrsg.): A Technical Framework for Life Cycle Assessment. Workshop Report, Smugglers Notch (USA)

/SETAC 1993/ Society of Environmental Toxicology and Chemistry (SETAC, Hrsg.): Guidelines for Life Cycle Assessment: A Code of Practice. Übereinkunft einer Arbeitsgruppe der SETAC, Brüssel 1993

/SHELL 1991/ Fabri, J., Krumm, H., Reglitzky, A. A. (Shell): Minderung der Kohlendioxidemissionen – Eine Herausforderung an zukünftige Kraftstoffe. Shell Technischer Dienst, Hamburg 1991

/SHELL 1994/ Shell: Erdöl- und Erdgasförderung im Offshore-Bereich. Shell Briefing Service, 1/1994, Hamburg 1994

/SPIRINCKX & CEUTERICK 1996/ Spirinckx, C., Ceuterick, D.: Comparative LCA of Diesel and Biodiesel. In: Ceuterick, D. (Hrsg.): International Conference on Application of Life Cycle Assessment in Agriculture, Food, and Non-Food Agroindustry and Forestry: Achievements and Prospects (Preprints). Brüssel 1996

/STATDDR 1989/ Staatliche Zentralverwaltung für Statistik: Statistisches Jahrbuch der DDR 1989. Berlin 1989

/STBA 1991/ Statistisches Bundesamt (Hrsg.): Güterverkehr der Verkehrszweige – 1990. Verkehr, Fachserie 8, 1, Wiesbaden 1991

/STBA 1994a/ Statistisches Bundesamt (Hrsg.): Produktion im Produzierenden Gewerbe – 1993. Produzierendes Gewerbe, Fachserie 4, 3.1, Wiesbaden 1994

/STBA 1994b/ Statistisches Bundesamt (Hrsg.): Düngemittelversorgung – Wirtschaftsjahr 1993/94. Produzierendes Gewerbe, Fachserie 4, 8.2, Wiesbaden 1994

/STBA 1994c/ Statistisches Bundesamt (Hrsg.): Außenhandel nach Waren und Ländern (Spezialhandel) – Dezember und Jahr 1993. Außenhandel, Fachserie 7, 2, Wiesbaden 1994

/STBA 1994d/ Statistisches Bundesamt (Hrsg.): Produktion im Produzierenden Gewerbe – 1993. Bergbau und Verarbeitendes Gewerbe, Fachserie 4, 4.1.1 , Wiesbaden 1994

/TIEDEMANN 1990/ Tiedemann, A.: Vermeidung von Reststoffen bei der Aufarbeitung von Kalirohsalzen zu Kaliumchlorid und Kieserit. Diplomarbeit an der TU Berlin 1990

/TÜVRL 1995/ Hassel, D., Jost, P., Weber, F.-J., Dursbeck, F., Plettau, D.: Abgas-Emissionsverhalten von Nutzfahrzeugen in der BRD für das Bezugsjahr 1990. Im Auftrag des Umweltbundesamtes, Berlin 1995

/UBA 1992/ Umweltbundesamt (Hrsg.): Ökobilanzen für Produkte: Bedeutung, Sachstand, Perspektiven. UBA-Texte 38/92, Berlin 1992

/UBA 1994/ Umweltbundesamt: Persönliche Mitteilung, 1994

/UBA 1995a/ Umweltbundesamt (Hrsg.): Ökobilanz für Getränkeverpackungen. UBA-Texte 52/95, Berlin 1995

/UBA 1995b/ Umweltbundesamt (Hrsg.): Methodik der produktbezogenen Ökobilanzen – Wirkungsbilanz und Bewertung. Texte 23/95, Berlin 1995

/UBA 1995c/ Umweltbundesamt (Hrsg.): Jahresbericht 1994, Berlin 1995

/UBA 1995d/ Umweltbundesamt: Persönliche Mitteilungen, 1995

/UHDE 1987/ Uhde GmbH: Anlagen zur Erzeugung von Harnstoff. Dortmund 1987

/UHDE 1990/ Uhde GmbH: Phosphate Fertilizers. Dortmund 1990

/UHDE 1991a/ Uhde GmbH: Energy-Efficient Ammonia Produktion. Engineering News 3-91, Dortmund 1991

/UHDE 1991b/ Uhde GmbH: Nitrogenous Fertilizers. Dortmund 1991

/UHDE 1993/ Uhde GmbH: Nitric Acid from Ammonia. Dortmund 1993

/UHDE 1994a/ Uhde GmbH: Uhde's Ammonia Technology. Dortmund 1994

/UHDE 1994b/ Uhde GmbH: Nitrophosphate – Uhde's Technology Based on the BASF Process. Dortmund 1994

/ULLMANN 19**/ Ullmann's Encyclopedia of Industrial Chemistry; Verlag Chemie, Weinheim 1985-94; verschiedene Bände:
    Band A2 (1985): Ammoniak
    Band A10 (1987): Düngemittel
    Band A15 (1990): Kalk
    Band A17 (1991): Salpetersäure
    Band A19 (1991): Phosphat
    Band A22 (1993): Kalium
    Band A25 (1994): Schwefelsäure

/UN 1995/ United Nations Department for Economic and Social Information and Policy Analysis: Energy Statistics Yearbook. New York 1995

/UNNASCH 1989/ Unnasch, S. et al. (Acurex): Comparing the Impact of Different Transportation Fuels on the Greenhouse Effect. Im Auftrag der California Energy Commission, 1989

/VDEW 1994/ Vereinigung deutscher Elektrizitätswerke: Die öffentliche Elektrizitätsversorgung 1993. VWEW, Frankfurt a. M. 1994

/VDI 1988/ Verein Deutscher Ingenieure: Emissionsminderung – Phosphathaltige Düngemittel. VDI-Richtlinie 3450, VDI-Handbuch Reinhaltung der Luft, Bd. 2, Beuth Verlag, Düsseldorf 1990

/VDI 1990/ Verein Deutscher Ingenieure: Emissionsminderung – Stickstoffhaltige Düngemittel. VDI-Richtlinie 3453, VDI-Handbuch Reinhaltung der Luft, Bd. 2, Beuth Verlag, Düsseldorf 1990

/VDI 1992/ Verein Deutscher Ingenieure (Hrsg.): Technikfolgenabschätzung. VDI-Verlag, Düsseldorf 1992

/VDI 1996/ Verein Deutscher Ingenieure (Hrsg.): VDI-Richtlinie 4600 „Kumulierter Energieaufwand". Aktualisierte Fassung des Gründrucks, Düsseldorf 1996

/VELLGUTH 1987/ Vellguth, G.: Emissionen bei Verwendung alternativer Kraftstoffe in Schlepper-Dieselmotoren. Grundl. Landtechnik 37 (1987) 207-213

/WEC 1988/ Environmental Effects Arising from Electricity Supply and Utilisation and the Resulting Costs to the Utility. World Energy Conference Report, London 1988

/WEG 1994a/ Wirtschaftsverband Erdöl- und Erdgasgewinnung: Persönliche Mitteilung, 1994

/WEG 1994b/ Wirtschaftsverband Erdöl- und Erdgasgewinnung: Jahresbericht '93, Hannover 1994

/Welschof 1981/ Welschof, G.: Der Ackerschlepper – Mittelpunkt der Landtechnik. VDI-Berichte 407 (1981) 11-17

/Wörgetter 1990/ Wörgetter, M., Wurst, F., Boos, R., Prey, T., Scheidl, K.: Emissionen beim Einsatz von Rapsölmethylester an einem Prüfstandsmotor. Forschungsberichte der Bundesanstalt für Landtechnik, Wieselburg/A 1990

/Wörgetter 1993/ Wörgetter, M., Prankl, H., Schauflen, H.: Untersuchung der Emissionen eines Traktors mit Mischungen aus Dieselkraftstoff, Rapsölmethylester und n-Butanol. Forschungsberichte der Bundesanstalt für Landtechnik, Wieselburg/A 1993

/Worrel 1992/ Worrel, E., De Beer, J.: Energiekentallen in Relatie tot Preventie en Hergebruik van Afvalstromen. Deelrapport: Stikstof Kunstmeststoffen, National Onderzoekprogramma Hergebruik van Afvalstromen, 1992

/Worrel 1994/ Worrel, E., Blok, K.: Energy Savings in the Nitrogen Fertilizer Industry in the Netherlands. Energy 19/2 (1994) 195-209